程控自动化工程师精英课堂

U0151038

西门子 S7-1200/1500 PLC 从入门到精通

上海程控教育科技有限公司　组编

李林涛　编著

机械工业出版社

本书以解决读者的实际需求为目标,从工程师学习、工作的视角对S7-1200/1500 PLC进行了全面系统的讲述。具体内容包括PLC的概述、S7-1200/1500 PLC硬件介绍、TIA博途软件使用入门、S7-1200/1500 PLC的编程语言、S7-1200 PLC的程序结构、SCL编程语言、S7-1200 PLC的工艺功能及应用、S7-1200/1500 PLC的通信、S7-1500T控制V90的同步定位。

本书既适合新手快速入门,也可供有一定经验的工程师借鉴和参考,还可用作大专院校相关专业师生的培训教材。

图书在版编目(CIP)数据

西门子S7-1200/1500 PLC从入门到精通/上海程控教育科技有限公司组编;李林涛编著. —北京:机械工业出版社,2022.2 (2025.1重印)
(程控自动化工程师精英课堂)
ISBN 978-7-111-69873-9

Ⅰ.①西… Ⅱ.①上… ②李… Ⅲ.①PLC技术-程序设计 Ⅳ.①TM571.61

中国版本图书馆CIP数据核字(2021)第260213号

机械工业出版社(北京市百万庄大街22号 邮政编码100037)
策划编辑:任 鑫   责任编辑:任 鑫
责任校对:肖 琳 李 婷 封面设计:马精明
责任印制:常天培
北京机工印刷厂有限公司印刷
2025年1月第1版第5次印刷
184mm×260mm·23.75印张·587千字
标准书号:ISBN 978-7-111-69873-9
定价:99.00元

电话服务   网络服务
客服电话:010-88361066   机 工 官 网:www.cmpbook.com
        010-88379833   机 工 官 博:weibo.com/cmp1952
        010-68326294   金 书 网:www.golden-book.com
封底无防伪标均为盗版   机工教育服务网:www.cmpedu.com

可编程序逻辑控制器（Programmable Logic Controller，PLC）在现今社会生产生活中发挥了极其重要的作用，广泛应用于机床、楼宇、石油化工、电力、汽车、纺织、交通运输等各行各业，在促进产业实现自动化的同时，也提高了工作效率，提升了人们工作生活的便利性。

现今，PLC 已成为集数据采集与监控功能、通信功能、高速数字量信号智能控制功能、模拟量闭环控制功能等高端技术于一身的综合性控制设备，并成为很多控制系统的核心，更成为衡量生产设备自动化控制水平的重要标志。更为重要的是，随着技术的不断成熟，PLC 的产品价格也在不断下降，进一步促进了其广泛应用。这一趋势也催生了对于 PLC 专业人才的大量需求，掌握 PLC 技术，可进行 PLC 编程，完成系统的搭建与维护工作，是现代自动化技术人员需要掌握的、不可或缺的本领。为此，我们在多年程控自动化教学经验的基础上，结合现阶段主流 PLC，深入工业生产实际一线，特地编写了本套培训教材，以期能够帮助广大工程技术人员学好知识、掌握技能、快速上岗。

"程控自动化工程师精英课堂"是一套起点相对较低、内容深入浅出、立足工程实际、助力快速上手的实用图书。本书就是其中的一个分册，具体内容包括 PLC 的概述、S7-1200/1500 PLC 硬件介绍、TIA 博途软件使用入门、S7-1200/1500 PLC 的编程语言、S7-1200 PLC 的程序结构、SCL 编程语言、S7-1200 PLC 的工艺功能及应用、S7-1200/1500 PLC 的通信、S7-1500T 控制 V90 的同步定位。

本套书具有以下特点：

1. 设备新颖，无缝对接

本套书选取了市场上主流厂商的新设备进行介绍，同时兼顾了老设备的使用方法，让读者通过学习能够了解新的技术，从而做到与工作实际的无缝对接。

2. 内容完备，实用为先

本套书立足让读者快速入门并能上手实操，内容上涵盖了从 PLC 基本知识点到编程操作，到通信连接，到运动控制，再到实际案例说明，可谓一应俱全，为读者提供了一站式解决方案。

本套书将实际工作中实用、常用的 PLC 知识点、技能点进行了全方位的总结，在注重全面性的同时，突出了重点和实用性，力求让读者做到学以致用。

3. 例说透彻，视频助力

本套书在介绍具体知识点时，从自动化工程师的视角，采用了大量实际案例进行分解说明，增强了读者在学习过程中的代入感、参与感，而且给出的实例都经过了严格的验证，体现严谨性的同时，也为读者自学提供了有力保证。

同时，为了让读者在学习过程中有更好的体验，我们还在重点知识点、技能点的旁边附上了二维码，通过用手机扫描二维码，读者可以在线观看相关教学视频和操作视频。

4. 超值服务，实现进阶

本套书在编写过程中得到了上海程控教育科技有限公司的大力支持和帮助，读者在学习或工作过程中如果遇到问题，可登录 www.chengkongwang.com 获得更多的资料和帮助。我们将全力帮助您实现 PLC 技术的快速进阶。

在本套书编写过程中，还得到了许多知名设备厂商、知名软件厂商和业界同人的鼎力支持与帮助，他们提供了许多相关资料以及宝贵的意见和建议。值此成书之际，对关心本套书出版、提出热心建议的单位和个人一并表示衷心的感谢。

由于编者水平有限，书中难免存在不足和错漏之处，恳请广大读者和业界同人批评指正。

作　者

2022 年 4 月

目　录

前言

第1章　PLC 的概述 ……………………………………………………………… 1

　1.1　PLC 的发展史及定义 ………………………………………………………… 1

　　1.1.1　PLC 的发展史 …………………………………………………………… 1

　　1.1.2　PLC 的定义 ……………………………………………………………… 1

　1.2　PLC 的主要特点 ……………………………………………………………… 2

　1.3　PLC 的应用范围 ……………………………………………………………… 3

　1.4　PLC 的发展趋势 ……………………………………………………………… 3

　1.5　PLC 在我国的使用情况 ……………………………………………………… 4

　1.6　PLC 的分类与性能指标 ……………………………………………………… 4

　　1.6.1　PLC 的分类 ……………………………………………………………… 4

　　1.6.2　PLC 的性能指标 ………………………………………………………… 5

　1.7　PLC 的结构 …………………………………………………………………… 5

　1.8　PLC 的工作原理 ……………………………………………………………… 7

第2章　S7-1200/1500 PLC 硬件介绍 …………………………………………… 8

　2.1　西门子 PLC 简介 ……………………………………………………………… 8

　2.2　S7-1200 PLC 简介 …………………………………………………………… 9

　　2.2.1　S7-1200 PLC 的性能特点 ……………………………………………… 9

　　2.2.2　S7-1200 PLC 常用模块及其接线 ……………………………………… 10

　2.3　S7-1500 PLC 的硬件 ………………………………………………………… 15

　　2.3.1　S7-1500 PLC 的性能特点 ……………………………………………… 15

　　2.3.2　S7-1500 PLC 常用模块及其接线 ……………………………………… 16

　　2.3.3　S7-1500 PLC 的硬件配置 ……………………………………………… 35

　　2.3.4　S7-1500 PLC 的硬件安装 ……………………………………………… 38

第3章　TIA 博途软件使用入门 ………………………………………………… 42

　3.1　TIA 博途软件简介 …………………………………………………………… 42

　　3.1.1　初识 TIA 博途软件 ……………………………………………………… 42

　　3.1.2　安装 TIA 博途软件的软、硬件条件 …………………………………… 43

　　3.1.3　安装 TIA 博途软件的注意事项 ………………………………………… 44

　　3.1.4　安装 TIA 博途软件的步骤 ……………………………………………… 44

　3.2　TIA 博途软件的使用 ………………………………………………………… 49

　　3.2.1　创建一个新项目 ………………………………………………………… 49

　　3.2.2　添加新设备 ……………………………………………………………… 50

3.2.3 硬件组态 ………………………………………………… 51

3.2.4 TIA Portal 视图结构 ……………………………………… 52

3.2.5 项目树 …………………………………………………… 55

3.3 创建和编辑项目 ……………………………………………… 56

3.3.1 创建新项目 ………………………………………………… 56

3.3.2 添加新设备 ………………………………………………… 56

3.3.3 编辑项目 …………………………………………………… 57

3.4 CPU 参数配置 ……………………………………………… 60

3.4.1 常规 ………………………………………………………… 60

3.4.2 PROFINET 接口 …………………………………………… 60

3.4.3 启动 ………………………………………………………… 64

3.4.4 循环 ………………………………………………………… 65

3.4.5 通信负载 …………………………………………………… 65

3.4.6 系统和时钟存储器 ………………………………………… 65

3.4.7 DI/DQ ……………………………………………………… 66

3.4.8 AI 2 ………………………………………………………… 68

3.4.9 防护与安全 ………………………………………………… 69

3.4.10 连接资源 …………………………………………………… 70

3.4.11 地址总览 …………………………………………………… 70

3.5 下载和上传 …………………………………………………… 71

3.5.1 下载 ………………………………………………………… 71

3.5.2 上传 ………………………………………………………… 75

3.6 打印和归档 …………………………………………………… 76

3.6.1 打印 ………………………………………………………… 76

3.6.2 归档 ………………………………………………………… 77

3.7 用 TIA 博途软件创建一个完整的项目 …………………… 78

3.7.1 新建项目，硬件配置 ……………………………………… 78

3.7.2 输入程序 …………………………………………………… 80

3.7.3 下载项目 …………………………………………………… 80

3.7.4 程序监视 …………………………………………………… 81

3.8 使用帮助 ……………………………………………………… 83

3.8.1 查找关键字或功能 ………………………………………… 83

3.8.2 使用指令 …………………………………………………… 83

3.9 安装支持包和 GSD 文件 …………………………………… 84

3.9.1 安装支持包 ………………………………………………… 84

3.9.2 安装 GSD 文件 …………………………………………… 85

第 4 章 S7-1200/1500 PLC 的编程语言 ………………………… 87

4.1 S7-1200/1500 PLC 编程的基础知识 ……………………… 87

4.1.1 数制 ………………………………………………………… 87

4.1.2　数据类型 ·· 87

4.1.3　S7-1200 PLC 的存储区 ······························· 93

4.1.4　全局变量与区域变量 ··································· 96

4.2　变量表、监控表和强制表的应用 ····························· 97

4.2.1　变量表 ··· 97

4.2.2　监控表 ·· 100

4.2.3　强制表 ·· 100

4.3　位逻辑运算 ·· 102

4.4　定时器指令 ·· 108

4.5　计数器 ··· 115

4.6　比较指令 ·· 118

4.6.1　触点型比较指令 ·· 118

4.6.2　值在范围内指令和值超出范围指令 ··············· 119

4.6.3　检查有效性指令和检查无效性指令 ··············· 120

4.7　数学函数 ·· 120

4.8　移动操作指令 ··· 125

4.9　转换指令 ·· 127

4.10　程序控制指令 ··· 129

4.11　字逻辑运算指令 ·· 131

4.12　位移指令和循环位移指令 ···································· 133

4.12.1　位移指令 ··· 133

4.12.2　循环位移指令 ··· 135

第 5 章　S7-1200 PLC 的程序结构 ································· 137

5.1　TIA 博途软件编程方法简介 ··································· 137

5.2　函数、数据块和函数块 ··· 137

5.2.1　块的概述 ·· 137

5.2.2　数据块（DB）及其应用 ······························ 139

5.2.3　函数（FC）及其应用 ································· 141

5.2.4　函数块（FB）及其应用 ······························ 146

5.3　多重背景数据块 ·· 149

5.3.1　多重背景数据块的简介 ································· 149

5.3.2　多重背景数据块的应用 ································· 150

5.4　组织块（OB）及其应用 ·· 152

5.4.1　组织块概述 ··· 152

5.4.2　启动组织块及其应用 ···································· 154

5.4.3　主程序 OB1 ··· 154

5.4.4　循环中断组织块及其应用 ····························· 155

5.4.5　时间中断组织块及其应用 ····························· 156

5.4.6　延时中断组织块及其应用 ····························· 158

5.4.7 硬件中断组织块及其应用 ·· 160

5.4.8 时间错误组织块及其应用 ·· 161

5.4.9 诊断错误中断 ·· 161

第 6 章 SCL 编程语言 ·· **163**

6.1 SCL 简介 ·· 163

6.1.1 TIA 博途软件中使用 SCL 语言的编程方法 ·················· 163

6.1.2 SCL 特点 ·· 163

6.1.3 SCL 应用范围 ·· 163

6.2 SCL 程序编辑器 ·· 164

6.3 编程基础 ·· 165

6.4 语句语法基础 ·· 166

6.4.1 赋值语句 ·· 166

6.4.2 判断语句 ·· 167

6.4.3 区间值判断语句 ·· 168

6.4.4 循环语句 ·· 170

6.5 常用指令 ·· 172

6.5.1 定时器 ·· 172

6.5.2 计数器 ·· 173

6.5.3 数学函数 ·· 174

6.5.4 移动指令 ·· 175

6.5.5 转换指令 ·· 176

6.5.6 字逻辑运算指令 ·· 177

6.5.7 移位和循环指令 ·· 179

6.6 DB 的调用 ·· 179

6.6.1 单一数据 ·· 179

6.6.2 数据组 ·· 180

6.6.3 UDT 数据建立及调用 ·· 180

6.6.4 注释注解 ·· 181

6.7 SCL 程序结构 ·· 181

6.7.1 函数 FC ·· 181

6.7.2 函数块 FB ·· 182

6.7.3 中断程序 ·· 183

6.8 SCL 程序案例 ·· 184

第 7 章 S7-1200 PLC 的工艺功能及应用 ······························· **192**

7.1 高速计数器简介 ·· 192

7.1.1 高速计数器的工作模式 ······································ 192

7.1.2 高速计数器的硬件输入 ······································ 194

7.1.3 高速计数器的寻址 ·· 195

7.1.4 高速计数器的中断功能 ······································ 196

　　　　7.1.5　高速计数器的应用 ……………………………………………………… 196

　7.2　运动控制 ………………………………………………………………………… 202

　　　　7.2.1　运动控制简介 …………………………………………………………… 202

　　　　7.2.2　S7-1200 PLC 的运动控制功能 …………………………………………… 202

　　　　7.2.3　步进电动机和交流伺服电动机性能比较 ………………………………… 203

　　　　7.2.4　步进电动机简介 ………………………………………………………… 205

　　　　7.2.5　伺服控制系统 …………………………………………………………… 207

　　　　7.2.6　S7-1200 PLC 的运动控制指令 …………………………………………… 212

　　　　7.2.7　S7-1200 PLC 的运动控制实例 …………………………………………… 220

　7.3　S7-1200 PLC 的模拟量及 PID 闭环控制 ………………………………………… 231

　　　　7.3.1　模拟量简介 ……………………………………………………………… 231

　　　　7.3.2　模拟量模块 ……………………………………………………………… 231

　　　　7.3.3　模拟量模块的地址分配 ………………………………………………… 232

　　　　7.3.4　模拟量的处理流程 ……………………………………………………… 233

　　　　7.3.5　模拟量模块的类型及接线 ……………………………………………… 234

　　　　7.3.6　模拟量模块的组态 ……………………………………………………… 236

　　　　7.3.7　模拟值的表示 …………………………………………………………… 238

　7.4　PID 控制 ………………………………………………………………………… 239

　　　　7.4.1　S7-1200 PLC 的 PID 控制器 ……………………………………………… 239

　　　　7.4.2　PID 控制器的结构 ……………………………………………………… 240

　　　　7.4.3　S7-1200 PLC PID Compact V2.2 指令介绍 …………………………………… 240

　　　　7.4.4　S7-1200 PLC PID Compact V2 组态步骤 …………………………………… 243

　　　　7.4.5　工艺对象背景数据块 …………………………………………………… 248

　　　　7.4.6　工艺对象背景数据块的常见问题 ……………………………………… 249

第 8 章　S7-1200/1500 PLC 的通信 …………………………………………………… 250

　8.1　通信基础知识 …………………………………………………………………… 250

　　　　8.1.1　工业以太网概述 ………………………………………………………… 250

　　　　8.1.2　通信介质和网络连接 …………………………………………………… 250

　　　　8.1.3　S7-1200 PLC CPU 支持的通信服务和可连接的资源 ……………………… 252

　　　　8.1.4　以太网通信的常见问题 ………………………………………………… 253

　8.2　S7 通信 …………………………………………………………………………… 253

　　　　8.2.1　S7 通信概述 ……………………………………………………………… 253

　　　　8.2.2　PUT 指令和 GET 指令 …………………………………………………… 254

　8.3　S7 通信示例 ……………………………………………………………………… 256

　　　　8.3.1　不同项目中的 S7 通信 …………………………………………………… 256

　　　　8.3.2　相同项目中的 S7 通信 …………………………………………………… 261

　8.4　S7-1200 PLC 之间的开放式用户通信 …………………………………………… 264

　　　　8.4.1　开放式用户通信 ………………………………………………………… 264

　　　　8.4.2　S7-1200 PLC CPU 之间通过 TCP 通信协议通信实例 ……………………… 265

　　　　8.4.3　通信的编程、连接参数及通信参数的配置 …………………………… 265

8.5　PROFINET IO 通信 ································· 273
　8.5.1　PROFINET IO 通信简介 ··················· 273
　8.5.2　S7-1200 PLC CPU 作为 IO 控制器 ·········· 274
　8.5.3　S7-1200 PLC 之间的 PROFINET IO 通信及其应用 ···· 278
8.6　Modbus TCP 通信及其应用 ····················· 281
　8.6.1　Modbus TCP 通信简介 ····················· 281
　8.6.2　S7-1500 PLC Modbus TCP 通信简介 ········· 282
　8.6.3　S7-1500 PLC 之间的 Modbus TCP 通信 ······· 282
8.7　通过 PN 接口使用 Startdrive 软件调试 G120 变频器实现 V/F 控制 ···· 291
　8.7.1　G120 变频器简介 ························· 291
　8.7.2　下载安装 TIA Startdrive V15 控件 ·········· 293
　8.7.3　G120 的组态调试 ························· 297
8.8　S7-1200 PLC 通过 FB284 实现 V90PN 的 EPOS 控制 ···· 308
　8.8.1　概述 ································· 308
　8.8.2　SINA_POS 功能块引脚介绍 ················· 308
　8.8.3　SINA_POS 功能块的功能实现 ··············· 311
　8.8.4　SINA_POS 运行模式 ····················· 312
　8.8.5　项目配置 ····························· 318
　8.8.6　V90PN 项目配置步骤 ····················· 322
8.9　S7-1200 PLC 的串行通信 ······················ 324
　8.9.1　串行通信的基本概念 ····················· 324
　8.9.2　串行通信与并行通信 ····················· 324
　8.9.3　同步通信与异步通信 ····················· 324
　8.9.4　单工、双工和半双工通信方式 ··············· 325
　8.9.5　串行通信模块和通信板 ··················· 325
　8.9.6　S7-1200 PLC 串行通信模块和通信板支持的协议 ···· 326
　8.9.7　S7-1200 PLC 串行通信模块和通信板指示灯 ······ 326
　8.9.8　Modbus RTU 通信 ······················· 327
　8.9.9　USS 通信 ····························· 337
第 9 章　S7-1500T 控制 V90 的同步定位 ··············· 344
9.1　设备介绍 ································· 344
9.2　工艺功能介绍 ······························· 344
9.3　通信条件 ································· 345
9.4　设备条件 ································· 345
9.5　编程操作 ································· 345
　9.5.1　项目硬件组态 ··························· 346
　9.5.2　使用 V90 调试软件 V-ASSISTANT 调试参数 ······ 350
　9.5.3　TIA 博途软件 V15 工艺组态 ··············· 353
　9.5.4　V90PN 的在线调试及优化 ················· 359
　9.5.5　同步控制的程序编写 ····················· 361

第 1 章

PLC 的概述

本章将介绍 PLC 的发展史、定义、主要特点、应用范围、发展趋势、在我国的使用情况，以及其分类、结构和工作原理等知识，可使读者初步了解 PLC，为学习后面的内容打下基础。

 ## 1.1 PLC 的发展史及定义

1.1.1 PLC 的发展史

20 世纪 60 年代，当时的工业控制主要是以继电器、接触器组成的控制系统。其存在着设备体积大，调试维护工作量大，通用性及灵活性差，可靠性低，功能简单，不具有现代工业控制所需要的数据通信、运动控制及网络控制等功能的缺点。

1968 年，美国通用汽车制造公司为了适应汽车型号的不断翻新，试图寻找一种新型的工业控制器，以解决继电器、接触器控制系统普遍存在的问题。因而设想把计算机的完备功能、灵活及通用等优点和继电器控制系统的简单易懂、操作方便和价格低廉等优点结合起来，制成一种适合于工业环境的通用控制装置，并把计算机的编程方法和程序输入方式加以简化，使不熟悉计算机的人也能方便地使用。

1969 年，美国数字设备公司根据通用汽车的要求首先研制成功第一台可编程序控制器，称为可编程逻辑控制器（Programmable Logic Controller，PLC），并在通用汽车公司的自动装置线上试用成功，从而开创了工业控制的新局面。

由于 PLC 具有易学易用、操作方便、可靠性高、体积小、通用灵活和使用寿命长等一系列优点，因此，很快就在工业现场得到了广泛的应用。同时，这一新技术也受到其他国家的重视。1971 年日本引进这项技术，并且很快研制出了其第一台 PLC；欧洲于 1973 年研制出第一台 PLC；我国从 1974 年开始研制，1977 年国产 PLC 正式投入工业应用。随着微处理器、计算机和数字通信技术的飞速发展，计算机控制已扩展到了几乎所有的工业领域。现代社会要求制造业对市场需求做出迅速的反应，生产出小批量、多品种、多规格、低成本和高质量的产品，为了满足这一要求，生产设备和自动生产线的控制系统必须具有极高的可靠性和灵活性，PLC 编程正是顺应这一要求出现的，它是以微处理器为基础的通用工业控制装置。随着远程 I/O、通信网络、数据处理和图像显示的发展，PLC 已普遍用于控制复杂的生产过程。PLC 已经成为工业自动化的三大支柱之一。

1.1.2 PLC 的定义

PLC 是 "可编程序控制器" 的英文简称。原来可编程序控制器（Programmable Controller）的英文简称为 PC，但为了避免与个人计算机（Personal Computer）的英文简称相混淆，所以将可编程序控制器的英文简称改为 PLC（Programmable Logic Controller）。可以看出，PLC 就是计算机家族中的一员，是一种主要应用于工业自动控制领域的微型计算机。IEC（国际电工委员会）于 1987 年对可编程序控制器下的定义是：可编程序控制器（PLC）是一种数字运算操作的电子系统，专为在工业环境下应用而设计；它采用一类可编程的存储器，用于其内部存储程序，执行逻辑运算、顺序控制、定时、计数和算术操作等面向用户的指令；并通过数字式或模拟式输入/输出控制各种类型的机械或生产过程。可编程序控制器及其有关设备，都应按易于使工业控制系统形成一个整体，易于扩充其功能的原则进行设计。

1.2 PLC 的主要特点

PLC 之所以高速发展，除了工业自动化的客观需要外，还有许多适合工业控制的独特优点，它较好地解决了工业控制领域中普遍关心的可靠、安全、灵活、方便以及经济等问题，其主要特点如下：

（1）抗干扰能力强，可靠性高

在传统的继电器控制系统中，使用了大量的中间继电器和时间继电器，由于器件的固有缺点，如器件老化、接触不良以及触点抖动等现象，大大降低了系统的可靠性。而在 PLC 控制系统中大量的开关动作由无触点的半导体电路完成，因此故障大大减少。

此外，在 PLC 的硬件和软件方面采取了措施，提高了其可靠性。在硬件方面，所有的 I/O 信号都采用了光电隔离，使得外部电路与 PLC 内部电路实现了物理隔离。各模块均采用屏蔽措施，以防止辐射干扰。电路中采用了滤波技术，以防止或抑制高频干扰。在软件方面，PLC 具有良好的自诊断功能，一旦系统的软硬件方面发生异常情况，CPU 会立即采取有效措施，以防故障扩大。通常 PLC 还具有看门狗功能。

对于大型的 PLC 系统，还可以采用双 CPU 构成冗余系统或者采用三个 CPU 构成表决系统，使系统的可靠性进一步提高。

（2）程序简单易学，系统设计调试周期短

PLC 是面向用户的设备。PLC 的生产厂商充分考虑到现场技术人员的技能和习惯，采用梯形图或面向工业控制的简单指令形式。梯形图与继电器原理图很相似，直观、易懂和易掌握，不需要学习专门的计算机知识和语言。设计人员可以在设计时设计、修改和模拟调试程序，非常方便。

（3）安装简单，维护方便

PLC 不需要专门的机房，可以在各种工业环境下直接运行，使用时只需将现场的各种设备与 PLC 相应的 I/O 接口相连，即可投入运行。各种模块上均有运行和故障指示装置，便于用户了解运行情况和查找故障。

（4）采用模块化结构，体积小，重量轻

为了适应工业控制需求，除整体式 PLC 外，绝大多数 PLC 采用模块化结构。PLC 的各部件，包括 CPU、电源以及 I/O 接口模块等都采用模块化设计，使得其相对于通用的工控机体积和重量要小得多。

（5）丰富的 I/O 接口模块，扩展能力强

PLC 针对不同的工业现场信号（如交流或直流、开关量或模拟量、电压或电流、脉冲或电位及强电或弱电等）有相应的 I/O 接口模块与工业现场的器件或设备（如按钮、行程开关、接近开关、传感器及变送器、电磁线圈和控制阀等）直接连接。另外，为了提高操作性能，它还有多种人机对话的接口模块；为了组成工业局部网络，有多种通信联网的接口模块等。

1.3　PLC 的应用范围

目前，PLC 在国内外已广泛应用于机床、控制系统、自动化楼宇、钢铁、石油、化工、电力、建材、汽车、纺织机械、交通运输、环保以及文化娱乐等各行各业。随着 PLC 的性能价格比的不断提高，其应用范围还将不断扩大，其应用场合可以说是无处不在，具体应用大致可以归纳为如下几类：

（1）顺序控制

顺序控制是 PLC 应用最基本也最广泛的领域，它可取代传统继电器的顺序控制，用于电动机控制、多机群控制和自动化生产线的控制。例如，数控机床、注塑机、印刷机械、电梯控制和纺织机械等。

（2）计数和定时控制

PLC 为用户提供了足够的定时器和计数器，设置了相关的定时和计数指令，且计数器和定时器精度高、使用方便，可以取代继电器系统中的时间继电器和计数器。

（3）位置控制

目前大多数的 PLC 的制造商都提供拖动步进电动机或伺服电动机的单轴或多轴位置控制模块，可对直线运行或圆周运动的位置、速度和加速度进行控制。

（4）模拟量处理

PLC 通过模拟量的输入/输出模块，实现模拟量与数字量的转换，并对模拟量进行控制以及对模拟量做闭环的 PID 控制。例如，用于锅炉的水位、压力、温度等控制。

（5）数据处理

现代的 PLC 具有数学运算、数据传递、转换、排序、查表和位操作等功能，可以完成数据的采集、分析和处理。

（6）通信联网

PLC 的通信包括 PLC 与 PLC、PLC 与上位机以及 PLC 与其他智能设备之间的通信。PLC 系统与通用计算机可以直接或通过通信处理单元、通信转接器相连构成网络，以实现信息的交换，并可构成"集中管理、分散控制"的分布式控制系统，满足工厂自动化系统的需要。

1.4　PLC 的发展趋势

1）向高速度、高性能和大容量发展。

2）网络化。强化通信能力和网络化，向下将多个 PLC 或者多个 I/O 框架相连；向上与工业计算机、以太网等相连，构成整个工厂自动化控制系统。即便是微型的 S7-200 SMART PLC 也能组成多种网络，通信功能十分强大。

3）小型化、低成本和简单易用。目前，有小型 PLC 价格只需几百元人民币。

4）不断提高编程软件的功能。编程软件可以对 PLC 控制系统的硬件组态，在屏幕上可以直接生成和编辑梯形图、指令表、功能图块和顺序功能图程序，并可以实现不同编程语言的相互转换。程序可以存储、下载和打印，通过网络还可以实现远程编程。

5）适合 PLC 应用的新模块。随着科技的发展，对工业控制领域将提出更高、更特殊的要求，因此必须开发特殊功能模块来满足这些要求。

6）PLC 的软件化与 PC 化。目前已有多家厂商推出了在 PC 上运行的可实现 PLC 功能的软件包，也称为"软 PLC"，"软 PLC"的性能价格比比传统的"硬 PLC"更高，是 PLC 的一个发展方向。

PC 化的 PLC 采用了 PC 的 CPU，功能十分强大，如 GE 公司的 RX7i 和 RX3i 使用的就是工控机用的赛扬 CPU，主频已经达到 1GHz。

1.5 PLC 在我国的使用情况

1. 国外的 PLC 品牌

目前 PLC 在我国得到了广泛的应用，国外很多知名厂商的 PLC 在我国都有应用。

1）美国是 PLC 生产大国，有 100 多家 PLC 生产厂商。其中 AB 公司的 PLC 产品规格比较齐全，主推大中型 PLC，主要产品系列是 PLC-5。GE 公司也是知名 PLC 生产厂商，大中型 PLC 产品系列有 RX3i 和 RX7i 等。德州仪器公司也生产大中小全系列 PLC 产品。

2）欧洲的 PLC 产品也久负盛名。德国的西门子公司、AEG 公司和法国的 TE（施耐德）公司都是欧洲著名的 PLC 制造商。其中西门子公司的 PLC 产品与美国 AB 公司的 PLC 产品齐名。

3）日本的小型 PLC 具有一定的特色，性价比高，知名的品牌有三菱、欧姆龙、松下、富士、日立、东芝等，在小型机市场，日系 PLC 的市场份额曾经高达 70%。

2. 国产的 PLC 品牌

目前国产 PLC 厂商众多，主要集中在东南沿海以及江浙一带。例如，台达、永宏、信捷、盟立、和利时等。每个厂商的规模也不一样。国内厂商的 PLC 主要集中于小型 PLC，例如欧辰、亿维等；还有一些厂商生产中型 PLC，例如盟立、南大傲拓等。

总的来说，我国使用的小型 PLC 主要以日本、德国和国产的品牌为主，而大中型 PLC 主要以欧美品牌为主。目前大部分的 PLC 市场被国外品牌所占领。

1.6 PLC 的分类与性能指标

1.6.1 PLC 的分类

从组成结构分类，可以将 PLC 分为两类：一类是整体式 PLC（也称单元式），其特点是电源、中央处理器（CPU）和 I/O 接口都集成在一个机壳内；另一类是标准模块式结构化的 PLC（也称组合式），其特点是电源模块、CPU 模块 I/O 模块等在结构上是相互独立的，可以根据具体的应用要求，选择适合的模块，安装在固定的机架或导轨上，构成一个完整的 PLC 应用系统。

按 I/O 点容量分类，PLC 可分为微型、小型、中型、大型。

微型 PLC 的 I/O 点数一般在 64 点以下，其特点是体积小、结构紧凑、重量轻和以开关量控制为主，有些产品具有少量模拟量信号处理能力。

小型 PLC 的 I/O 点数一般在 256 点以下，除开关量 I/O 外，一般都有模拟量控制功能和高速控制功能。有的产品还有许多特殊功能模块或智能模块，有较强的通信能力。

大型 PLC 的 I/O 点数一般在 1024 点以上，软、硬件功能极强，运算和控制功能丰富。具有多种自诊断功能，一般都有多种网络功能，有的还可以采用多 CPU 结构，具有冗余能力等。

1.6.2　PLC 的性能指标

各厂商的 PLC 虽然各有特色，但其主要性能指标是相同的，具体如下：

1）I/O 点数。I/O 点数是最重要的一项技术指标，是指 PLC 面板上连接外部输入、输出的端子数，常称为"点数"，用输入与输出的点数总和表示。点数越多，表示 PLC 可接入的输入器件和输出器件越多，同时控制规模越大。点数是 PLC 选型时最重要的指标之一。

2）扫描速度。扫描速度是指 PLC 执行程序的速度，以 ms/K 步为单位，即执行 1K 步指令所需的时间。1 步占 1 个地址单元。

3）存储容量。存储容量通常用 K 字（KW）或 K 字节（KB）、K 位来表示。这里 1K = 1024。有的 PLC 用"步"来衡量，一步占用一个地址单元。存储容量表示 PLC 能存放多少用户程序。有的 PLC 的存储容量可以根据需要配置，有的 PLC 存储容量可以扩展。

4）指令系统。指令系统表示该 PLC 软件功能的强弱。指令越多，编程功能就越强。

5）内部寄存器（继电器）。PLC 内部有许多寄存器用来存放变量、中间结果、数据等，还有许多辅助寄存器可供用户使用。因此寄存器的配置也是衡量 PLC 功能的一项指标。

6）扩展能力。扩展能力是反映 PLC 性能的重要指标之一。PLC 除了主控模块外，还可配置实现各种特殊功能的功能模块。例如，AD 模块、DA 模块、高速计数模块和远程通信模块等。

1.7　PLC 的结构

PLC 种类繁多，但其基本结构和工作原理相同。其功能结构区由 CPU、存储器、输入与输出接口三部分组成，如图 1-1 所示。

1. CPU

CPU 的功能是完成 PLC 内所有的控制和监视操作。CPU 一般由控制器、运算器和寄存器组成。CPU 通过数据总线、地址总线和控制总线与存储器、输入输出接口电路连接。

2. 存储器

在 PLC 中有两种存储器：系统存储器和用户存储器。

系统存储器用来存放由 PLC 生产厂商编写好的系统程序，并固化在 ROM（只读存储器）内，用户不能直接更改。存储器中的程序负责解释和编译用户编写的程序、监控 I/O接口的状态、对 PLC 进行自诊断、扫描 PLC 中的用户程序等。用户存储器是用来存放用户

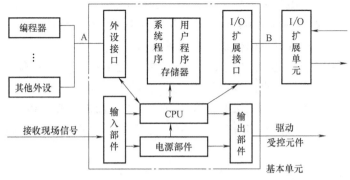

图 1-1　PLC 结构框图

根据控制要求而编制的应用程序。目前大多数 PLC 采用可随时读写的快闪存储器（Flash）作为用户程序存储器，它不需要后备电池，掉电时数据也不会丢失。

3. 输入/输出接口

PLC 的输入/输出接口是 PLC 与工业现场设备相连接的端口。PLC 的输入和输出信号可以是开关量或模拟量，其接口是 PLC 内部弱电信号和工业现场强电信号联系的桥梁，其主要起到隔离保护作用（电隔离电路使工业现场和 PLC 内部进行隔离）和信号调整作用（把不同的信号调整成 CPU 可以处理的信号）。

输入接口是 PLC 从外部接收信号的窗口。输入接口电路由接线端子、输入调理电路、电平转换电路、模块状态显示、电隔离电路和多路选择开关模块组成。输入信号可以是离散信号和模拟信号。当输入是离散信号时，输入端的设备类型可以是按钮、限位开关、接近开关、继电器触点、光电开光、选择开关等；当输入为模拟输入时，输入设备的类型可以是压力传感器、温度传感器、流量传感器、电流传感器和重量传感器等。

输出接口是 PLC 是用来输出驱动外部负载信号的窗口。输出接口电路由多路选择开关模块、信号锁存器、电隔离电路、模块状态显示、输出电平转换电路和接线端子组成。PLC 有三种输出形式，即继电器输出、晶体管输出和晶闸管输出。继电器输出的 PLC 负载电源可以是直流电源也可以是交流电源，但其输出响应频率慢；晶体管输出的 PLC 负载是直流电源，其输出频率响应快；晶闸管输出的 PLC 负载是交流电源，西门子 S7-1200 PLC 的 CPU 模块暂时还没有晶闸管输出形式的产品出售。输出信号可以是离散信号和模拟信号。当输出是离散信号时，输出端的设备类型可以是指示灯、电磁阀线圈、继电器线圈、蜂鸣器和报警器等；当输出为模拟量输出时，输出设备的类型可以是流量阀、模拟量仪表、温度控制器、流量控制器等。

【关键点】PLC 的继电器输出虽然响应速度慢，但其驱动能力强，一般为 2A，这是继电器型输出 PLC 的一个重要优点。一些特殊型号的 PLC，如西门子 LOGO! 的某些型号驱动能力可达 5A 或 10A，能直接驱动接触器。继电器输出的 PLC 对于一般的误接线，通常不会引起 PLC 内部器件的烧毁（高于交流 220V 电压是不允许的）。晶体管输出的 PLC 输出电流为 0.5A（西门子有的型号的 PLC 输出电流为 0.75A），可见其驱动能力较小。此外，晶体管输出形式的 PLC 对于一般的误接线，可能会引起 PLC 内部器件的烧毁，所以要特别注意。

1.8 PLC 的工作原理

当 PLC 投入运行后，其工作过程一般分为三个阶段，即输入采样、用户程序执行和输出刷新三个阶段。完成上述三个阶段称作一个扫描周期。在整个运行期间，PLC 的 CPU 以一定的扫描速度重复执行上述三个阶段。

1. 输入采样

在输入采样阶段，PLC 以扫描方式依次地读入所有输入状态和数据，并将它们存入 I/O 映像区中的相应的单元内。输入采样结束后，转入用户程序执行和输出刷新阶段。在这两个阶段中，即使输入状态和数据发生变化，I/O 映像区中的相应单元的状态和数据也不会改变。因此，如果输入是脉冲信号，则该脉冲信号的宽度必须大于一个扫描周期，才能保证在任何情况下，该输入均能被读入。

2. 用户程序执行

在用户程序执行阶段，PLC 总是按由上而下的顺序依次地扫描用户程序（梯形图）。在扫描每一条梯形图时，又总是先扫描梯形图左边由各触点构成的控制电路，并按先左后右、先上后下的顺序对由触点构成的控制电路进行逻辑运算，然后根据运算的结果，刷新该逻辑线圈在系统 RAM 存储区中对应位的状态；或者刷新该输出线圈在 I/O 映像区中对应位的状态；或者确定是否要执行该梯形图所规定的特殊功能指令。

在用户程序执行过程中，只有输入点在 I/O 映像区内的状态和数据不会发生变化，而其他输出点和软设备在 I/O 映像区或系统 RAM 存储区内的状态和数据都有可能发生变化，而且排在上面的梯形图，其程序执行结果会对排在下面的凡是用到这些线圈或数据的梯形图起作用；相反，排在下面的梯形图，其被刷新的逻辑线圈的状态或数据只能到下一个扫描周期才能对排在其上面的程序起作用。

3. 输出刷新

当扫描用户程序结束后，PLC 就进入输出刷新阶段。在此期间，CPU 按照 I/O 映像区内对应的状态和数据刷新所有的输出锁存电路，再经输出电路驱动相应的外设。这时才是 PLC 的真正输出。

上述三个步骤是 PLC 的软件处理过程，可以认为就是程序扫描时间。扫描时间通常由三个因素决定：一是 CPU 的时钟速度，越高档的 CPU，时钟速度越高，扫描时间越短；二是模块的数量，模块数量越少，扫描时间越短；三是程序长度，程序长度越短，扫描时间越短。一般的 PLC 执行容量为 1KB 的程序需要的扫描时间是 1~10ms。

立即操作就是立即置位、立即复位指令优先权，常规输出指令是当程序扫描周期结束时，输出过程映像寄存器中存储的数据被复制到物理输出点；而立即输出则不受扫描周期影响，立即刷新物理输出点，在一些安全功能或防止误动作的重要节点上可使用。

第 2 章

S7-1200/1500 PLC 硬件介绍

本章将介绍 S7-1200/1500 PLC 的 CPU 模块、数字量输入/输出模块、模拟量输入/输出模块、通用模块和电源模块的功能、接线与安装。该内容是后续程序设计和控制系统设计的前导知识。

2.1 西门子 PLC 简介

西门子（SIEMENS）公司是欧洲最大的电子和电气设备制造商之一，其生产的 SIMATIC（Siemens Automatic，西门子自动化）可编程序控制器在欧洲处于领先地位。

SIMATIC S7 系列产品包括：S7-200、S7-200CN、S7-200 SMART、S7-1200、S7-300、S7-400 和 S7-1500 共 7 个产品系列。S7-200 PLC 是在西门子公司收购小型 PLC 的基础上发展而来，因此其指令系统、程序结构及编程软件和 S7-300/400 PLC 有较大区别，在西门子 PLC 产品系列中是一个特殊的产品。S7-200 SMART PLC 是 S7-200 PLC 的升级版本，于 2012 年 7 月发布，其绝大多数的指令和使用方法与 S7-200 PLC 类似，编程软件也和 S7-200 PLC 的类似，而且在 S7-200 PLC 中运行的程序，相当一部分可以在 S7-200 SMART 中运行。S7-1200 PLC 是在 2009 年推出的中小型 PLC，定位于 S7-200 PLC 与 S7-300 PLC 之间。S7-300/400 是由西门子的 S5 系列发展而来，是西门子公司最具竞争力的 PLC 产品。2013 年西门子又推出了新品 S7-1500 PLC。西门子的 PLC 产品如图 2-1 所示。

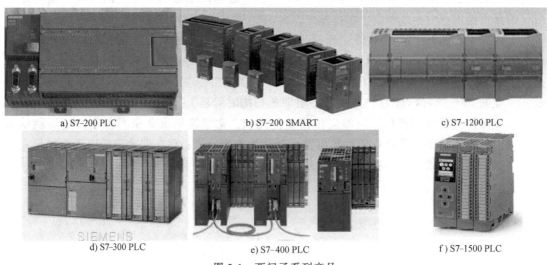

a) S7-200 PLC　　　　b) S7-200 SMART　　　　c) S7-1200 PLC

d) S7-300 PLC　　　　e) S7-400 PLC　　　　f) S7-1500 PLC

图 2-1　西门子系列产品

2.2 S7-1200 PLC 简介

S7-1200 PLC 使用灵活、功能强大，可用于控制各种各样的设备，满足多样自动化需求。S7-1200 PLC 设计紧凑、组态灵活且具有功能强大的指令集，这些特点的组合使它成为控制各种应用的完美解决方案。S7-1200 PLC 将微处理器、集成电源、输入和输出电路、内置 PROFINET、高速运动控制 I/O 以及板载模拟量输入组合到一个设计紧凑的外壳中来形成功能强大的控制器。在下载用户程序后，其 CPU 将包含监控应用中的设备所需的逻辑，并根据用户程序逻辑监视输入并更改输出，用户程序可以包含布尔逻辑、计数、定时、复杂数学运算以及与其他智能设备的通信。

S7-1200 PLC 是一款节省空间的模块化控制器，适合要求简单或高级逻辑、HMI 和网络功能的小型自动化系统。作为 SIMATIC "全集成自动化"（Totally Integrated Automation，TIA）计划的一部分，S7-1200 PLC 和 TIA 博途软件提供了满足自动化要求所需的灵活性。S7-1200 PLC 是专为 "紧凑型" 控制器类别设计的，由 S7-1200 PLC 和 SIMATIC HMI 基本型面板组成，两者均可使用 TIA 博途软件进行编程。由于实现了使用同一个工程软件对两种设备进行编程，开发成本得以显著降低。

2.2.1 S7-1200 PLC 的性能特点

S7-1200 PLC 具有集成 PROFINET 接口、强大的集成工艺功能和灵活的可扩展性等特点，为各种工艺任务提供了简单的通信和有效的解决方案。S7-1200 PLC 新的性能特点具体描述如下：

（1）集成了 PROFINET 接口

集成的 PROFINET 接口用于编程、HMI 通信和 PLC 间的通信。此外，它还通过开放的以太网协议支持与第三方设备的通信。该接口带一个具有自动交叉网线（auto-cross-over）功能的 RJ-45 连接器，提供 10Mbit/s 或 100Mbit/s 的数据传输速率，支持 TCP/IP、ISO-on-TCP 和 S7 通信。其最大连接数为 23 个。

（2）集成了多种工艺功能

1）高速输入。S7-1200 PLC 带有多达 6 个高速计数器。最多支持 6 个通道，所有通道均支持 100kHz 和 30kHz 输入。输入为 30kHz，用于计数和测量。

2）高速输出。S7-1200 PLC 集成了 4 个 100kHz 的高速脉冲输出，用于步进电动机或伺服驱动器的速度和位置控制。这 4 个输出都可以输出脉宽调制信号来控制阀门开度或加热元件的占空比。

3）PID 控制。S7-1200 PLC 提供了多达 16 个带自动调节功能的 PID 控制回路，用于简单的闭环过程控制。

（3）超大存储器

为用户指令和数据提供高达 150KB 的共用工作内存。同时还提供了高达 4MB 的集成装载内存和 10KB 的掉电保持内存。SIMATIC 存储卡是可选件，通过不同的设置，可用作编程卡、传送卡和固件更新卡三种功能。

（4）智能设备

通过简单的组态，S7-1200 PLC 通过对 I/O 映射区的读写操作，实现主从架构的分布式 I/O 的应用。

（5）提供各种各样的通信选项

其可支持的通信协议有 I-Device、PROFINET、PROFIBUS、远距离控制通信、点对点（PTP）通信、USS 通信、Modbus RTU、AS-I 和 I/O Link MASTER。

2.2.2 S7-1200 PLC 常用模块及其接线

1. S7-1200 PLC 的常用模块

S7-1200 PLC 的硬件主要包括电源模块、CPU 模块、信号模块、通信模块和信号板（CM 和 SB）。S7-1200 PLC 最多可以扩展 8 个信号模块和 3 个通信模块，最大本地数字 I/O 点数为 284 个，最大本地模拟 I/O 点数为 69 个。通信模块安装在 CPU 模块的左侧，信号模块安装在 CPU 模块的右侧。西门子早期的 PLC 产品，扩展模块只安装在 CPU 模块的右侧。S7-1200 PLC 的外形如图 2-2 所示。

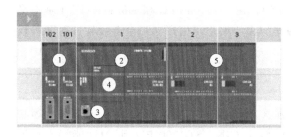

①通信模块（CM）或通信处理器（CP）：最多 3 个，分别插在插槽 101、102 和 103 中。
②CPU：插槽 1。
③CPU 的以太网端口。
④信号板（SB）、通信板（CB）或电池板（BB）：最多 1 个，插在 CPU 中。
⑤数字或模拟 I/O 的信号模块（SM）：最多 8 个，分别插在插槽 2~9 中（CPU1214C、CPU1215C 和 CPU1217C 允许使用 8 个；CPU1212C 允许使用 2 个；CPU1211C 不允许使用任何信号模块）。

图 2-2 S7-1200 PLC 常用模块

2. S7-1200 PLC 的型号

S7-1200 PLC 的 CPU 模块是 S7-1200 PLC 系统中最具核心的部分。目前，S7-1200 PLC 的 CPU 有 5 类：CPU1211C、CPU1212C、CPU1214C、CPU1215C 和 CPU1217C。每类 CPU 模块又细分 3 种规格：DC/DC/DC、DC/DC/RLY 和 AC/DC/RLY，均印刷在 CPU 模块的外壳上。S7-1200 PLC CPU 的分类如图 2-3 所示。

DC/DC/DC：电源电压范围 DC 24V/晶体管输入/晶体管输出。

AC/DC/RLY：电源电压范围 AC 120~240V，频率 47~63Hz/晶体管输入/继电器输出。

DC/DC/RLY：电源电压范围 DC 20.4~28.8V/晶体管输入/继电器输出。

图 2-3 S7-1200 PLC CPU 的分类

3. CPU 模块的接线

S7-1200 PLC 的 CPU 规格较多，但接线方式类似，因此本书仅以 CPU 1215C 为例进行介绍，其余规格产品请参考相关手册。

（1）CPU1215C（AC/DC/RLY）数字量输入端子的接线

S7-1200 PLC 的 CPU 数字量输入端接线与三菱 FX 系列 PLC 的数字量输入端接线不同，后者不必接入直流电源，其电源可以由系统内部提供，而 S7-1200 PLC 的 CPU 输入端必须接入直流电源。"1M"是输入端的公共端子，与 24VDC 电源相连，电源有两种连接方法，对应 PLC 的 NPN 型和 PNP 型接法。当电源的正极与公共端子相连时，为 NPN 型接法，"N"和"L"端子为交流电的电源接入端子，输入电压范围为 AC 120～240V，为 PLC 提供电源。"M"和"L+"端子为 24VDC 的电源输出端子，可向外围传感器提供电源，如图 2-4 所示。

（2）CPU1215C（DC/DC/RLY）的数字量输入端子的接线

当电源的负极与公共端子"1M"相连时，为 PNP 接法，其输入端子的接线如图 2-5 所示。

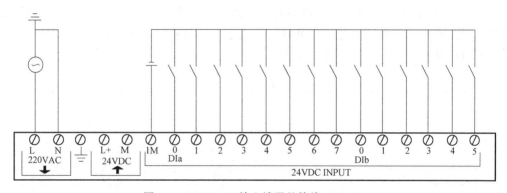

图 2-4　CPU1215C 输入端子的接线（NPN）

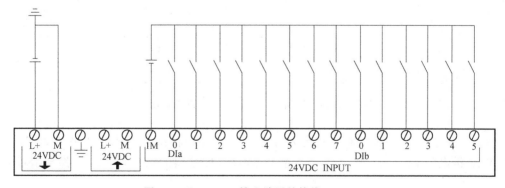

图 2-5　CPU1215C 输入端子的接线（PNP）

注意：在图 2-5 中，有两个"L+"和两个"M"端子，有箭头指向模块内部的"L+"和"M"端子是向 CPU 供电电源的接线端子，有箭头指向 CPU 模块外部的"L+"和"M"端子是 CPU 向外部供电的接线端子，切记两个"L+"不要短接，否则容易烧毁 CPU 模块内部电源。

初学者往往不容易区分 PNP 型和 NPN 型的接法，经常混淆，掌握以下方法就不会出错。把 PLC 作为负载，以输入开关（通常为接近开关）为对象，若信号从开关流出（信号从开关流出，向 PLC 流入），则 PLC 的输入为 PNP 型接法；把 PLC 作为负载，以输入开关为（通常为接近开关）对象，若信号从开关流入（信号从 PLC 流出，向开关流入），则 PLC 的输入为 NPN 型接法。

（3）CPU1215C（DC/DC/RLY）的数字量输出端子的接线

CPU1215C 的数字量输出有两种形式。一种是 24V 直流输出（即晶体管输出），标注为"CPU1215C DC/DC/DC"。第一个"DC"表示供电电源电压为 24VDC；第二个"DC"表示输入端的电源电压为 24VDC；第三个"DC"表示输出为 24VDC，在 CPU 的输出点接线端子旁边印有"24VDC OUTPUTS"的字样，含义是晶体管输出。另一种是继电器输出，标注为"CPU1215C（AC/DC/RLY）"，"AC"表示供电电源电压为 120~240VAC，通常为 220VAC，"DC"表示输入端的电源电压为 24VDC，"RLY"表示输出为继电器输出，在 CPU 的输出点接线端子旁边印刷有"RELAY OUTPUTS"字样，含义是继电器输出。

CPU1215C 输出端子的接线（继电器输出）如图 2-6 所示。从图可以看出，输出是分组安排的，每组既可以是直流电源，也可以是交流电源，而且每组的电源的电压大小可以不同，接直流电源时，CPU 模块没有方向性要求。

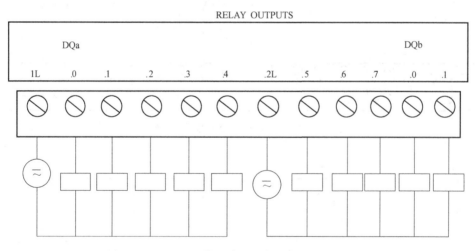

图 2-6 CPU1215C 输出端子的接线（继电器输出）

在给 CPU 进行供电接线时，一定要注意分清是哪一种供电方式，如果把 220VAC 接到 24VDC 供电的 CPU 上，或者不小心接到 24VDC 传感器的输出电源上，都会造成 CPU 损坏。

（4）CPU1215C（DC/DC/DC）的数字量输出端子的接线

目前 24VDC 输出只有一种形式，即 PNP 型输出，也就是常说的高电平输出，这点与三菱 FX 系列 PLC 不同，三菱 FX 系列 PLC（FX3U 除外，FX3U 有 PNP 型和 NPN 型两种可选择的输出形式）为 NPN 型输出，也就是低电平输出，理解这一点十分重要，特别是利用 PLC 进行运动控制（如控制步进、伺服电动机）时，必须考虑这一点。

CPU1215C 输出端子的接线（晶体管输出）如图 2-7 所示，负载电源只能是直流电源，且输出高电平信号有效，因此是 PNP 型输出。

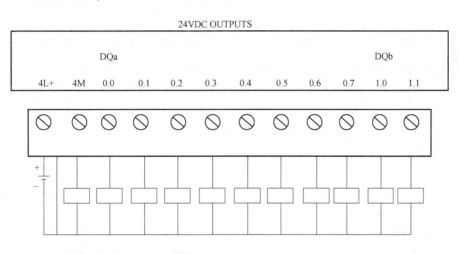

图 2-7　CPU1215C 输出端子的接线（晶体管输出 PNP 型）

（5）CPU1215C 的模拟量输入/输出端子的接线

CPU1215C 模块集成了两个模拟量输入通道和两个模拟量输出通道。模拟量输入通道的量程范围是 1～10V。模拟量输出通道的量程范围是 0～20mA。CPU1215C 模拟量输入/输出端子的接线如图 2-8 所示。图中左侧的方框代表模拟量输出的负载，常见的负载是变频器或各种阀门等；图中右侧的圆圈代表模拟量输入，一般与各类模拟量的传感器或变送器相连，圆圈中的 "+" 和 "−" 代表传感器的正信号端子和负信号端子。

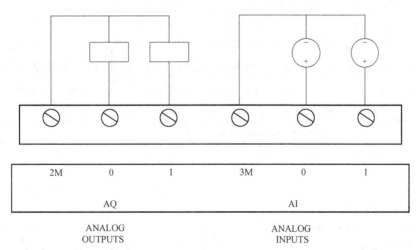

图 2-8　CPU1215C 模拟量输入/输出端子的接线

（6）CPU1215C 接线图

CPU1215C AC/DC/RLY（6ES7 215-1BG40-0XB0）接线如图 2-9 所示。

CPU1215C DC/DC/RLY（6ES7 215-1HG40-0XB0）接线如图 2-10 所示。

CPU1215C DC/DC/DC（6ES7 215-1AG40-0XB0）接线如图 2-11 所示。

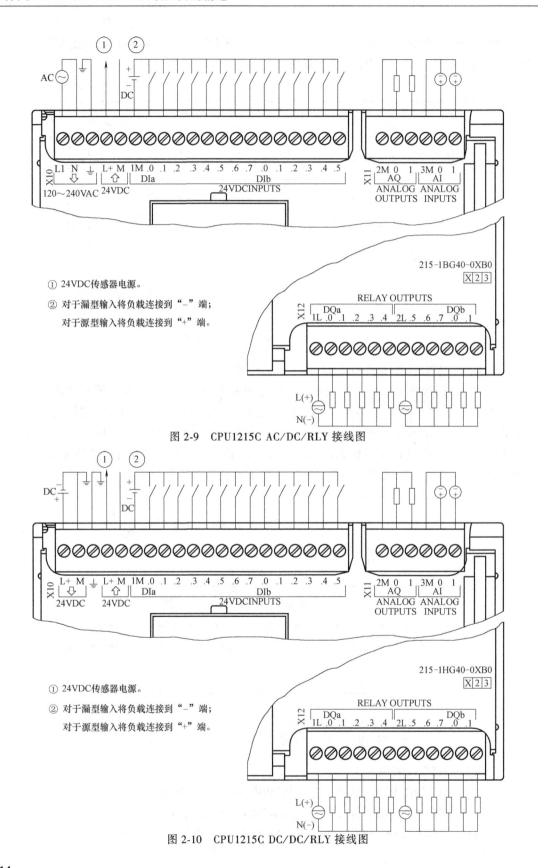

① 24VDC传感器电源。

② 对于漏型输入将负载连接到"−"端；
对于源型输入将负载连接到"+"端。

图 2-9　CPU1215C AC/DC/RLY 接线图

① 24VDC传感器电源。

② 对于漏型输入将负载连接到"−"端；
对于源型输入将负载连接到"+"端。

图 2-10　CPU1215C DC/DC/RLY 接线图

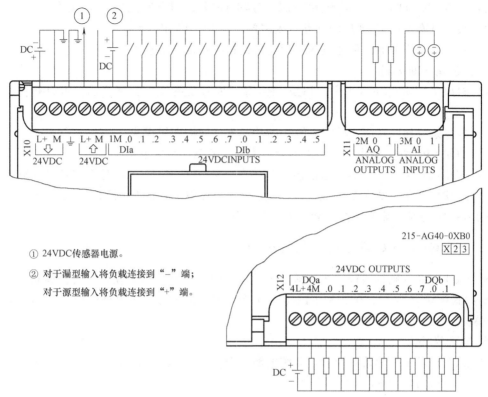

图 2-11　CPU1215C DC/DC/DC 接线图

① 24VDC传感器电源。

② 对于漏型输入将负载连接到 "−" 端；

对于源型输入将负载连接到 "+" 端。

2.3　S7-1500 PLC 的硬件

2.3.1　S7-1500 PLC 的性能特点

S7-1500 PLC 是对 SIMATIC S7-300/400 进行进一步开发的自动化系统，其新的性能特点描述如下：

（1）提高了系统性能

1）减少响应时间，提高生产效率。

2）减少程序扫描周期。

3）CPU 位指令处理时间最短可达 1ns。

4）集成运动控制，可控制高达 128 轴。

（2）CPU 配置显示面板

1）统一纯文本诊断信息，缩短停机和诊断时间。

2）即插即用，无须编程。

3）可设置操作密码。

4）可设置 CPU 的 IP 地址。

（3）配置 PROFINET 标准接口

15

1）具有 PN IRT 功能，可确保精确的响应时间以及工厂设备的高精度操作。

2）集成具有不同 IP 地址的标准以太网接口和 PROFINET 接口。

3）集成网络服务器，可通过网页浏览器快速浏览诊断信息。

（4）优化诊断机制

1）STEP7、HMI、Web Server 以及 CPU 显示面板支持统一数据显示，可进行高效故障分析。

2）集成系统诊断功能，模块系统诊断功能支持即插即用模式。

3）即便 CPU 处于停止模式，也不会丢失系统故障和报警消息。

S7-1500 PLC 配置了标准的通信接口 PROFINET（PN 接口），取消了 S7-300/400 PLC 标准配置的 MPI 接口，并且在少数的 CPU 上配置了 PROFIBUS-DP 接口，因此若需要进行 PROFIBUS-DP 通信，则需要配置相应的通信模块。

2.3.2　S7-1500 PLC 常用模块及其接线

S7-1500 PLC 的硬件系统主要包括电源模块、CPU 模块、信号模块、通信模块、工艺模块和分布式模块（如 ET200SP 和 ET200MP）等。S7-1500 PLC 的中央机架上最多可以安装 32 个模块。

1. 电源模块

S7-1500 PLC 电源模块有两种：系统电源（PS）和负载电源（PM）。

（1）系统电源（PS）

系统电源（PS）通过 U 形连接器连接背板总线，并专门为背板总线提供内部所需的系统电源，这种系统电源可为模块电子元器件和 LED 指示灯供电。当 CPU 模块、PROFIBUS 通信模块、Ethernet 通信模块以及接口模块等没有连接到 DC24V 电源上时，系统电源可为这些模块供电。系统电源的特点如下：

1）总线电气隔离和安全电气隔离符合 EN 61131-2 标准。

2）支持固件更新、标识数据 I&M0 到 I&M4、在 RUN 模式下组态、诊断报警和诊断中断。

到目前为止，系统电源有三种规格，其技术参数见表 2-1。

表 2-1　系统电源的技术参数

电源型号	PS 25W 24V DC	PS 60W 24/48/60V DC	PS 60W 120/230V AC/DC
订货号	6ES7505-0KA00-0AB0	6ES7505-0RA00-0AB0	6ES7507-0RA00-0AB0
尺寸（W×H×D）/mm	35×147×129	70×147×129	
额定输入电压	24V；SELV	24V/48V/60V	120V/230V
范围，下限（DC）	静态 19.2V，动态 18.5V	静态 19.2V，动态 18.5V	88V
范围，上限（DC）	静态 28.8V，动态 30.2V	静态 72V，动态 75.5V	300V
短路保护	是		
输出电流短路保护	是		
背板总线上的馈电功率	25W	60W	

（2）负载电源（PM）

负载电源（PM）与背板总线没有连接，负载电源为 CPU 模块、IM 模块、I/O 模块、PS 电源等提供高效、稳定、可靠的 DC24V 供电，其输入电源是 120～230VAC，不需要调节，可以自适应世界各地的供电网络。负载电源的特点如下：

1）具有输入抗过电压性能和输出过电压保护功能，有效提高了系统的运行安全。

2）具有启动和缓冲能力，增强了系统的稳定性。

3）符合 SELV，提高了 S7-1500 PLC 的应用安全。

4）具有 EMC 兼容性能，符合 S7-1500 PLC 系统的 TIA 集成测试要求。

到目前为止，负载电源有两种规格，其技术参数见表 2-2。

表 2-2 负载电源的技术参数

产品	PM1507	PM1507
电源型号	24V/3A	24V/8A
订货号	6EP1 332-4BA00	6EP1 333-4BA00
尺寸（$W×H×D$）/mm	50×147×129	75×147×129
额定输入电压	120/230V AC 自适应	
范围	85～132/170～264VAC	

2. S7-1500 PLC 的外观及显示面板

S7-1500 PLC 的外观如图 2-12 所示。其 CPU 都配有显示面板，可以拆卸，CPU 1515-2PN/DP 配置的显示面板如图 2-13 所示。其上面的三个 LED 灯，分别是运行状态指示灯、错误指示灯和维修指示灯，用于显示屏显示 CPU 信息；操作按钮与显示屏配合使用，可以查看 CPU 内部的故障、设置 IP 地址等。

图 2-12 S7-1500 PLC 的外观

图 2-13 S7-1500 PLC 的显示面板

3. S7-1500 PLC CPU 的分类

（1）标准型 CPU

标准型 CPU 最为常用，目前已经推出的产品分别有 CPU1511-1PN、CPU1513-1PN、CPU1515-2PN、CPU1516-3PN/DP、CPU1517-3PN/DP、CPU1518-4PN/DP 和 CPU1518-4PN/DP ODK。

CPU1511-1PN、CPU1513-1PN 和 CPU1515-2PN 只集成了 PROFINET 或以太网通信口，没有集成 PROFIBUS-DP 通信接口，但可以扩展 PROFIBUS-DP 通信模块。

CPU1516-3PN/DP、 CPU1517-3PN/DP、 CPU1518-4PN/DP 和 CPU1518-4PN/DP ODK 除集成了 PROFINET 或以太网通信口外，还集成 PROFIBUS-DP 通信口。CPU1518-4PN/DP 的外观如图 2-14 所示。

S7-1500 PLC CPU 的应用范围见表 2-3。

（2）紧凑型 CPU

目前紧凑型 CPU 只有两个型号，分别是 CPU1511C-1PN 和 CPU1512C-1PN。

图 2-14　CPU1518-4PN/DP 的外观

表 2-3　S7-1500PLC CPU 的应用范围

CPU	性能特性	工作存储器容量/MB	位运算的处理时间/ns
CPU1511-1PN	适用于中小型应用的标准 CPU	1.23	60
CPU1513-1PN	适用于中型应用的标准 CPU	1.95	40
CPU1515-2PN	适用于中大型应用的标准 CPU	3.75	30
CPU1516-3PN/DP	适用于高要求应用和通信任务的标准 CPU	6.5	10
CPU1517-3PN/DP	适用于高要求应用和通信任务的标准 CPU	11	2
CPU1518-4PN/DP CPU1518-4PN/DP ODK	适用于高性能应用、高要求通信任务和超短响应时间的标准 CPU	26	1

紧凑型 CPU 基于标准型控制器，集成了离散量、模拟量输入输出和高达 400kHz（4 倍频）的高速计数功能。还可以如标准型控制器一样扩展 25mm 和 35mm 的 I/O 模块。

（3）分布式模块 CPU

分布式模块 CPU 是一款兼备 S7-1500 PLC 的突出性能与 ET200SP I/O 简单易用、身形小巧于一身的控制器，为对机柜空间有严格要求的机器制造商或者分布式控制应用提供了完美解决方案。

分布式模块 CPU 分为 CPU1510SP-1PN 和 CPU1512SP-1PN。

（4）开放式控制器

开放式控制器（CPU1515 SP PC）是将 PC-based 平台与 ET200SP 控制器功能相结合的、可靠的、紧凑的控制系统。可以用于特定的 OEM 设备以及工厂的分布式控制。控制器右侧可以直接扩展 ET200SP I/O 模块。

CPU1515 SP PC 开放式控制器使用双核 1GHz，AMD G Series APU T40E 处理器，2GB/4GB 内存，使用 8GB/16GB CFast 卡作为硬盘，Windows 7 嵌入版 32 位或 64 位操作系统。

目前 CPU1515 SP PC 开放式控制器有多个订货号可供选择。

（5）软控制器

S7-1500 PLC 软控制器采用 Hypervisor 技术，在安装到 SIEMENS 工控机后，将工控机的硬件资源虚拟成两套硬件，其中一套运行 Windows 操作系统，另一套运行 S7-1500 PLC 实时系统，两套系统并行运行，通过 SIMATIC 通信的方式交换数据。软 PLC 与 S7-1500 PLC 代码

100%兼容，其运行独立于 Windows 操作系统，可以在软 PLC 运行时重启 Windows 操作系统。

目前 S7-1500 PLC 软控制器只有两个型号，分别是 CPU1505S 和 CPU1507S。

（6）故障安全 CPU

故障安全自动化系统（F 系统）用于具有较高安全要求的系统。F 系统用于控制过程，确保中断后这些过程可立即处于安全状态。也就是说，F 系统在控制过程中发生故障时，即时中断不会危害人身和环境安全。

故障安全 CPU 除了拥有 S7-1500 PLC CPU 所有特点外，还集成了安全功能，支持到 SIL3 安全完整性等级，其将安全技术轻松地和标准自动化无缝集成在一起。

故障安全 CPU 目前已推出两大类，分别如下：

1）S7-1500F CPU（故障安全 CPU 模块），目前推出产品规格分别是 CPU1511F-1PN、CPU1513F-1PN、CPU1515F-2PN、CPU1516F-3PN/DP、CPU1517F-3PN/DP、CPU1517TF-3PN/DP、CPU1518F-4PN/DP 和 CPU1518F-4PN/DP ODP。

2）ET200SP F CPU（故障安全 CPU 模块），目前推出产品规格分别是 CPU1510SP F-1PN 和 CPU1512SP F-1PN。

（7）工艺型 CPU

S7-1500T 均可通过工艺对象控制速度轴、定位轴、同步轴、外部编码器、凸轮、凸轮轨迹和测量输入，支持标准 Motion Control（运动控制）功能。

目前推出的工艺型 CPU 有 CPU1511T-1PN、CPU1515T-2PN、CPU1517T-3PN/DP 和 CPU1517TF-3PN/DP 等型号。CPU 1516T-3PN/DP 的外观如图 2-15 所示。

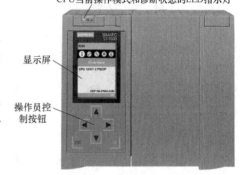

图 2-15　带前面板的 CPU1516T-3PN/DP 外观

4. S7-1500 PLC 的接线

（1）S7-1500 PLC 的电源接线

标准的 S7-1500 PLC 只有电源接线端子，其接线如图 2-16 所示，1L+和 2L+端子与电源

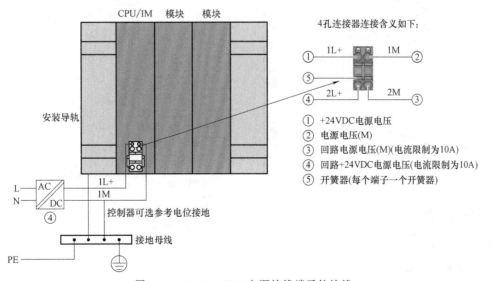

图 2-16　S7-1500 PLC 电源接线端子的接线

24VDC 相连接，1M 和 2M 与电源 0V 相连接，同时 0V 与接地相连接。

（2）紧凑型 CPU 模拟量端子的接线

下面以 CPU1511C 的接线为例介绍。CPU1511C 有 5 个模拟量输入通道，通道 0~3 可以接收电流或电压信号，通道 4 只能和热电阻连接。CPU1511C 有两个模拟量输出通道，可以输出电流或电压信号。模拟量输入/输出（电压型）的接线如图 2-17 所示，模拟量输入是电压型，模拟量输出也是电压型，41 和 43 端子用于屏蔽。

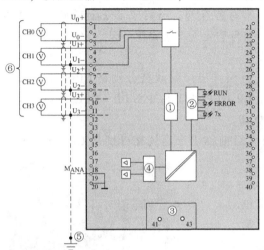

① 模数转换器(ADC)
② LED指示灯接口
③ 供电元件(仅用于屏蔽)
④ 数模转换器(DAC)
⑤ 等电位连接电缆(可选)
⑥ 测量电压

① 模数转换器(ADC)
② LED指示灯接口
③ 供电元件(仅用于屏蔽)
④ 数模转换器(DAC)
⑤ 二线制连接(CH0和CH1)

图 2-17　模拟量输入/输出（电压型）接线

模拟量输入/输出（电流型）的接线如图 2-18 所示，模拟量输入是电流型，输出也是电

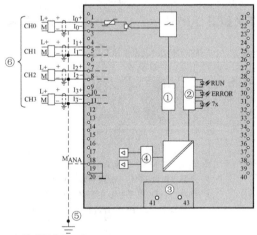

① 模数转换器(ADC)
② LED指示灯接口
③ 供电元件(仅用于屏蔽)
④ 数模转换器(DAC)
⑤ 等电位连接电缆(可选)
⑥ 连接四线制测量传感器

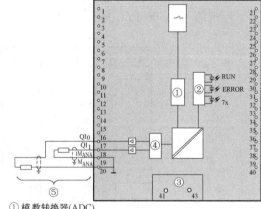

① 模数转换器(ADC)
② LED指示灯接口
③ 供电元件(仅用于屏蔽)
④ 数模转换器(DAC)
⑤ 电流输出(CH0和CH1)

图 2-18　模拟量输入/输出（电流型）接线

流型。

　　热电阻为一种温度模拟量模块，其与通用模拟量模块的不同之处在于信号处理方式不同且仅用于温度模拟量处理，热电阻可以是四线制（其接线见图 2-19），也可以是三线制（其接线见图 2-20）和二线制（其接线见图 2-21）。

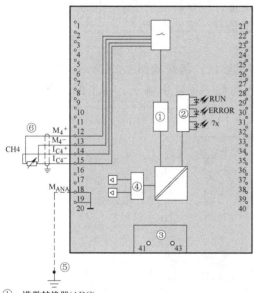

① 模数转换器(ADC)
② LED指示灯接口
③ 供电元件(仅用于屏蔽)
④ 数模转换器(DAC)
⑤ 等电位连接电缆(可选)
⑥ 四线制连接

图 2-19　电阻型传感器或热电阻（RTD）
的四线制连接

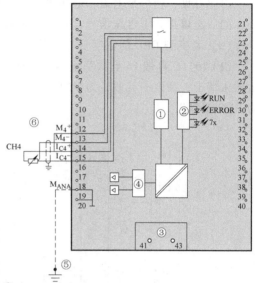

① 模数转换器(ADC)
② LED指示灯接口
③ 供电元件(仅用于屏蔽)
④ 数模转换器(DAC)
⑤ 等电位连接电缆(可选)
⑥ 三线制连接

图 2-20　电阻型传感器或热电阻（RTD）
的三线制连接

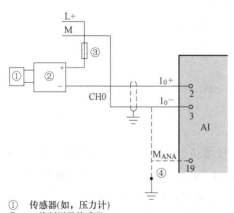

① 传感器(如，压力计)
② 二线制测量传感器
③ 熔断器
④ 等电位连接电缆(可选)

图 2-21　电阻型传感器或热电阻
（RTD）的二线制连接

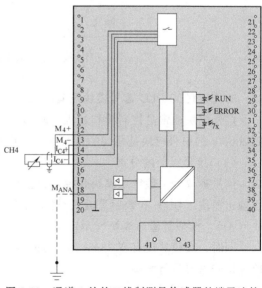

图 2-22　通道 0 处的二线制测量传感器的端子连接

除了连接一个四线制测量传感器，在通道 0~3 上也可连接二线制测量传感器。要在紧凑型 CPU 的板载模拟量 I/O 上连接一个二线制传感器，则需使用外部 24V 电源。这种二线制传感器带有供电压短路保护功能，通过一个熔断器对电源单元进行保护。二线制测量传感器的端子接线如图 2-22 所示。

由此可见，信号是电流和电压虽然占用同一通道，但接线端子不同，这点必须注意，此外，同一通道接入了电压信号，就不能再接入电流信号，反之亦然。

（3）紧凑型 CPU 的数字量端子的接线

CPU1511C 自带 16 点数字量输入，16 点数字量输出，接线如图 2-23 所示。左侧是数字量输入端子，高电平有效，为 PNP 型输入；右侧是数字量输出端子，输出的高电平信号，为 PNP 型输出。

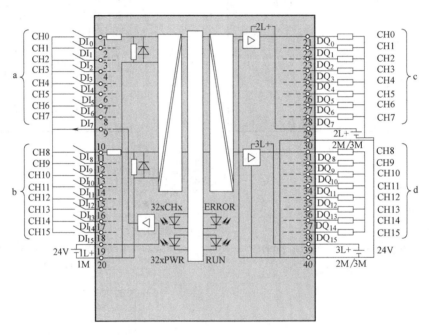

图 2-23　数字量输入/输出接线

5. S7-1500 PLC 信号模块及其接线

信号模块通常是控制器和过程中间的接口。S7-1500 PLC 标准型 CPU 连接的信号模块和 ET200MP 的信号模块是相同的，且在工程中最为常见，以下将作为重点进行介绍。

（1）信号模块的分类

信号模块分为数字量模块和模拟量模块。数字量模块分为数字量输入模块（DI）、数字量输出模块（DQ）和数字量输入/输出混合模块（DI/DQ）；模拟量模块分为模拟量输入模块（AI）、模拟量输出模块（AQ）和模拟量输入/输出混合模块（AI/AQ）。

同时，其模块还有宽 35mm 和 25mm 之分。25mm 模块自带前连接器，而 35mm 模块的前连接器需要另行购买。

（2）数字量输入模块

数字量输入模块将现场的数字量信号转换成 S7-1500 PLC 可以接收的信号，S7-1500

PLC 的 DI 有直流 16 点、直流 32 点以及交流 16 点。数字量输入模块（6ES7521-1BH00-0AB0）的外形如图 2-24 所示。数字量输入模块的技术参数见表 2-4。

　　典型的数字量直流输入模块（6ES7521-1BH00-0AB0）的接线如图 2-25 所示，目前仅有 PNP 型输入模块，即输入为高电平有效。

　　数字量交流输入模块一般用于强干扰场合。典型的交流输入模块（6ES7521-1FH00-0AA0）的接线如图 2-26 所示。注意，交流输入模块的电源电压是 AC120/230V，其公共端子 8、18、28、38 与交流电源的零线 N 相连接。

　　（3）数字量输出模块

　　数字量输出模块将 S7-1500 PLC 内部的信号转换成过程需要的电平信号输出，数字量输出模块（6ES7522-1BF00-0AB0）的技术参数见表 2-5。

图 2-24　数字量输入模块（6ES7521-1BH00-0AB0）的外形

表 2-4　数字量输入模块的技术参数

数字量输入模块	16DI, DC24V 高性能型	16DI, DC24V 基本型	16DI, AC230V 基本型	16DI, DC24VSRC 基本型
订货号	6ES7521-1BH00-0AB0	6ES7521-1BH00-0AA0	6ES7521-1FH00-0AA0	6ES7521-1BH50-0AA0
输入通道数	16	16	16	16
输入额定电压	DC24V	DC24V	AC120/230V	DC24V
是否包含前连接器	否	是	否	否
硬件中断	√	—	—	—
诊断中断	√	—	—	—
诊断功能	√:通道级	—	√	—
模块宽度/mm	35	25	35	35

表 2-5　数字量输出模块技术参数

数字量输入模块	16DO, DC24V 高性能型	16DO, DC24V 基本型	16DO, AC230V 基本型	16DO, DC230VSRC 基本型
订货号	6ES7522-1BF00-0AB0	6ES7522-1BH10-0AA0	6ES7522-5FF00-0AB0	6ES7522-5HF00-0AB0
输入通道数	16	16	16	8
输入额定电压	DC24V	DC24V	AC120/230V	AC230
是否包含前连接器	否	是	否	是
硬件中断	√	—	—	—
诊断中断	√	—	—	—
诊断功能	√:通道级	—	√	

　　数字量输出模块可以驱动继电器、电磁阀和信号灯等负载，主要有以下三类：

　　1）晶体管输出型。只能接直流负载，响应速度最快。晶体管输出型的数字量输出模块（6ES7522-1BF00-0AB0）的接线如图 2-27 所示，有 8 个点输出，4 个点为一组，输出信号为高电平有效，即 PNP 型输出。负载电源只能是直流电。

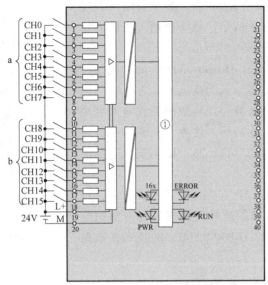

图中显示了如何接线模块以及如何分配通道地址（输入字节a到b）。在此，可以将通道0和1设置为用于计数，而通道2~15则继续用作数字量输入。

① 背板总线接口   CHx   通道或通道状态LED指示灯(绿色/红色)
L+ 电源电压DC 24V   RUN   状态LED指示灯(绿色)
M 接地   ERROR   错误LED指示灯(红色)
     PWR   POWER电源电压LED指示灯(绿色)

图 2-25 数字量直流输入模块（6ES7521-1BH00-0AB0）的接线（PNP）

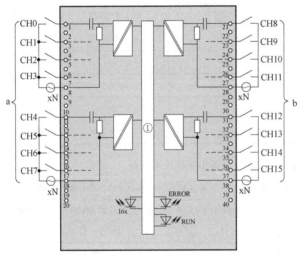

图中显示了如何接线模块以及如何分配通道地址（输入字节a到b）。

① 背板总线接口   CHx   通道或通道状态LED指示灯(绿色)
xN 电源AC电压   RUN   状态LED指示灯(绿色)
     ERROR   错误LED指示灯(红色)

图 2-26 数字量交流输入模块（6ES7521-1FH00-0AA0）的接线

2）晶闸管（可控硅）输出型。接交流负载，响应速度较快，应用较少；晶闸管输出型的数字量输出模块（6ES7522-5FF00-0AB0）的接线如图 2-28 所示，有 8 个点输出，每个点为单独一组，输出信号为交流信号，即负载电源只能是交流电。

3）继电器输出型。接交流和直流负载，响应速度慢，但应用最广泛。继电器输出型的数字量输出模块（6ES7522-5HF00-0AB0）的接线如图 2-29 所示，有 8 个输出点，每个点为单独一组，输出信号为继电器的开关触点，所以其负载电源可以是直流电或交流电。通常交

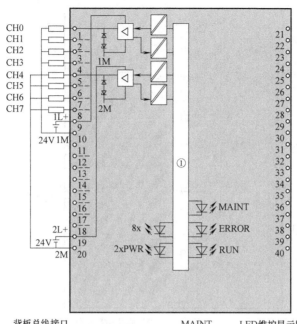

①	背板总线接口	MAINT	LED维护显示屏(黄色)
xL+	电源电压DC24V	RUN	状态LED指示灯(绿色)
xM	接地	ERROR	错误LED指示灯(红色)
CHx	通道或通道状态LED指示灯	PWR	POWER电源电压LED指示灯(绿色)
	(绿色/红色)		

图 2-27　晶体管输出型的数字量输出模块（6ES7522-1BF00-0AB0）的接线

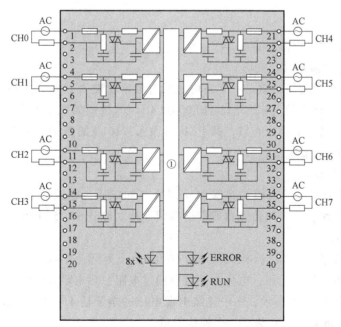

①	背板总线接口	CHx	通道或通道状态LED指示灯(绿色/红色)
		RUN	状态LED指示灯(绿色)
		ERROR	错误LED指示灯(红色)

图 2-28　晶闸管输出型的数字量输出模块（6ES7522-5FF00-0AB0）的接线

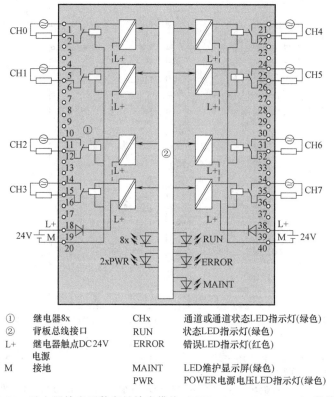

①	继电器8x	CHx	通道或通道状态LED指示灯(绿色)
②	背板总线接口	RUN	状态LED指示灯(绿色)
L+	继电器触点DC 24V	ERROR	错误LED指示灯(红色)
	电源		
M	接地	MAINT	LED维护显示屏(绿色)
		PWR	POWER电源电压LED指示灯(绿色)

图 2-29 继电器输出型数字量输出模块 (6ES7522-5HF00-0AB0) 的接线

流电压不大于230V。

注意：此模块的供电电源是直流 24V。

(4) 数字量输入/输出混合模块

数字量输入/输出混合模块就是一个模块上既有数字量输入点也有数字量输出点。典型的数字量输入/输出混合模块 (6ES7523-1BL00-0AA0) 的接线如图 2-30 所示。16 点的数字量输入为直流输入，高电平信号有效，即 PNP 型输入；16 点的数字量输出为直流输出，高电平信号有效，即 PNP 型输出。

(5) 模拟量输入模块

S7-1500 PLC 的模拟量输入模块是采集模拟量 (如电压、电流、温度等) 转换成 CPU 可以识别的数字量模块，一般与传感器或变送器相连接。部分 S7-1500 PLC 的模拟量输入模块技术参数见表 2-6。

以下仅以模拟量输入模块 (6ES7531-7KF00-0AB0) 为例介绍模拟量输入模块的接线。此模块功能强大，可以测量电压、电流，还可以通过电阻、热电阻和热电偶测量温度。其测量电压信号的接线如图 2-31 所示，图中连接电源电压的端子是 41 (L+) 和 44 (M)，然后通过端子 41 (L+) 和 43 (M) 为下一个模块供电。

注意，图 2-31 中的虚线是等电位连接电缆，当信号有干扰时，可采用。

测量电流信号的四线制接线如图 2-32 所示，二线制接线如图 2-33 所示，测量温度的二线制、三线制和四线制热电阻接线如图 2-34 所示。

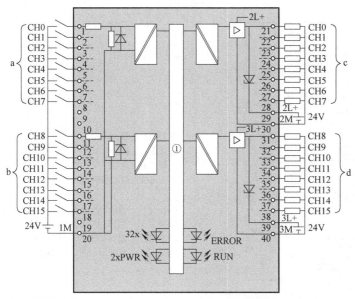

图中显示了如何连接模块以及如何为通道分配地址(输入字节a和b,输出字节c和d)。

①	背板总线接口
xL+	电源电压DC24V
xM	接地

CHx	通道或通道状态LED指示灯(绿色)
RUN	状态LED指示灯(绿色)
ERROR	错误LED指示灯(红色)
PWR	POWER电源电压LED指示灯(绿色)

图 2-30　数字量输入/输出混合模块（6ES7523-1BL00-0AA0）的接线

表 2-6　S7-1500 PLC 的模拟量输入模块技术参数

模拟量输入模块	4AI,U/I/RTD/TC 标准型	8AI,U/I/RTD/TC 标准型	8AI,U/I 高速型
订货号	6ES7531-7QD00-0AB0	6ES7531-7KF00-0AB0	6ES7531-7NF10-0AB0
输入通道数	4(用作电阻、热电偶测量时 2 通道)	8	8
输入信号类型	电流、电压、热电阻、热电偶和电阻	电流、电压、热电阻、热电偶和电阻	电流和电压
分辨率(最高)	16 位	16 位	16 位
转换时间(每通道)	9ms、23ms、27ms、107ms	9ms、23ms、27ms、107ms	所有通道 62.5μs
等待模式	—	—	√
屏蔽线长度(最大)	U/I800m；R/RTD200m；TC50m	U/I800m；R/RTD200m；TC50m	800m
是否包含前连接器	是	否	否
限制中断 诊断中断 诊断功能	√ √ √;通道级	√ √ √;通道级	√ √ √;通道级
模块宽度/mm	25	35	35

（6）模拟量输出模块

S7-1500 PLC 的模拟量输出模块是将 CPU 传来的数字量转换成模拟量（电压和电流信号），一般用于控制阀门的开度或者变频器的频率给定等。S7-1500 PLC 常用的模拟量输出模块技术参数见表 2-7。

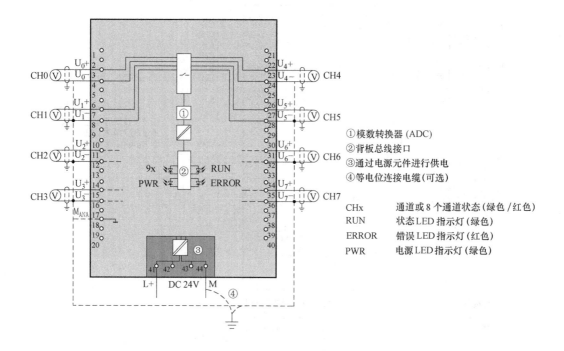

图 2-31 模拟量输入模块 (6ES7531-7KF00-0AB0) 的接线 (电压)

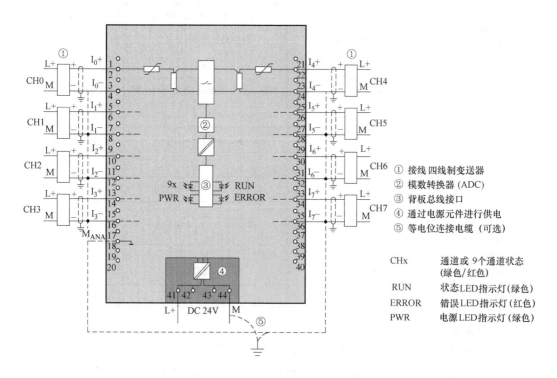

图 2-32 模拟量输入模块 (6ES7531-7KF00-0AB0) 的接线 (四线制电流)

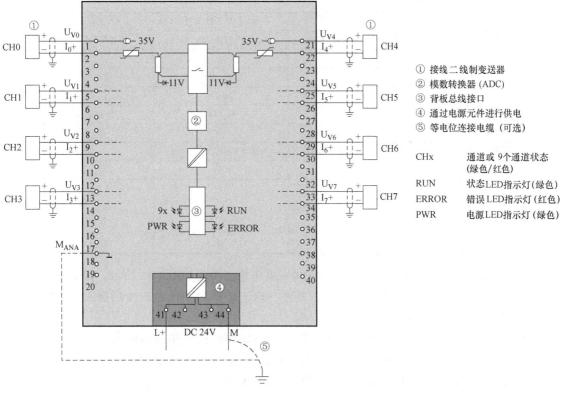

图 2-33　模拟量输入模块（6ES7531-7KF00-0AB0）的接线（二线制电流）

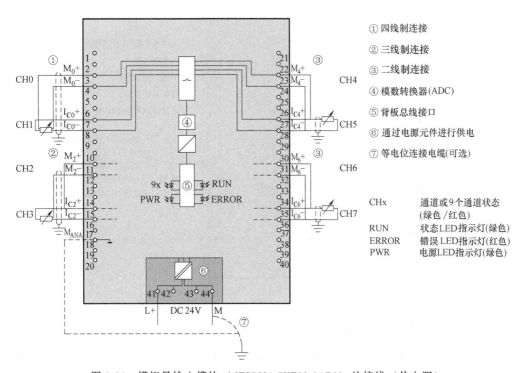

图 2-34　模拟量输入模块（6ES7531-7KF00-0AB0）的接线（热电阻）

表 2-7 S7-1500 PLC 常用的模拟量输出模块技术参数

模拟量输出模块	2AQ,U/I 标准型	4AQ,U/I 标准型	8AQ,U/I 高速型
订货号	6ES7532-5NB00-0AB0	6ES7532-5HD00-0AB0	6ES7532-5HF00-0AB0
输出通道数	2	4	8
输出信号类型	电流、电压	电流、电压	电流、电压
分辨率（最高）	16 位	16 位	16 位
转换时间（每通道）	0.5ms	0.5ms	所有通道 50μs
等待模式	—	—	√
屏蔽线长度（最大）	电流 800m；电压 200m	电流 800m；电压 200m	200m
是否包含前连接器	是	否	否
限制中断 诊断中断 诊断功能	— √ √：通道级	— √ √：通道级	— √ √：通道级
模块宽度/mm	25	35	35

模拟量输出模块（6ES7532-5HD00-0AB0）电压输出接线如图 2-35 所示，标记①是电压输出二线制接法，无电阻补偿，精度相对低些，标记②是电压输出四线制接法，有电阻补偿，精度比二线制接法高。

模拟量输出模块（6ES7532-5HD00-0AB0）电流输出的接线如图 2-36 所示。

图中，QV_n 为电压输出通道，QI_n 为电流输出通道，S_{n+}/S_{n-} 为监听线路通道，L+ 为连接电源电压，M 为接地连接，M_{ANA} 为模拟电路的参考电位。

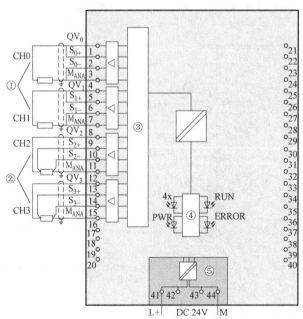

图 2-35　模拟量输出模块（6ES7532-5HD00-0AB0）电压输出接线

（7）模拟量输入/输出混合模块

S7-1500 PLC 的模拟量输入/输出混合模块就是一个模块上既有模拟量输入通道也有模拟量输出通道。S7-1500 PLC 常用的模拟量输入/输出混合模块的技术参数见表 2-8。

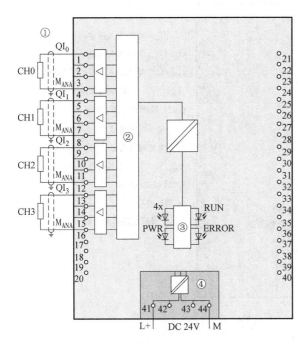

图 2-36 模拟量输出模块（6ES7532-5HD00-0AB0）电流输出接线

① 四线制连接

② 数模转换器(DAC)

③ 背板总线接口

④ 电源模块的电源电压

CHx   通道或4个通道状态(绿色/红色)
RUN   状态LED指示灯(绿色)
ERROR   错误LED指示灯(红色)
PWR   电源LED指示灯(绿色)

表 2-8 S7-1500 PLC 常用的模拟量输入/输出混合模块的技术参数

模拟量输入/输出模块		4AI,U/I/RTD/TC 标准型/2AQ,U/I 标准型
订货号		6ES7534-7QE00-0AB0
输入通道	输入通道数	4(用作电阻/热电阻测量时 2 通道)
	输入信号类型	电流、电压、热电阻、热电偶或电阻
	分辨率(最高)	16 位
	转换时间(每通道)	9ms、23ms、27ms、107ms
输出通道	输出通道数	2
	输出信号类型	电流或电压
	分辨率(最高)	16 位
	转换时间(每通道)	0.5ms
硬件中断		—
诊断中断		√
诊断功能		√:通道级
模块宽度/mm		25

　模拟量输入/输出混合模块（6ES7534-7QE00-0AB0）4 个通道的模拟量输入，可为 4 线制电流输入信号，还可以为电压、热电阻输入信号，如图 2-37 所示。如图 2-38 所示为电压输出接线图。为标号⑤处所示接线时为二线制电压输出，为标号⑥处所示接线时为四线制电压输出。图 2-39 为电流输出接线图。

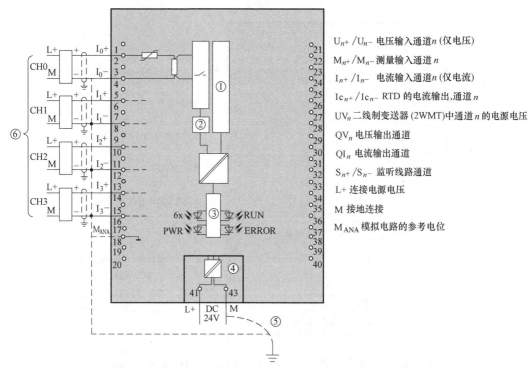

图 2-37 模拟量输入/输出混合模块（6ES7534-7QE00-0AB0）4 个通道的模拟量输入

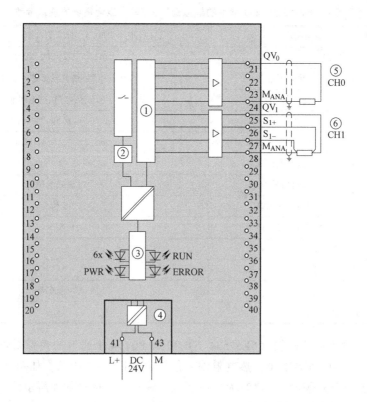

图 2-38 模拟量输入/输出混合模块（6ES7534-7QE00-0AB0）电压输出接线

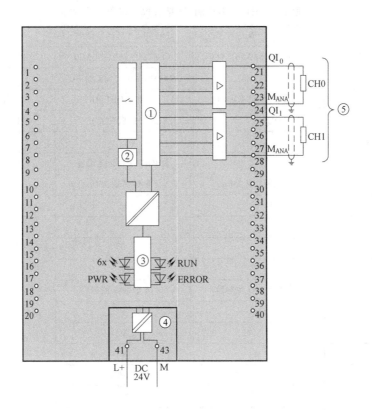

图 2-39　模拟量输入/输出混合模块（6ES7534-7QE00-0AB0）电流输出接线

6. S7-1500 PLC 的通信模块

通信模块集成有各种接口，可与不同接口类型设备进行通信，而具有安全功能的工业以太网模块，可以极大提高连接的安全性。

S7-1500 PLC 的通信模块包括 CM 通信模块和 CP 通信处理模块。CM 通信模块主要用于小数据量通信场合，而 CP 通信处理模块主要用于大数据量的通信场合。

通信模块按照通信协议分，主要有 PROFIBUS-DP 模块（如 CM1542-5）、点对点连接串行通信模块（如 CM PtP RS232 BA）、以太网通信模块（如 CP1543-1）和 PROFINET 通信模块（如 CM1542-1）等。

7. SIMATIC S7-1500 PLC 分布式模块

S7-1500 PLC 支持的分布式模块分有 ET200MP 和 ET200SP。ET200MP 是一个可扩展且高度灵活的分布式 I/O 系统，用于通过现场总线（PROFINET 或 PROFIBUS-DP）将过程信号连接到中央控制器。相较于 S7-300/400 PLC 的分布式模块 ET200M/ET200S，ET200MP 和 ET200SP 的功能更加强大。

（1）ET200MP 模块

ET200MP 模块包含 IM 接口模块和 I/O 模块。IM 接口模块将 ET200MP 连接到 PROFI-NET 或 PROFIBUS-DP 总线，与 S7-1500 PLC 通信，实现扩展。ET200MP 模块的 I/O 模块与 S7-1500 PLC 本机上的 I/O 模块通用，ET200MP 的 IM 接口模块的技术参数见表 2-9。

表 2-9　ET200MP 的 IM 接口模块的技术参数

通信模块	IM155-5 PN 标准型	IM155-5 PN 高性能型	IM155-5 DP 标准型
订货号	6ES7155-5AA00-0AB0	6ES7155-5AA00-0AC0	6ES7155-5BA00-0AB0
供电电压	24VDC(20.4~28.8VDC)		
通信方式	PROFINET IO	PROFINET IO	PROFIBUS-DP
接口类型	2×RJ45(共享一个 IP 地址,集成交换机功能)		RS-485,DP 接头
支持 I/O 模块数量	30		12
S7-400H 冗余系统	—	PROFINET 系统冗余	—
支持等时同步模式	√(最短周期 250μs)	√(最短周期 250μs)	
IRT	√	√	
MRP	√	√	
MRPD	—	√	
优先化启动	√	√	
共享设备	√;2 个 I/O 控制器	√;4 个 I/O 控制器	
TCP/IP	√	√	
SNMP	√	√	
LLDP	√	√	
硬件中断	√	√	√
诊断中断	√	√	√
诊断功能	√	√	√
模块宽度/mm	35		

（2）ET200SP 模块

ET200SP 是新一代分布式 I/O 系统，具有体积小、使用灵活、性能突出的特点，具体如下：

1）防护等级 IP20，支持 PROFINET 和 PROFIBUS-DP。

2）更加紧凑的设计，单个模块最多支持 16 通道。

3）直插式端子，无须工具单手可以完成接线。

4）模块和基座的组装更方便。

5）各种模块可任意组合。

6）各个负载电势组的形成无须 PM-E 电源模块。

7）运行中可以更换模块（支持热插拔）。

ET200SP 安装于标准 DIN 导轨，一个站点基本配置包括支持 PROFINET 或 PROFIBUS-DP 的 IM 通信接口模块、各种 I/O 模块、功能模块以及所对应的基座单元和右侧用于完成配置的服务模块（无须单独订购，随接口模块附带）。

每个 ET200SP 模块最多可以扩展 32 个或 64 个模块，ET200SP 的 IM 接口模块技术参数见表 2-10。

ET200SP 的 I/O 模块非常丰富，包括数字量输入模块、数字量输出模块、模拟量输入模块、模拟量输出模块、工艺模块和通信模块等。

表 2-10　ET200SP 的 IM 接口模块技术参数

接口模块	IM155-6PN 基本型	IM155-6PN 标准型	IM155-6PN 高速型	IM155-6PN 高性能型
电源电压	24V			
功耗(典型值)	1.7W	1.9W	2.4W	1.5W
通信方式	PROFINET IO			PROFIBUS-DP
总线连接	集成 2×RJ45	总线适配器	总线适配器	PROFIBUS-DP 接头
编程环境 STEP 7 TIA Portal STEP 7 5.5	V13 SP1 以上 SP4 以上	V12 以上 SP3 以上	V12 SP1 以上 SP3 以上	V12 以上 SP3 以上
支持模块数量	12	32	64	32
Profisafe 故障安全	—	√	√	—
S7-400H 冗余系统	—	—	PROFINET 冗余系统	可以通过 Ylink
扩展连接 ET200AL		√	√	√
PROFINET RT/IRT	√/—	√/√	√/√	—
PROFINET 共享设备	—	√	√	
状态显示	√	√	√	√
中断	√	√	√	√
诊断功能	√	√	√	√
尺寸($W \times H \times D$)/mm	35×117×74	50×117×74	50×117×74	50×117×74

2.3.3　S7-1500 PLC 的硬件配置

S7-1500 PLC 自动化系统应按照系统手册的要求和规范进行安装, 安装前应依照安装清单检查是否准备好系统所有的硬件, 并按照要求安装导轨、电源、CPU 模块、接口模块和 I/O 模块等。

1. 硬件配置

(1) S7-1500 PLC 自动化系统的硬件配置

S7-1500 PLC 自动化系统采用单排配置, 所有模块都安装在同一根安装导轨上。这些模块通过 U 形连接器连接在一起, 形成了一个自装配的背板总线。S7-1500 PLC 本机最大配置式 32 个模块, 槽号范围是 0~31, 安装电源和 CPU 模块需要占用 2 个槽位, 除此之外, 最多可以安装 30 个 I/O 模块, 如图 2-40 所示。

S7-1500 PLC 安装在特制的铝型材导轨上, 负载电源只能安装在 0 号槽位, CPU 模块安装在 1 号槽位上, 且都只能组态一个。系统电源可以组态在 0 号槽位和 2~31 号槽位, 数字量 I/O 模块、模拟量 I/O 模块、工艺模块和点对点通信模块可以组态 30 个, 而 PROFINET/以太网和 PROFIBUS 通信模块最多组态 4~8 个, 具体见表 2-11。

(2) 带有 PROFINET 接口模块的 ET200MP 分布式 I/O 系统的硬件配置

带 PROFINET 接口模块的 ET200MP 分布式 I/O 系统的硬件配置与 S7-1500 PLC 本机上的配置方法类似, 其最大配置如图 2-41 所示。

最多支持 3 个系统电源 (PS), 其中一个插入接口模块的左侧, 其他两个可以插入接口模块的右侧, 每个电源模块占一个槽位。如果在接口模块的左侧插入一个系统电源

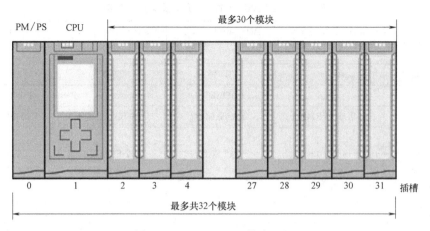

图 2-40　S7-1500 PLC 最大配置

（PS），则将生成总共 32 个模块的最大组态（接口模块右侧最多 30 个模块）。具体参数见表 2-12。

表 2-11　S7-1500 PLC 各插槽中可插入的模块

模块类型		允许使用的插槽	最大模块数量
负载电流电源（PM）		0	无限制／在 STEP 7 中只能组态一个 PM
系统电源（PS）		0；2~31	3
PS 60W 24/48/60VDC HF 系统电源		0	1
CPU		1	1
模拟量和数字量 I/O 模块		2~31	30
通信模块			
●点对点		2~31	30
●PROFINET/以太网、PROFIBUS			
	使用 CPU1511-1（F）PN、CPU1511C-1PN、CPU1511T-1 PN 时	2~31	4
	使用 CPU1512C-1 PN 时	2~31	6
	使用 CPU1513（F）-1 PN 时	2~31	6
	使用 CPU1515（F）-2PN、CPU1515T-2 PN 时	2~31	6
	使用 CPU1516（F）-3 PN/DP、CPU1516T（F）-3 PN/DP 时	2~31	8
	使用 CPU1517（F）-3 PN/DP、CPU1517T（F）-3 PN/DP 时	2~31	8
	使用 CPU1518（F）-4 PN/DP、CPU1518（F）-4 PN/DP MFP 时	2~31	8
工艺模块		2~31	30

（3）带有 PROFIBUS 接口模块的 ET200MP 分布式 I/O 系统的硬件配置

带有 PROFIBUS 接口模块的 ET200MP 分布式 I/O 系统最多配置 13 个模块，其最大配置如图 2-42 所示。接口模块位于第 2 槽，I/O 模块、工艺模块、通信模块等位于 3~14 槽，最多配置 12 个。具体参数见表 2-13。

表 2-12　带 PROFINET 接口模块的 ET200MP 分布式 I/O 系统的各插槽中可插入的模块

模块类型	允许的插槽 IM155-5 PN BA	允许的插槽 IM155-5PN ST、IM155-5PN HF	最大模块数量
负载电流电源(PM)	—	0	无限制/在 STEP 7 中只能组态一个 PM
系统电源(PS)	—	0;2~31	3
PS 60W 24/48/60VDC HF 系统电源	—	0	1
接口模块	1	1	1
模拟量和数字量 I/O 模块	2~13	2~31	12 或 30
通信模块			
点对点	2~13	2~31	12 或 30
工艺模块	2~13	2~31	12 或 30

表 2-13　带有 PROFIBUS 接口模块的 ET200MP 分布式 I/O 系统插槽号分配

模块类型	允许使用的插槽	最大模块数量
接口模块	2	1
模拟量和数字量 I/O 模块	3~14	12
通信模块		
点对点	3~14	12
工艺模块	3~14	12

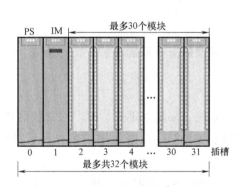

图 2-41　带 PROFINET 接口模块的
ET200MP 分布式 I/O 系统的最大的配置

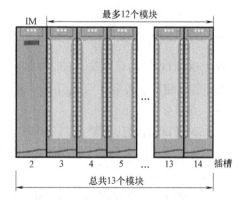

图 2-42　带有 PROFIBUS 接口模块的
ET200MP 分布式 I/O 系统最大配置

2. 系统电源和负载电源

（1）电源类型

S7-1500 PLC ET200MP 分布式 I/O 系统采用两种不同的电源，即系统电源（PS）和负载电流电源（PM）。

（2）系统电源（PS）

系统电源连接到背板总线（U 形连接器），仅用于提供内部所需的系统电压，可为部分模块电子元器件和 LED 供电。CPU 或接口模块未连接 24VDC 负载电流电源时，也可使用系统电源为其供电。

（3）负载电流电源（PM）

负载电流电源为模块的输入/输出电路以及设备的传感器和执行器（如果已安装）供电。如果通过系统电源为背板总线提供电压，也可选择通过 24VDC 为 CPU/接口模块供电。

（4）负载电流电源的特性

负载电流电源安装在"S7-1500 安装导轨"中，但不连接背板总线。

在 CPU/接口模块右侧的插槽中，最多可插入两个系统电源（PS）。负载电流电源的数量不受限制。一个带电源的完整系统配置如图 2-43 所示。

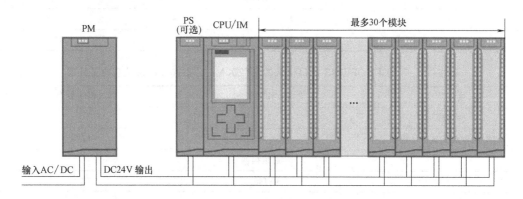

图 2-43　带电源的完整系统配置

2.3.4　S7-1500 PLC 的硬件安装

S7-1500 PLC 自动化系统、ET200MP 分布式 I/O 系统的所有模块都是开放式设备。该系统只能安装在室内、控制柜或电气操作区中。

（1）安装导轨

S7-1500 PLC 自动化系统、ET200MP 分布式 I/O 系统，采用水平安装时，可安装在最高 60℃的环境温度中。采用垂直安装时，最高环境温度为 40℃。由于水平安装有利于散热，比较常见。

共有 6 种长度的导轨可被选用，长度范围是 160mm、245mm、482.6mm、530mm、830mm、2000mm。安装导轨需要预留合适的间隙，以利于模块散热，一般顶部和底部离开导轨边缘需要预留至少 25mm 的间隙，如图 2-44 所示。

S7-1500 PLC 自动化系统、ET200MP 分布式 I/O 系统必须连接到电气系统的保护导线系统，以确保电气安全。要连接保护性导线，应执行以下步骤：

1）剥去截面积最小为 10mm^2 的接地导线外皮。使用压线钳连接一个用于 M6 螺栓的环形电缆接线片。

2）将附带的螺栓滑入 T 形槽中。

3）将垫片、带接地连接器的环形端子、扁平垫圈和锁定垫圈插入螺栓（按该顺序）。旋转六角螺母。通过该螺母将组件拧紧到位（拧紧转矩为 4Nm）。

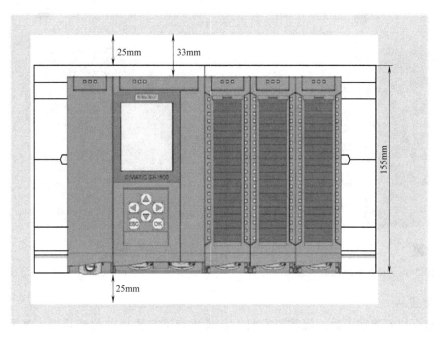

图 2-44 S7-1500 PLC 的安装间隙

4）将接地电缆的另一端连接到中央接地点/保护性母线（PE）。

连接保护性导线示意图如图 2-45 所示。

（2）安装电源模块

S7-1500 PLC 的电源分为系统电源和负载电源，负载电源的安装与系统电源的安装类似，而且更简单，因此仅介绍安装系统电源，具体步骤如下：

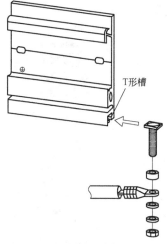

1）将 U 形连接器插入系统电源背面。

2）将系统电源挂在安装导轨上。

3）向后旋动系统电源。

4）打开前盖。

5）从系统电源断开电源线连接器的连接。

6）拧紧系统电源（拧紧转矩为 1.5Nm）。

7）将已经接好线的电源线连接器插入系统电源模块。

安装系统电源示意图如图 2-46 所示。

图 2-45 连接保护性导线示意图

（3）安装 CPU 模块

CPU 模块的安装与安装系统电源的方法类似，具体操作步骤如下：

1）将 U 形连接器插入 CPU 后部的右侧。

2）将 CPU 安装在安装导轨上。必要时还可将 CPU 推至左侧的系统电源处。

3）确保 U 形连接器插入系统电源。向后旋动 CPU。

4）拧紧 CPU（拧紧转矩为 1.5 Nm）。

安装 CPU 模块的示意图如图 2-47 所示。

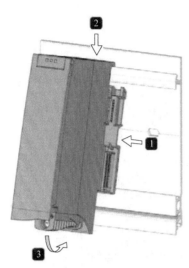

图 2-46　安装系统电源示意图

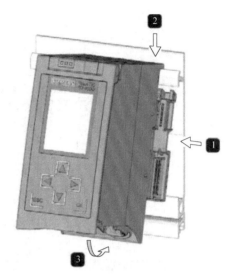

图 2-47　安装 CPU 模块示意图

（4）接线

导轨和模块安装完毕后，就需要安装 I/O 模块和工艺模块的前连接器（实际为接线端子排），最后进行接线。

S7-1500 PLC 的前连接器分为 3 种，分别是带螺钉型端子的 35mm 前连接器、带推入式端子的 25mm 前连接器和带推入式端子的 35mm 前连接器，如图 2-48 所示，都是 40 针的连接器。

a) 带螺钉型端子的35mm前连接器　　b) 带推入式端子的25mm前连接器　　c) 带推入式端子的35mm前连接器

图 2-48　前连接器外观

设备的传感器和执行器通过前连接器连接到自动化系统。将传感器和执行器接线到前连接器。将连接了传感器和执行器的前连接器插入 I/O 模块中。

前连接器的接线方法如下：接线到"预接线位置"以方便接线，然后再将前连接器插入 I/O 模块。

可以从已经接线的 I/O 模块上轻松地拆下前连接器。这意味着，更换模块时无须松开接线。

前连接器的安装如图 2-49 所示。

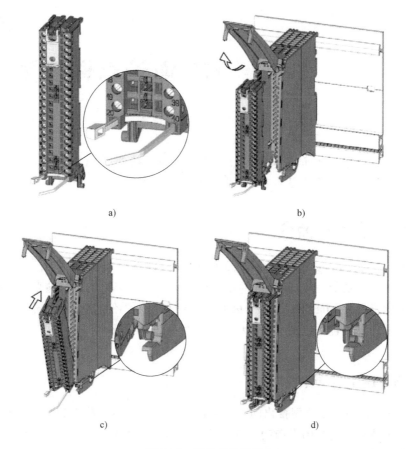

a)　　　　　　　　　　　　　　b)

c)　　　　　　　　　　　　　　d)

图 2-49　安装前连接器

不同模块的前连接器的安装大致类似,仅以 I/O 模块前连接器的安装为例进行说明,其安装步骤如下:

1) 关闭负载电流电源。

2) 将电缆束上附带的电缆固定夹 (电缆扎带) 放置在前连接器上 (见图 2-49a)。

3) 向上旋转已接线的 I/O 模块前盖直至其锁定 (见图 2-49b)。

4) 将前连接器接入预接线位置。要这样做,需将前连接器挂到 I/O 模块底部,然后将其向上旋转直至前连接器并锁上 (见图 2-49c)。

5) 开始将前连接器直接接入最终位置 (见图 2-49d)。

6) 使用固定夹将电缆束环绕,拉动该固定夹以将电缆束拉紧。

第 3 章

TIA 博途软件使用入门

本章介绍 TIA 博途 (Portal) 软件的使用方法, 并介绍使用 TIA 博途软件编译一个简单程序完整过程的例子, 这是学习本书后续章节必要的准备。

3.1 TIA 博途软件简介

TIA 博途 (Totally Integrated Automation Portal) 软件在单个跨软件平台中提供了实现自动化任务所需的所有功能。TIA 博途软件作为首个用于集成工程组态的共享工作环境, 在单一的框架中提供了各种 SIMATIC 系统。因此, TIA 博途软件还首次支持可靠且方便的跨系统协作。所有必需的软件包, 包括从硬件组态和编程到过程可视化, 都集成在一个综合的工程组态框架中。

3.1.1 初识 TIA 博途软件

TIA 博途软件是西门子公司推出的, 面向自动化领域的新一代工程软件平台。TIA 博途软件是西门子工业自动化集团发布的一款全新的全集成自动化软件。它是业内首个采用统一的工程组态和软件项目环境的自动化软件, 几乎适用于所有自动化任务。借助该全新的工程技术软件平台, 用户能够快速、直观地开发和调试自动化系统。主要包括三个部分: SIMATIC STEP 7、SIMATIC WinCC 和 SINAMICS StartDrive。TIA 博途软件的体系结构如图 3-1 所示。

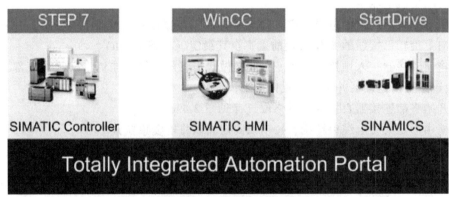

图 3-1 TIA 博途软件的体系结构

1. SIMATIC STEP 7

STEP 7 (TIA Portal) 适用于组态 S7-1200 PLC、S7-1500 PLC、S7-300/400 PLC 和

WinAC 控制器系列的工程组态软件。STEP 7（TIA Portal）有两个版本，具体使用取决于可组态的控制器系列，分别介绍如下：

1）STEP 7 Basic 主要用于组态 S7-1200 PLC，并且自带 WinCC Basic，用于 Basic 面板的组态。

2）STEP 7 Professional 用于组态 S7-1200 PLC、S7-1500 PLC、S7-300/400 PLC 和 WinAC，且自带 WinCC Basic，用于 Basic 面板的组态。

2. SIMATIC WinCC

WinCC（TIA Portal）是使用 WinCC Runtime Advanced 或 SCADA 系统 WinCC Runtime Professional 可视化软件，可组态 SIMATIC 面板、SIMATIC 工业 PC 以及标准 PC 的工程组态软件。WinCC（TIA Portal）有四个版本，具体使用取决于可组态的操作控制系统，分别如下：

1）WinCC Basic 用于组态精简系列面板，WinCC Basic 包含在每款 STEP 7 Basic 和 STEP 7 Professional 产品中。

2）WinCC Comfort 用于组态包括精智面板和移动面板的所有面板。

3）WinCC Advanced 用于通过 WinCC Runtime Advanced 可视化软件，组态所有面板和 PC。WinCC Runtime Advanced 是基于 PC 单站系统的可视化软件。WinCC Runtime Advanced 外部变量许可可根据个数购买，有 128、512、1024（1K）、2048（2K）以及 4096（4K）个外部变量许可出售。

4）WinCC Professional 用于使用 WinCC Runtime Advanced 或 SCADA 系统 WinCC Runtime Professiontal 组态面板和 PC。WinCC Professional 有以下版本：带有 512 和 4096 个外部变量的 WinCC Professional 以及 WinCC Professional（最大外部变量）。

3. SINAMICS StartDrive

SINAMICS StartDrive 软件能够直观地将 SINAMICS 变频器集成到自动化环境中。由于具有相同操作概念，消除了接口瓶颈，并且具有较高的用户友好性。

在使用 TIA 博途软件时，以下功能在实现自动化解决方案期间提供高效支持：

1）使用统一操作概念的集成工程组态，可使过程自动化和过程可视化"齐头并进"。

2）通过功能强大的编辑器和通用符号实现一致的集中数据管理。数据一旦创建就在所有编辑器中都可用，更改及纠正内容将自动应用和更新到整个项目中。

3）完整的库概念，可以反复使用现成的指令及项目的现有部分。

4）多种编程语言，可以使用五种不同的编程语言来实现自动化任务。

3.1.2　安装 TIA 博途软件的软、硬件条件

TIA 博途软件对计算机系统硬件的要求比较高，安装 TIA 博途 V15 软件的计算机必须至少满足以下需求：处理器为 CoreTM i5-3320M 3.3GHz 或者相当，内存至少为 8GB，硬盘为 300GB SSD，图形分辨率最小为 1920×1080，显示器为 15.6in⊖宽屏显示（1920×1080）。

西门子 TIA 博途 V15 软件对计算机系统的要求比较高。专业版、企业版或者旗舰版的 Windows 操作系统是必备的条件，不支持家庭版操作系统。

⊖ 1in = 0.0254m，后同。

3.1.3 安装 TIA 博途软件的注意事项

无论是 Windows 7 还是 Windows 8.1 操作系统的家庭版，都不能安装西门子的 TIA 博途软件。32 位系统的专业版也不支持安装 TIA 博途 V15 软件，TIA 博途 V13 及以前的版本支持 32 位操作系统。

安装 TIA 博途软件时，最好关闭监控和杀毒软件。安装软件时，软件的存放目录中不能有汉字，如有将会弹出错误信息，表示目录中有不能识别的字符。例如将软件存放在"C：/软件/STEP7"目录中就不能安装。建议放在根目录下安装。

在安装 TIA 博途软件的过程中出现提示"请重新启动 Windows"字样，重启计算机有时是可行的方案，有时计算机会重复提示，在这种情况下解决方案如下：在 Windows 的菜单命令下，单击"开始" 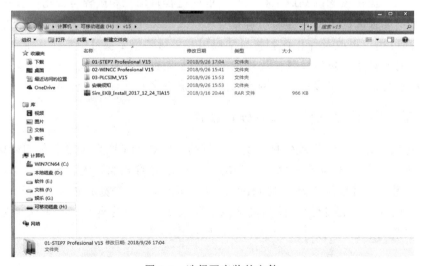 按钮，在"搜索程序和文件"对话框输入"regedit"，打开注册表编辑器。选中注册表中"HKEY_LOCAL_MACHINE \ System \ CurrentControlset \ Control"中的"Session Manager"，删除右侧窗口的"PendingFileRenameOperations"选项。重新安装，就不会出现重启计算机的提示了。这个解决方案也适合安装其他软件。

允许在同一台计算机的同一个操作系统中安装 STEP 7 V5.5、STEP 7 V13/V14/V15，经典版的 STEP 7 V5.5 和 STEP 7 V5.4 不能安装在同一个操作系统中。

应安装新版的 IE 浏览器，安装老版的 IE 浏览器，会造成帮助文档中的文字乱码。

3.1.4 安装 TIA 博途软件的步骤

安装软件的前提是计算机的操作系统和硬件符合安装 TIA 博途软件的条件，当满足安装条件时，首先要关闭杀毒软件及正在运行的其他程序。TIA 博途软件的每个子软件都可以单独运行，所以安装没有先后顺序，需要哪个安装哪个。安装任何一款博途平台上的软件都会安装博途平台和授权管理器。博途 STEP 7 V15 软件的安装步骤如下，其他博途软件安装方法一样。

1) 双击打开文件安装包，如图 3-2 所示。

图 3-2　选择要安装的文件

2）双击应用程序，解压安装包，解压完成后会自动开始安装，如图 3-3 所示（如果提示重启计算机，请按上述方法在 Windows 的菜单命令下删除注册表中的 "PendingFileRe-nameOperations" 后重新安装）。

图 3-3　解压安装包

3）初始化。当安装开始进行时，首先初始化，这需要一段时间，如图 3-4 所示。

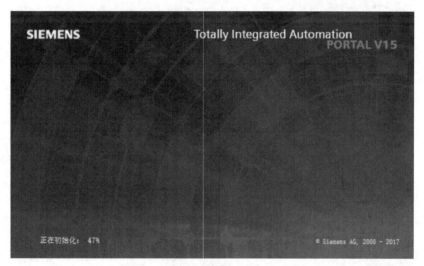

图 3-4　安装初识化

4）选择安装语言。TIA 博途软件提供了英语、德语、中文、法语、西班牙语和意大利语供选择安装，本例选择 "中文"，如图 3-5 所示，单击 "下一步" 按钮，弹出需要安装的软件界面。

5）选择需要安装的产品配置。如图 3-6 所示，有三个选项可供选择，本例选择 "典型" 选项卡，选择需要安装的配置，然后单击 "下一步" 按钮。

6）选择许可条款。如图 3-7 所示，勾选两个选项，同意许可条款，然后单击 "下一步" 按钮。

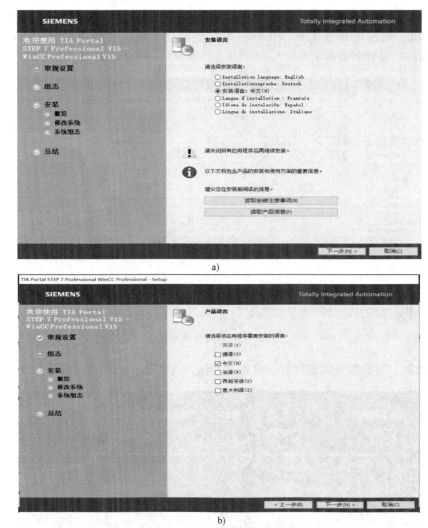

a)

b)

图 3-5 选择安装语言

图 3-6 选择"典型"选项卡

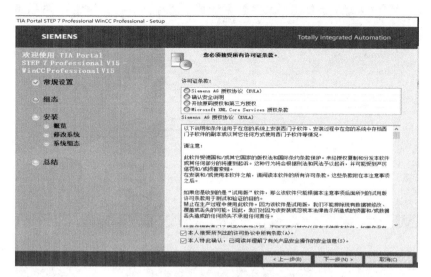

图 3-7　选择许可条款

7）安全控制。如图 3-8 所示，勾选"我接受此计算机上的安全和权限设置（A）"。然后单击"下一步"按钮。

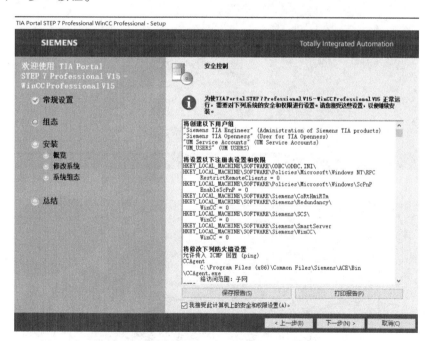

图 3-8　安全控制

8）预览安装和安装。图 3-9 所示为预览界面，显示要安装产品的具体位置。如果确认安装 TIA 博途软件，单击"安装"按钮，TIA 博途软件开始安装，这需要一段时间。安装界面如图 3-10 所示。安装完成后，选择"重新启动计算机"选项。重新启动计算机后，TIA 博途软件安装完成。软件安装完成后图标如图 3-11 所示。

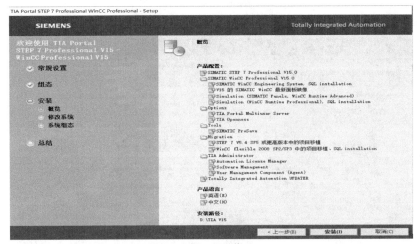

图 3-9 预览

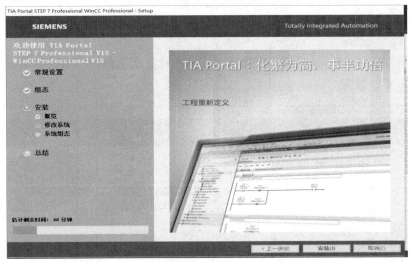

图 3-10 安装过程

图 3-11 软件图标

3.2 TIA 博途软件的使用

3.2.1 创建一个新项目

双击桌面上的 图标，打开 TIA 博途软件，在 Portal 视图中选择"创建新项目"，输入项目名称如"程控教育-运动控制"，下一行可更改项目保存路径，如图 3-12 所示，然后单击"创建"按钮则自动进入图 3-13 所示的"新手上路"界面。

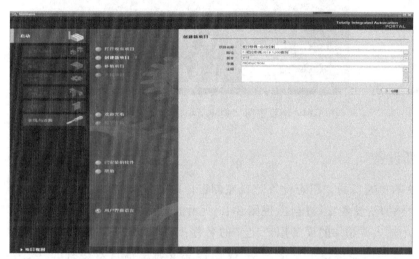

扫一扫　看视频

图 3-12　创建新项目对话框

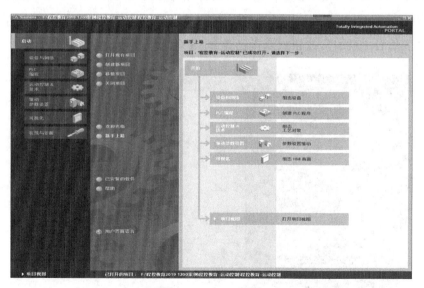

图 3-13　Portal 视图

若打开博途软件后，切换到"项目视图"，执行菜单命令"项目"→"新建"，在出现的"创建新项目"对话框中，可以修改项目的名称，也可以更改项目保存的路径或使用系统默认的路径。设置完成后，单击"创建"按钮便可生成项目，如图 3-14 所示。

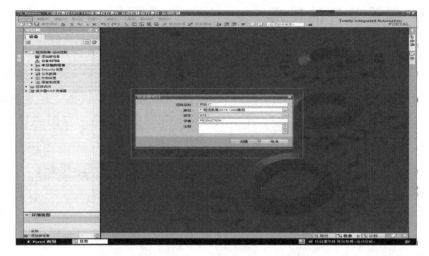

图 3-14 项目视图"创建新项目"对话框

3.2.2 添加新设备

单击图 3-13 右侧窗口的"组态设备"或左侧窗口的"设备与网络"选项，在弹出窗口项目树中单击"添加新设备"，将会出现图 3-15 所示的对话框。单击"控制器"按钮，在"设备名称"栏中输入要添加的设备用户定义的名称，也可以使用系统指定的名称"PLC_1"。在中间的目录树中通过单击各项前的 ▼ 图标或者双击项目名称打开"SIMATIC S7-1200_CPU_CPU1215C DC/DC/DC"，选择与硬件相对应订货号的 CPU，在此选择订货号为"▌ 6ES7 215-1AG40-0XB0"的 CPU，在目录树的右侧将显示选中设备的产品介绍及性能。单击窗口右下角的"添加"按钮或双击已选择 CPU 的订货号，均可以添加一个 S7-1200 设

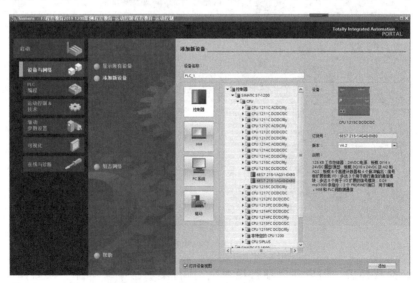

图 3-15 "添加新设备"对话框

备。在项目树、硬件视图和网络视图中均可以看到已添加的设备。

3.2.3　硬件组态

1. 设备组态的任务

设备组态（Configuring，配置/设置，在西门子自动化设备被译为"组态"）的任务就是在设备和网络编辑器中生成一个与实际的硬件系统对应的虚拟系统，模块的安装位置和设备之间的通信连接，都应与实际的硬件系统完全相同。在自动化系统启动时，CPU 将对比两个系统，如果两系统不一致，将会采取相应的报警措施。此外，还应设置模块的参数，即给参数赋值或称为参数化。

2. 在设备视图中添加模块

打开项目树中的"PLC_1"，双击其下拉菜单中的"设备组态"，打开设备视图，可以看到 1 号插槽中的 CPU 模块。

在硬件组态时，需要将 I/O 模块或通信模块放置在工作区的机架插槽内，有两种放置硬件对象的方法。

1）用"拖放"的方式放置硬件对象。单击图 3-16 中最右边竖条上的"硬件目录"，打开硬件目录窗口。选中文件夹▼ ![DI 16/DQ 16x24VDC] 中订货号为 ![6ES7 223-1BL32-0XB0] 的 16 输入和 16 输出的 DI/DQ 模块，其背景颜色变为深色。所有可以插入该模块的插槽四周出现深蓝色的方框，只能将该模块插入这些插槽。用鼠标左键选中该模块不放，移动鼠标，将选中的模块"拖拽"到机架中 CPU 右边的 2 号插槽，该模块浅色的图标和订货号会随着光标一起移动。没有移动到允许放置该模块的工作区时，光标的形状为 ![禁止] （禁止放置），反之光标的形状变为 ![允许] （允许放置）。此时松开鼠标左键，被拖动的模块被放置到工作区。

用上述方法将 CPU 或 HMI 或驱动器等设备拖放到网络视图，可以生成新的设备。

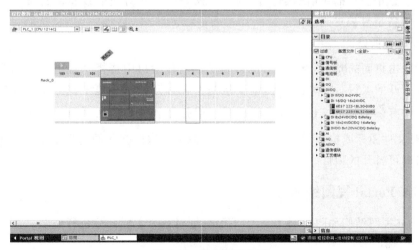

图 3-16　设备组态窗口

2）用双击的方法放置硬件对象。放置模块还有一个简便的方法，首先用鼠标左键单击机架中需要放置模块的插槽，使它的四周出现深蓝色的边框。用鼠标左键双击目录中要放置的模块，该模块便出现在选中的插槽中。

放置通信模块和信号板的方法与放置信号模块的方法相同，信号板安装在 CPU 模块内，通信模块安装在 CPU 左侧的 101~103 号插槽。硬件组态如图 3-17 所示。

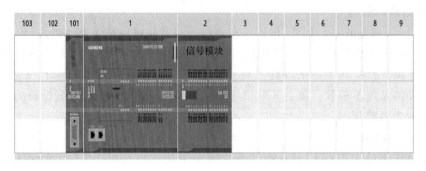

图 3-17　PLC 硬件组态

可以将信号模块插入已经组态的两个模块中间（只能用拖放的方法放置）。插入点后面的模块将向右移动一个插槽的位置，新的模块被插入到空出来的插槽上。

3. 删除硬件组件

删除设备视图或网络视图中的硬件组件时，被删除的组件的地址可供其他组件使用。若删除 CPU，则在项目树中整个 PLC 站都被删除了。删除硬件组件后，可能在项目中产生矛盾，即违反插槽规则。选中指令树中的 "PLC_1"，单击工具栏上的 按钮，对硬件组态进行编译。编译时进行一致检查，如果有错误将会显示错误信息，应改正错误后重新进行编译。

4. 更改设备型号

用鼠标右键单击设备视图中要更改型号的 CPU，执行出现的快捷菜单中的 "更改设备类型" 命令，选中出现的对话框的 "新设备" 列表中用来替换的设备的订货号，单击 "确定" 按钮，设备型号被更改。

5. 打开已有项目

用鼠标双击桌面的 图标，在 Portal 视图的右侧窗口中选择 "最近使用的" 列表中项目；双击要打开的项目；或单击 "浏览" 按钮，在打开的对话框中找到要打开项目的文件夹，双击其中有 图标的文件，打开该项目；或打开软件后，在项目视图中，单击工具栏上的 打开文件图标或执行 "项目"→"打开" 命令，双击打开的对话框中列出最近打开的项目，双击即可打开的项目。

3.2.4　TIA Portal 视图结构

TIA Portal 视图结构如图 3-18 所示，下面分别对各个主要部分进行说明。

（1）登录选项

如图 3-18 所示的序号 "①"，登录选项为各个任务区提供了基本功能。在 Portal 视图中提供的登录选项取决于所安装的产品。

（2）所登录选项对应的操作

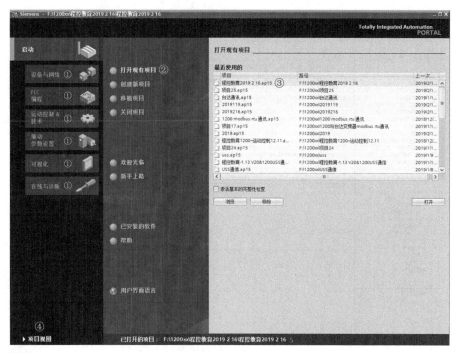

图 3-18　TIA Portal 视图的结构

如图 3-18 所示的序号"②"，此处提供了在所登录选项中可使用的操作。可在每个登录选项中调用上下文相关的帮助功能。

（3）所选操作的选择面板

如图 3-18 所示的序号"③"，所有登录选项中都提供了选择面板。该面板的内容取决于操作者的当前选择。

（4）切换到项目视图

如图 3-18 所示的序号"④"，可以使用"项目视图"链接切换到项目视图。

（5）当前打开的项目显示区域

单击图 3-18 所示 TIA Portal 视图界面的"项目视图"按钮，可以打开项目视图界面，界面中包含如图 3-19 所示区域。

1）标题栏。项目名称显示在标题栏中，如图 3-19 中"①"处所示的"程控教育 2019 2 22"。

2）菜单栏。菜单栏如图 3-19 中"②"处所示，包含工作所需的全部命令。

3）工具栏。工具栏如图 3-19 中"③"处所示，工具栏提供了常用命令按钮，可以快捷的"打开项目""新建项目""保存项目""上传""下载"等快捷按钮。

4）项目树。项目树如图 3-19 中"④"处所示，使用项目树功能，可以访问所有组件和项目数据。可以在项目树中执行以下任务：①添加新组件；②编辑现有组件；③扫描和修改现有组件的属性。

5）工作区。工作区如图 3-19 中"⑤"处所示，在工作区内显示打开的对象。这些对象包括编辑器、视图和表格等。在工作区可以打开若干个对象，但通常每次在工作区中只能看到其中一个对象。在编辑器栏中，所有其他对象均显示为选项卡。如果在执行某些任务时要

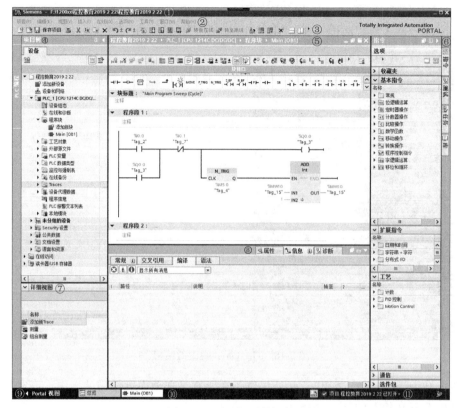

图 3-19　项目视图的组件

同时查看两个对象，则可以水平或垂直方式平铺工作区，或浮动停靠工作区的元素。如果没有打开任何对象，则工作区是空的。

6）任务卡。任务卡如图 3-19 中 "⑥" 处所示，根据所编辑对象或所选对象，提供了用于执行附加操作的任务卡。这些操作包括：①从库中或者从硬件目录中选择对象；②在项目中搜索和替换对象；③将预定义的对象拖拽到工作区。

在屏幕右侧的条形栏中可以找到可用的任务卡。可以随时折叠和重新打开这些任务卡。哪些任务卡可用取决于所安装的软件产品。比较复杂的任务卡会划分多个窗格，这些窗格也可以折叠和重新打开。

7）详细视图。详细视图如图 3-19 中 "⑦" 处所示，详细视图中显示总览窗口或项目树中所选对象的特定内容。其中包含文本列表或变量。但不显示文件夹的内容，要显示文件夹的内容，可使用项目树或巡视窗口。

8）巡视窗口。巡视窗口如图 3-19 中 "⑧" 处所示，对象或执行操作的附加信息均显示在巡视窗口中。巡视窗口有三个选项卡：属性、信息和诊断。① "属性" 选项卡显示所选对象的属性，可以在此处更改可编辑的属性，例如修改 CPU 的硬件参数，更改变量类型等操作。属性的内容非常丰富，应重点掌握。② "信息" 选项卡显示有关所选对象的附加信息，如交叉引用、语法信息等内容以及执行操作（例如编译）时发出的报警。③ "诊断" 选项卡显示所执行操作的诊断信息。

9）切换到 Portal 视图。单击图 3-19 中 "⑨" 处所示的 "Portal 视图" 按钮，可从 "项目视图"切换到"Portal 视图"。

10）编辑器栏。编辑器栏如图 3-19 中"⑩"处所示，编辑器栏显示已打开的编辑器。如果已打开多个编辑器，它们将组合在一起显示，可以使用编辑器栏在打开的元素之间快速切换。

11）带有进度显示的状态栏。状态栏如图 3-19 中"⑪"处所示，在状态栏中显示当前正在后台运行的任务的进度条。其中还包括一个图形方式显示的进度条。将鼠标指针放置在进度条上，系统将显示一个工具提示，描述后台正在运行过程的其他信息。单击进度条边上的按钮，可以取消后台正在运行的任务。如果没有任何任务在后台运行，则状态栏中显示最新生成的错误信息。

3.2.5　项目树

在项目视图左侧项目树界面（见图 3-20）主要包括以下区域：

1）标题栏。项目树的标题栏有两个按钮，可以自动和手动折叠项目树。手动折叠项目树时，按下▥或◀按钮可将其"缩小"到左边界。它此时会从指向左侧的箭头变为指向右侧的箭头，并可用于重新打开项目树。

2）工具栏。可以在项目树的工具栏执行以下任务：

① 用"创建新组▣"按钮，创建新的用户文件夹，例如为了组合"程序块"文件夹中的块。

② 用"最大/最小概览视图▥"按钮，在工作区中显示所选对象的总览。显示总览时，将隐藏项目树中元素更低级别的对象和操作。

③ 用"显示/隐藏列标题▥"按钮，显示或隐藏标题。

3）项目。在"项目"文件夹中，可以找到与项目相关的所有对象和操作，例如设备、公共数据、语言和资源、在线访问和读卡器。

4）设备。项目中的每个设备都有一个单独的文件夹，该文件夹具有内部的项目名称。属于该设备的对象和操作都排列在此文件夹中。

图 3-20　项目树

5）公共数据。此文件夹包含可跨多个设备使用的数据，例如公用消息类、日志、脚本和文本列表。

6）文档设置。在此文件夹中，可以指定要在以后打印的项目文档的布局。

7）语言和资源。可以在此文件夹中确定项目语言和文本。

8）在线访问。该文件夹包含了 PG/PC 的所有接口，即使未用于与模块通信的接口也包括在其中。

9）读卡器/USB 存储器。该文件夹用于管理连接到 PG/PC 的所有读卡器和其他 USB 存储介质。

3.3 创建和编辑项目

3.3.1 创建新项目

创建项目的方法如下：

1) 打开 TIA 博途软件，如图 3-21 所示，选中"启动"→"创建新项目"，在"项目名称"右侧方框中输入新建的项目名称（本例为运动控制）、输入项目存储路径、作者、项目注释（也可以使用默认名称）。单击"创建"按钮，完成新建项目。

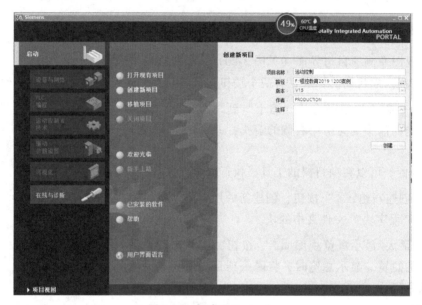

图 3-21 新建项目（一）

2) 如果 TIA 博途软件处于打开状态，在项目视图中，选中菜单栏中"项目"，单击"新建"命令，如图 3-22 所示，弹出图 3-23 所示的界面，在"项目名称"右侧方框中输入新建的项目名称、存储路径、作者、项目注释。单击"创建"按钮，完成新建项目。

3) 如果 TIA 博途软件处于打开状态，而且在项目视图中，单击工具栏中"新建"按钮，弹出如图 3-24 所示的界面，在"设备名称"右侧方框中输入新的项目名称等，单击"创建"按钮，完成新建项目。

3.3.2 添加新设备

项目视图是 TIA 博途软件的硬件组态和编程的主窗口，在项目树的设备栏中，双击"添加新设备"选项卡，弹出"添加新设备"对话框，如图 3-25 所示。可以修改设备名称，也可保存系统默认名称。选择需要的设备，本例 CPU 1215C DC/DC/DC 订货号为：6ES7 215-1AG40-0XB0，勾选"打开设备视图"，单击"确定"按钮，完成新设备添加，并打开设备视图，如图 3-26 所示。

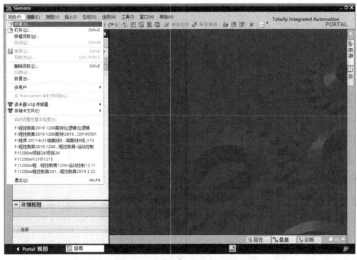

图 3-22　新建项目（二）

3.3.3　编辑项目

1. 打开项目

打开已有的项目方法如下：

1）打开 TIA 博途软件，如图 3-26 所示，选中"启动"→ "打开现有项目"，再选中要打开的项目，本例为"1200 Modbus rtu 通讯.aq15"，单击"打开"按钮，选中的项目即可打开。

图 3-23　新建项目（三）

图 3-24　添加新设备（一）

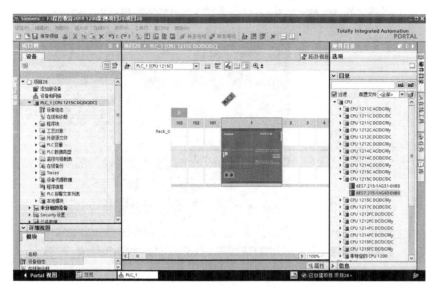

图 3-25　添加新设备（二）

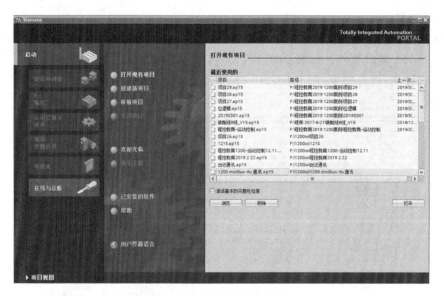

图 3-26　打开项目（一）

2）如果 TIA 博途软件处于打开状态，而且在项目视图中，选中菜单栏中"项目"，单击"打开"命令，弹出如图 3-27 所示的界面，再选中要打开的项目，本例为"1200 Modbus rtu 通信 . aq15"，单击"打开"按钮，现有的项目即可打开。

3）打开项目程序存放的目录，如图 3-28 所示，双击"1200 modbus rtu 通讯"，所选的项目即可打开。

2. 保存项目

保存项目的方法如下：

1）在项目视图中，选中菜单栏中"项目"，单击"保存"命令，当前项目即可保存。

2）在项目视图中，选中工具栏中
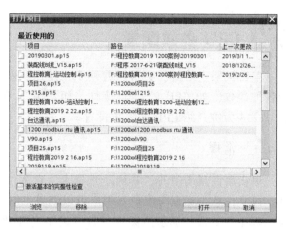
图 3-27　打开项目（二）

🖫 保存项目 按钮，当前的项目即可保存。

3. 项目另存为

在项目视图中，选中菜单栏中"项目"，单击"另存为（A）…"命令，弹出如图 3-29 所示，在"文件名"右侧的方框中输入新的文件名，单击"保存"按钮，项目另存为完成。

4. 关闭项目

关闭项目方法如下：

1）在项目视图中，选中菜单栏中"项目"，单击"退出"命令，当前的项目即可退出。

2）在项目视图中，单击窗口右上侧 ✕ 按钮即可退出项目。

图 3-28　打开项目（三）

5. 删除项目

删除项目的方法如下：

1）在项目视图中，选中菜单栏中"项目"，单击"删除项目"命令，弹出如图 3-30 所示的界面，选中要删除的项目，单击"删除"按钮，选中的项目即可删除。

2）打开博途项目的存放路径，选中后执行删除操作即可删除项目。

图 3-29　项目另存为

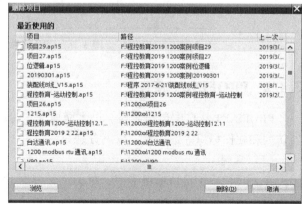

图 3-30　删除项目

59

3.4 CPU 参数配置

单击机架中的 CPU，可以看到 TIA 博途软件底部 CPU 的属性视图，在此可以配置 CPU 的各种参数，如 CPU 的启动特性、组织块（OB），以及存储区的设置等。以下主要以 CPU1214 为例介绍 CPU 的参数设置。

3.4.1 常规

单击属性视图中的"常规"选项卡，在属性视图右侧的常规界面中可见 CPU 的项目信息、目录信息、标识与维护。用户可以浏览 CPU 的简单特性描述，也可以在"名称""注释"等空白处添加提示性标注。对于设备名称和位置标识符，用户可以用于识别设备和设备所处的位置，如图 3-31 所示。

图 3-31　CPU 属性常规信息

3.4.2 PROFINET 接口

PROFINET 接口中包含常规、以太网地址、时间同步、操作模式、高级选项、Web 服务器访问和硬件标识等选项卡，以下分别介绍：

（1）常规

在 PROFINET 接口选项卡中，单击"常规"选项，如图 3-32 所示，在属性视图右侧的常规界面中可见 PROFINET 接口的常规信息和目录信息。用户可在"名称""作者"和"注释"中添加一些提示性的标注。

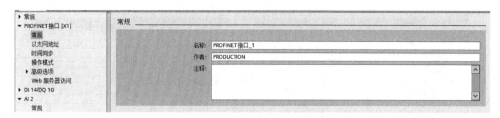

图 3-32　PROFINET 接口常规信息

（2）以太网地址

选中"以太网地址"选项卡，可以创建新网络，设置 IP 地址等，如图 3-33 所示。下面将说明"以太网地址"选项卡主要参数和功能：

1）"接口连接到"。单击"添加新子网"按钮，可为该接口添加新的以太网网络，添加新的以太网的子网名称默认为 PN/IE_1。

2）"IP 协议"。可根据实际情况设置 IP 地址和子网掩码，如图 3-33 中，默认 IP 地址为 "192.168.0.1"，默认子网掩码为 "255.255.255.0"。如果该设备需要和非同一网段的设备通信，那么还需要激活"使用路由器"选项，并输入路由器的 IP 地址。

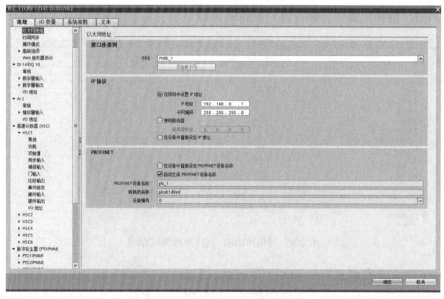

图 3-33　PROFINET 接口以太网地址信息

3）"PROFINET"。PROFINET 设备名称表示对于 PROFINET 接口的模块，每个接口都有各自的设备名称，且此名称可以在项目树中修改。

转换的名称表示此 PROFINET 设备名称转换成符合 DNS 习惯的名称。

设备编号表示 PROFINET IO 设备的编号，IO 控制器的编号是无法修改的，为默认值"0"。

（3）时间同步

PROFINET 的时间同步参数设置界面如图 3-34 所示。

NTP 模式表示该 PLC 可以通过 NTP（Network Time Protocol）服务器上获取的时间以同

图 3-34 PROFINET 接口时间同步信息

步自己的时间。如激活"通过 NTP 服务器启动同步时间"选项，表示 PLC 从 NTP 服务器上获取的时间以同步自己的时钟，然后添加 NTP 服务器的 IP 地址，最多可以添 4 个 NTP 服务器。

更新周期表示 PLC 每次请求更新时间的时间间隔。

（4）操作模式

PROFINET 的操作模式参数设置界面如图 3-35 所示，其主要参数及选项功能介绍如下：

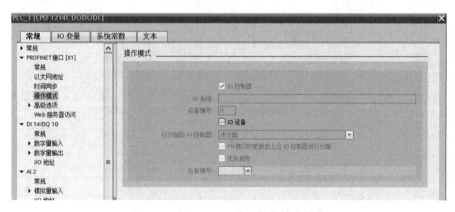

图 3-35 PROFINET 接口操作模式信息

PROFINET 的操作模式表示 PLC 可以通过该接口作为 PROFINET IO 的控制器或者 IO 设备。默认时，"IO 控制器"选项是使能的，如果组态了 PROFINET IO 设备，那么会出现 PROFINET 系统名称。如果该 PLC 作为智能设备，则需要激活"IO 设备"选项，并选择"已分配的 IO 控制器"。如果需要"已分配的 IO 控制器"给智能设备分配参数时，选择"此 IO 控制器对 PROFINET 接口的参数化"。

（5）高级选项

PROFINET 的高级选项参数选项功能介绍如下：

1）接口选项。PROFINET 接口的通信时间，例如维护信息等，能在 CPU 的诊断缓冲区读出，但不会调用用户程序，如激活"若发生通信错误，则调用用户程序"选项，则可调用用户程序。

"为连接（如 TCP、S7 等）发送保持连接信号"选项的默认值为 30s，表示该服务用于面向连接的协议（如 TCP、S7 等）周期性（30s）地发送 Keep-alive（保持激活）报文检测伙伴的连接状态和可达性，并用于故障检测。

2）介质冗余。PROFINET 接口的模块支持 MRP 协议，即介质冗余协议，也就是 PROFINET 接口的设备可以通过 MRP 协议实现环网连接。

"介质冗余功能"中有三个选项，即管理器、客户端和不是环网中的设备。环网管理器发送报文检测网络连接状态，而客户端只能传递检测报文。如果选择了"管理器"选项，则还要确定哪两个端口连接 MRP 环网。

3）实时设定。实时设定中有"IO 通信"、"同步"和"实时选项"三个选项，以下分别介绍：

"IO 通信"可以选择"发送时钟"为 1ms，范围是 $0.25\sim4$ms。此参数的含义是控制器和 IO 设备交换数据的时间间隔。

"同步"就是将已经在 PROFINET 中的设备添加到一个新创建的同步域内，并选择为同步主站式。同步从站，相比于其他 PROFINET 设备，其具有更低的通信延时，更高的通信效率（通信时间为 $0.25\sim1$ms）。

"实时选项"表示软件根据 IO 设备的数量和 IO 字节，自动计算"为周期 IO 数据计算的带宽"大小，最大带宽为"可能最短的时间间隔"的一半。

4）端口［X1 P1］（PROFINET 端口）［X1 P1］（PROFINET 接口）参数设置如图 3-36

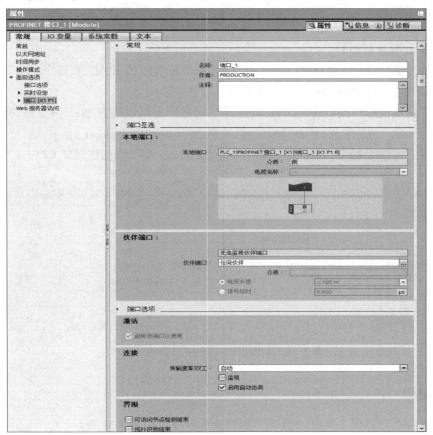

图 3-36　PROFINET 接口：端口 1 ［X1 P1］

所示，具体参数介绍如下：

① 在"常规"部分，用户可以在"名称""作者""注释"等空白处作一些提示性的标注，支持汉字字符。

② 在"端口互连"中，有"本地端口"和"伙伴端口"两个选项，在"本地端口"中，有介质的类型显示，默认为"铜"，"电缆名称"显示为"—"，即无。

在"伙伴端口"中的"伙伴端口"下拉选项中，选择需要的伙伴端口。

"介质"选项中的"电缆长度"和"信号延时"参数仅仅适用于 PROFINET IRT 通信。

③ 端口选项。端口选项中有三个选项，激活、连接和界限。

a. "激活"。激活"启用该端口以使用"表示该端口可以使用，否则处于禁止状态。

b. "连接"。"传输速率/双工"选项中，有"自动"和"TP 100Mbit/s"两个选项，默认为"自动"，表示 PLC 和连接伙伴自动协商传输速率和全双工模式，选择此模式时，不能取消激活"启用自动协商协议"选项。"监视"表示端口的连接状态处于监控之中，一旦出现故障，则向 PLC 报警。

如选择"TP 100Mbit/s"，会自动激活"监视"选项，且不能取消激活"监视"，同时默认激活"启用自动协商"选项，但该选项可以取消激活。

c. "界限"。表示传输某种以太网报文的边界限制。

"可访问节点检测结束"表示该接口是检测可访问节点的 DCP 协议报文不能被该端口转发，也就意味着该端口的下游设备不能显示在可访问节点的列表中。

"拓扑识别结束"表示拓扑发现 LLDP 协议报文不会被该端口转发。

（6）Web 服务器访问

CPU 的存储区中存储了一些含有 CPU 信息和诊断功能的 HTML 页面。Web 服务器功能使得用户可通过 Web 浏览器执行访问此功能。

激活"启用使用该接口访问 Web 服务器"则意味着可以通过 Web 浏览器访问该 CPU，如图 3-37 所示。如打开 Web 浏览器（例如 Internet Explorer），并输入"http://192.168.0.1"（CPU 的 IP 地址），刷新 Internet Explorer 即可浏览访问该 CPU。

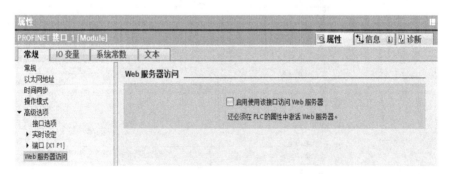

图 3-37 启用使用该端口访问 Web 服务器

3.4.3 启动

单击"启动"选项，弹出"启动"参数设置界面，如图 3-38 所示。

CPU 的"上电后启动"有三个选项：未启动（仍处于 STOP 模式）、暖启动-断电前的

图 3-38 "启动"参数设置界面

操作模式和暖启动-RUN。

"比较预设与实际组态"有两个选项："即便不匹配，也启动 CPU"和"仅兼容时，才启动 CPU"。第一个选项表示不管组态预设和实际组态是否一致，CPU 均启动；第二个选项表示组态预设和实际组态一致时，CPU 才启动。

3.4.4 循环

"循环"标签如图 3-39 所示，其中有两个参数："循环周期监视时间"和"最小循环时间"。如 CPU 的循环时间超出循环周期监视时间，CPU 将转入 STOP 模式。如果循环时间小于最小循环时间，CPU 将处于等待状态，直到最小循环时间，然后再重新循环扫描。

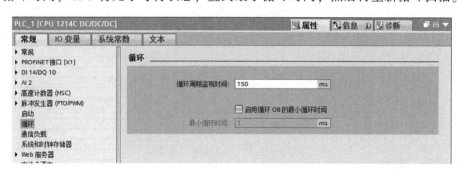

图 3-39 "循环"参数设置界面

3.4.5 通信负载

在该标签中设置通信时间占循环扫描时间的最大比例，默认为 20%。

3.4.6 系统和时钟存储器

单击"系统和时钟存储器"标签，弹出如图 3-40 所示的界面，有两项参数，具体介绍如下：

（1）系统存储器位

激活"启用系统存储器字节"，系统默认为"1"，代表的字节为"MB1"，用户也可以指定其他的存储字节。目前只用到了该字节的前 4 位，以 MB1 为例，其各个位的含义如下：

1）M1.0（FirstScan）：CPU 从 STOP 到 RUN 的第一个扫描周期为 1，之后为 0。

2）M1.1（DiagStatus Update）：诊断状态已更改。

3）M1.2（Always TRUE）：CPU 运行时，始终为 1。

4）M1.3（Always FALSE）：CPU 运行时，始终为 0。

5）M1.4~M1.7 未定义，且数值为 0。

注意，S7-300/400 PLC 没有此功能。

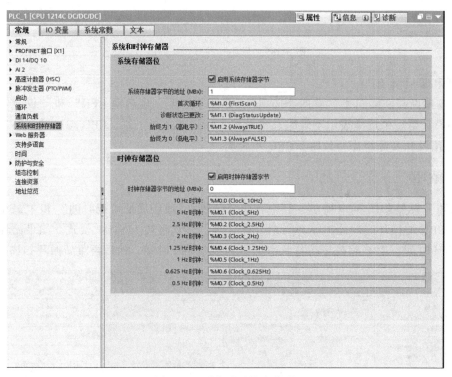

图 3-40　系统和时钟存储器

（2）时钟存储器位

时钟存储器集成在 CPU 内部。激活"启用时钟存储器字节"，系统默认为"0"，代表的字节为"MB0"，用户也可以指定其他的存储字节。每个位的含义见表 3-1。

表 3-1　系统时钟

时钟存储器位	7	6	5	4	3	2	1	0
频率/Hz	0.5	0.625	1	1.25	2	2.5	5	10
周期/s	2	1.6	1	0.8	0.5	0.4	0.2	0.1

系统存储器字节和时钟存储器字节一旦指定并激活就只能作为特殊功能的寄存器使用，而不能作为普通标识为寄存器使用。

3.4.7　DI/DQ

CPU1214C 集成了 14 个数字量输入点和 10 个数字量输出点。

单击"DI14/DQ10"选项卡，进入参数界面，此选项卡有四个选项，即常规、数字量输入、数字量输出和 I/O 地址。

1)"常规"选项中有项目信息，即名称和注释。

2)"数字量输入"选项如图 3-41 所示，由于 CPU 1214C 本体有 14 个输入点，因此有 14 个通道，每个通道都有输入滤波器、启用上升沿检测、启用下降沿检测和启用脉冲捕捉四个选项。这些功能主要在此通道用于高速输入时用到。

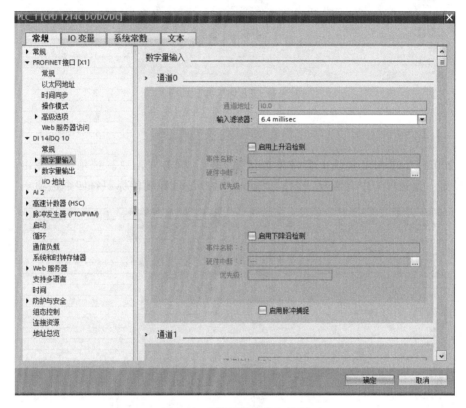

图 3-41　"数字量输入"选项

3)"数字量输出"选项如图 3-42 所示，由于此 CPU 有 10 个输出点，因此有 10 个通道，每个通道都有"从 RUN 模式切换到 STOP 模式时，替代值 1"选项，如果勾选此选项，则 CPU 从 RUN 模式切换到 STOP 模式时，此通道输出点为 1。

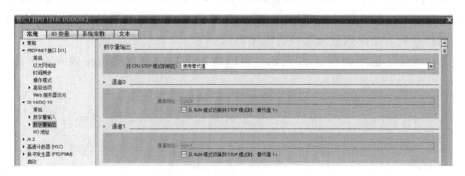

图 3-42　"数字量输出"选项

4）"I/O 地址"选项如图 3-43 所示，可以在此选项中设置数字量输入点或者输出点的起始地址，结束地址是自动生成的，所以 S7-1200 CPU 的地址是可以更改的。

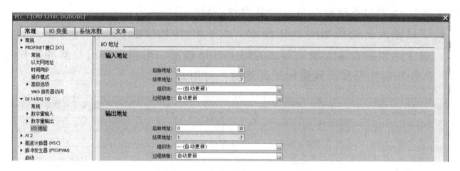

图 3-43　"I/O 地址"选项

3.4.8　AI 2

S7-1200 PLC 的 CPU 模块上自带模拟量输入点。单击"AI 2"选项卡，弹出如图 3-44 所示的界面，此选项卡中有常规、模拟量输入、I/O 地址和硬件标识符四个选项。

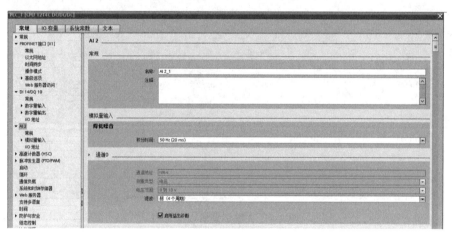

图 3-44　AI 2 选项卡

1）"常规"选项中有项目信息，即名称和注释。

2）"模拟量输入"选项如图 3-44 所示，由于此 CPU 有 2 个模拟量输入点，因此有两个通道，每个通道都有输入滤波和启用溢出诊断两个选项。当有采集的模拟量信号不稳定时，可以调整滤波参数。此模拟量通道只能采集电压信号。

3）"I/O 地址"选项如图 3-45 所示，可以在此选项中设置模拟量输入点的起始地址，

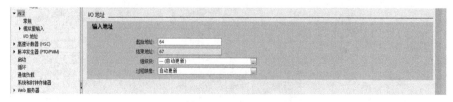

图 3-45　"I/O 地址"选项

结束地址是自动生成的。所以 S7-1200 PLC 的 I/O 地址也是可以更改的。

3.4.9　防护与安全

防护与安全的功能是设置 CPU 的读或者写保护以及访问密码。"防护与安全"选项卡中有访问级别、连接机制、安全事件和外部装载存储器四个选项，如图 3-46 所示。

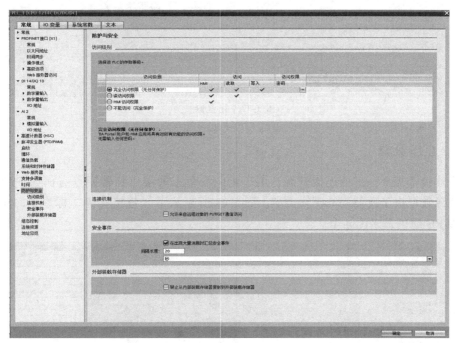

图 3-46　防护与安全

（1）访问级别

S7-1200/1500 PLC 有三种访问级别，即

1）无保护（完全访问权限）：即默认设置。用户无须输入密码，总是允许进行读写访问。

2）写保护（读访问权限）：只能进行读访问。无法更改 CPU 上任何数据，也无法装载任何块或组态。HMI 访问和 CPU 间的通信不能写保护。选择这个保护等级需要指定密码。

3）读/写保护（完全保护）：对于"可访问设备"区域或项目中已切换到在线状态的设备，无法进行写访问或读访问。只有 CPU 类型和标识数据可以显示在项目树中"可访问设备"下。可在"可访问设备"下或在线互联设备的项目中来显示在线信息或各个块。

"完全保护"的设置方法是：先选中"不能访问（完全保护）"选项，再单击"密码"下方的下三角，输入密码两次，最后单击"确认"按钮即可，如图 3-47 所示。

（2）连接机制

当需要其他设备用"PUT/GET"指令访问此 CPU 时，应勾选"允许来自远程对象的 PUT/GET 通信访问"选项，如图 3-46 所示。

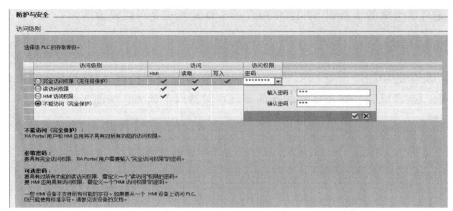

图 3-47 完全保护

3.4.10 连接资源

每个连接都需要一定的连接资源，用于相应设备上的端点和转换点（例如 SM）。可用的连接资源数取决于所使用的模块类型。图 3-48 所显示了"连接资源"标签中的连接资源情况，如 PG 通信最多为 4 个。

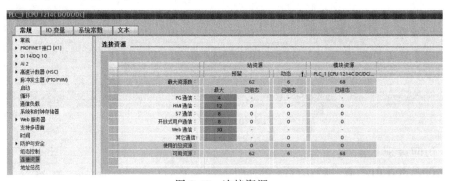

图 3-48 连接资源

3.4.11 地址总览

地址总览可以显示模块的型号、模块所在的机架号、模块所在的槽号、模块的起始地址和模块的结束地址等信息，从而给用户提供一个详细地址的总览，如图 3-49 所示。

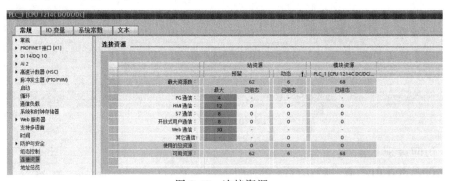

图 3-49 地址总览

3.5 下载和上传

3.5.1 下载

用户把硬件配置和程序编写完成后，即可将硬件配置和程序下载到 CPU 中，具体步骤如下：

(1) 修改安装了 TIA 博途软件的计算机 IP 地址

一般新购买的 S7-1200 PLC 的 IP 地址默认为"192.168.0.1"，这个 IP 可以不修改，但必须保证安装了 TIA 博途软件的计算机 IP 地址与 S7-1200 PLC 的 IP 地址在同一个网段。选择并打开计算机的"控制面板"→"网络和 Internet"→"网络连接"，如图 3-50 所示，选择"本地连接"，单击鼠标右键，在单击弹出的快捷菜单中的"属性"命令，弹出如图 3-51 所示的界面，选中"Internet 协议版本 4（TCP/IPv4）"选项，单击"属性"按钮，弹出如图 3-52 所示的界面，把 IP 地址设为和 PLC 同一个网段，如"192.168.0.3"，子网掩码为"255.255.255.0"。本例中 IP 末尾的"3"可以用 0~255 中的任意一个整数替换。

图 3-50　打开本地网络连接

(2) 下载

下载之前，要确保 S7-1200 PLC 与计算机之间已经用网线（正线和反线均可）连接在一起，而且 S7-1200 PLC 已通电。在 TIA 博途软件的项目视图中，如图 3-53 所示，单击"下载到设备 ⬇"按钮，弹出如图 3-54 所示的界面，选择"PG/PC 接口类型"为"PN/IE"，选择"PG/PC 接口"为"Intel（R）Ethernet…"，"PG/PC 接口"是网卡的型号，不同的计算机可能不同，在图 3-54 中可以看到 Intel(R) Ethernet Connection I218-LM，这就是计算机的网卡型号。初学者容易选成无线网卡，从而造成通信失败，单击"开始搜索"按钮，TIA 博途软件开始搜索可以连接的设备，搜索到设备显示如图 3-55 所示。单击下载按钮弹出如图 3-56 所示的界面。单击"在不同步的情况下继续"将弹出 3-57 所示的界面，把"无动作"改为"全部停止"后单击"装载"按钮，将弹出如图 3-58 所示的下载结果界面，单击"完成"按钮，下载完成。

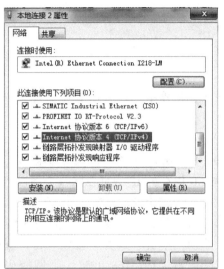

图 3-51 本地连接属性   图 3-52 Internet 协议版本 4（TCP/IPv4）属性

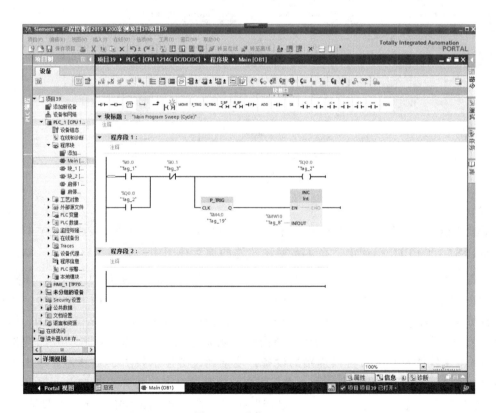

图 3-53 下载（一）

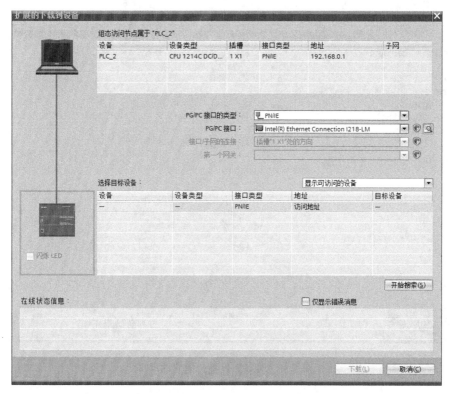

图 3-54　下　载（二）

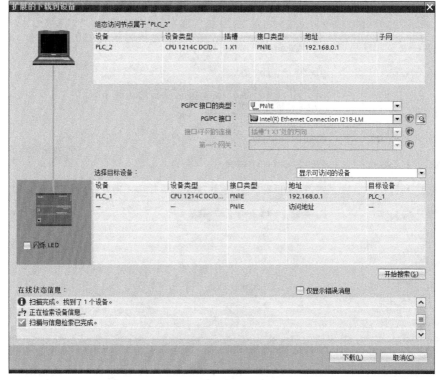

图 3-55　下　载（三）

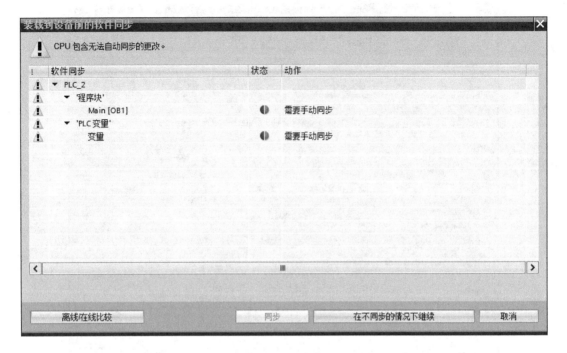

图 3-56 装载到设备前的软件同步

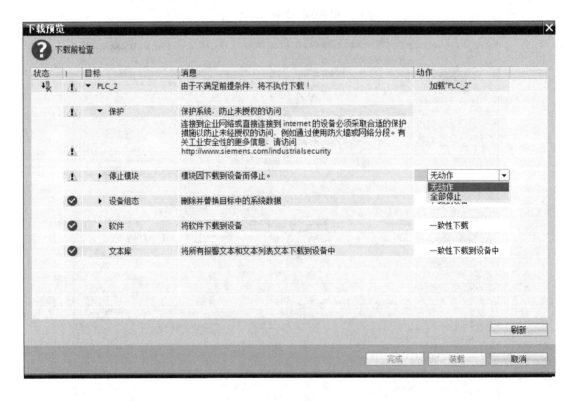

图 3-57 下载预览

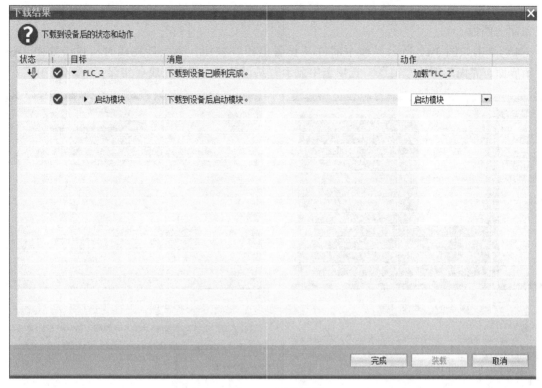

图 3-58　下载结果

3.5.2　上传

把 CPU 中的程序上传到计算机中是很有工程应用价值的操作，上传的前提是用户必须有上传程序的权限，上传也被称为上载或者读，上传程序的步骤如下：

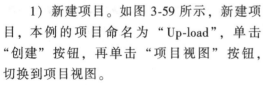
扫一扫　看视频

1）新建项目。如图 3-59 所示，新建项目，本例的项目命名为"Up-load"，单击"创建"按钮，再单击"项目视图"按钮，切换到项目视图。

2）搜索可连接的设备。在项目视图中，如图 3-60 所示，单击菜单栏中的"在线"→"将设备作为新站上传（硬件和软件）"，弹出如图 3-61 所示的界面，选择"PG/PC 接口的类型"为"PN/IE"，选择"PG/PC 接口"为"Intel（R）Ethernet Connection 1218-LM"，"PG/PC 接口"是网卡的型号，不同的计算机可能不同，单击"开始搜索"按钮，弹出如图 3-62 所示的界面。搜索到

图 3-59　新建项目

可连接的设备"PLC_2"，其 IP 地址是"192.168.0.1"。

3）修改安装了 TIA 博途软件的计算机的 IP 地址，计算机的 IP 地址与 CPU 的 IP 地址应在同一网段。

4）单击如图 3-62 所示界面中的"从设备上传"按钮，当上传完成时，弹出如图 3-63 所示界面，界面下部的"消息"选项卡中显示"从设备中上传已完成（错误：0 警告：0）"。

图 3-60　上传（一）

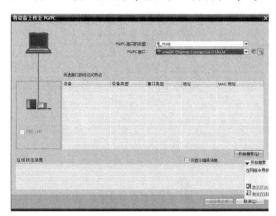

图 3-61　上传（二）

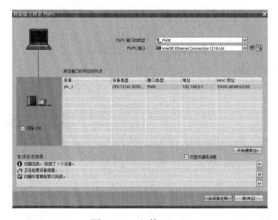

图 3-62　上传（三）

图 3-63　上传成功

3.6　打印和归档

一个完整的项目包含文字、图表和程序文件。打印的目的就是进行纸面上的交流和存档，项目归档是电子方面的交流和存档。

3.6.1　打印

打印的操作步骤如下：

1）打开相应的项目对象，在屏幕上显示要打印的信息。

2）在应用程序窗口中，使用菜单栏命令"项目"→"打印"，打开打印界面。

3）可以在对话框中更改打印选项（例如打印机、打印范围和打印份数等）。也可以将程序等生成 xps 或者 pdf 格式的文档。以下介绍生成 xps 格式的文档的步骤。在项目视图中，使用菜单栏命令"项目"→"打印",打开打印对话框,如图 3-64 所示,打印机名称选择"Microsoft XPS Document Writer",单击"打印"按钮,生成的 xps 格式的文档如图 3-65 所示。

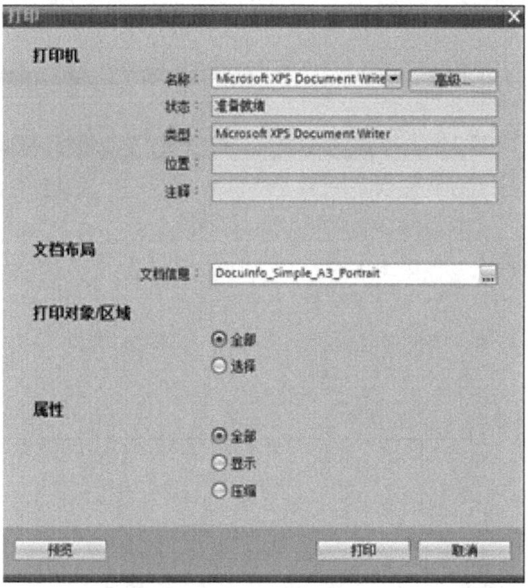

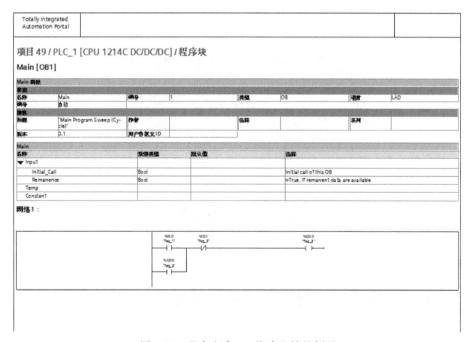

图 3-64 打印对话框

图 3-65 程序生成 xps 格式文档的例子

3.6.2 归档

项目归档的目的是把整个项目的文档压缩到一个压缩文件中,以方便备份和转移,特别是用 U 盘复制 TIA 博途软件文件时，使用压缩文件比非压缩文件要快很多。当需要使用时，使用恢复命令，恢复为原来项目的文档。归档的步骤如下：打开项目视图，单击菜单栏的"项目"→"归档"，如图 3-66 所示，弹出选择归档的路径和名称选择界面，如图 3-67 所示，单击"归档"按钮，将生成一个后缀为". ZAP15"的压缩文件。

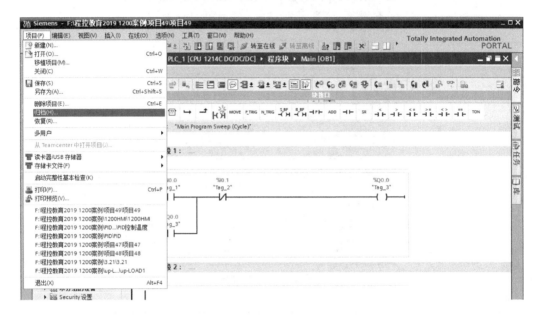

图 3-66　归档

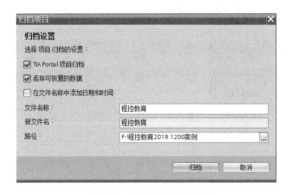

图 3-67　选择归档路径

3.7　用 TIA 博途软件创建一个完整的项目

电气原理图如图 3-68 所示，根据此原理图，用 TIA 博途软件创建一个新项目，实现起停控制功能。

3.7.1　新建项目，硬件配置

1）新建项目　打开 TIA 博途软件，新建项目，命名为"起保停控制"，选择项目存储路径，如图 3-69 所示，即可创建一个新项目，在弹出的视图中，单击 "项目视图" 按钮，即可切换到项目视图，如图 3-70 所示。

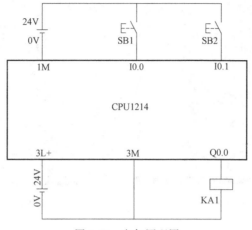

图 3-68　电气原理图

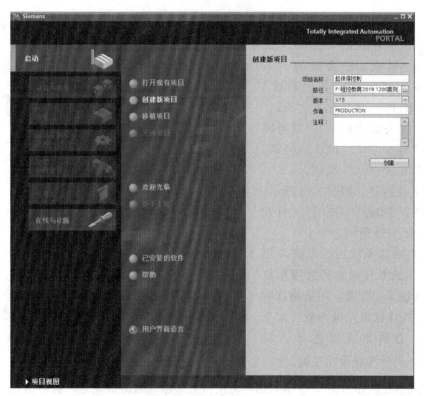

图 3-69　新建项目

2）添加设备。如图 3-70 所示，在项目视图的项目树中，双击 "添加新设备" 选项，弹出如图 3-71 所示的界面，选择要添加的 CPU，本例为 "6ES7 214-1AG40-0XB0"，单击 "确定" 按钮，CPU 添加完成。

注意，添加的硬件的订货号和版本号要与实际硬件完全一致。

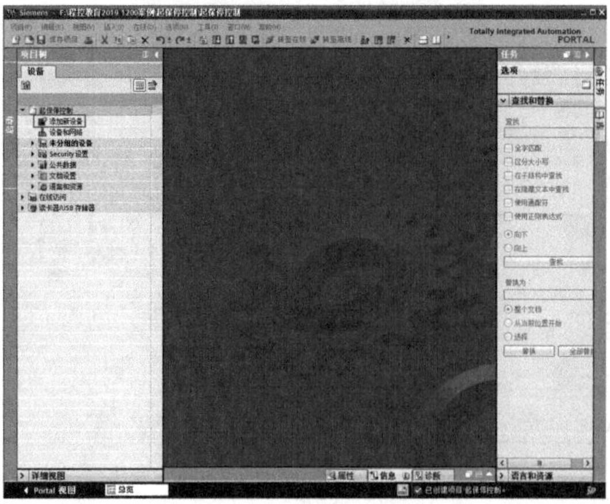

图 3-70　添加新设备

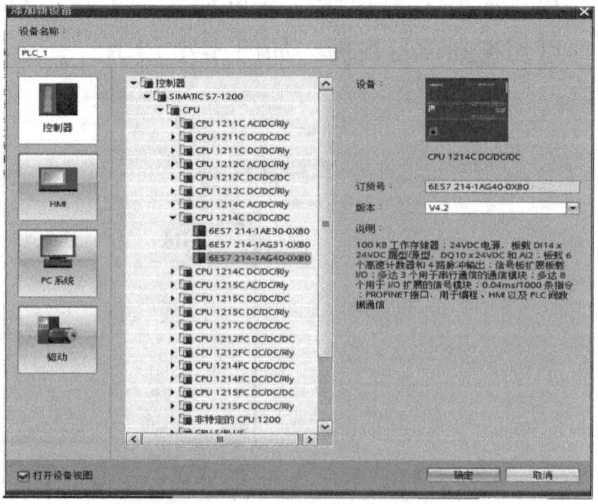

图 3-71　添加 CPU 模块

扫一扫　看视频

3.7.2　输入程序

1）将符号名称与地址变量关联。在项目视图中，选择项目树中的“显示所有变量”，如图 3-72 所示。在项目视图的右上方有一个表格，单击“添加”按钮，在表格的“名称”栏中输入“Start”，在“地址”栏中输入“I0.0”，这样符号“Start”在寻址时，就表示“I0.0”。用同样的方法将“Stop”和“I0.1”关联，将“Motor”和“Q0.0”关联。

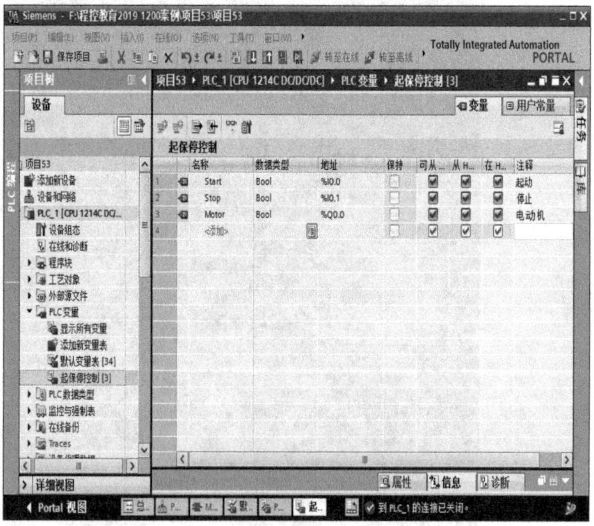

图 3-72　将符号名称与地址变量关联

2）打开主程序。如图 3-72 所示，双击项目树中“Main［OB1］”，打开主程序，如图 3-73 所示。

3）输入触点和线圈。先把常用“工具栏”中的常开触点和线圈拖放到如图 3-73 所示的位置。用鼠标选中“双箭头”，按住鼠标左键不放，向上拖动鼠标，直到出现绿色小方块为止，然后松开鼠标左键。

4）输入地址。在如图 3-73 所示图中的问号处，输入对应的地址，梯形图的第一行分别输入 I0.0、I0.1 和 Q0.0 输入完成后，如图 3-74 所示。

5）保存项目。在项目视图中，单机“保存项目”按钮，保存整个项目。

3.7.3　下载项目

在项目视图中，单击“下载到设备”按钮，弹出如图 3-75 所示的界面，选择“PG/

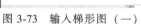

图 3-73　输入梯形图（一）

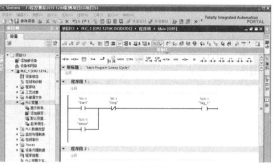

图 3-74　输入梯形图（二）

PC 接口的类型"为"PN/IE"，选择"PG/PC 接口"为"Intel（R）Ethernet Connection 1218-LM"。"PG/PC 接口"是网卡的型号，不同的计算机可能不同，单击"开始搜索"按钮，TIA 博途软件开始搜索可以连接的设备，搜索到设备显示如图 3-76 所示的界面，单击"下载"按钮，弹出如图 3-77 所示的界面。

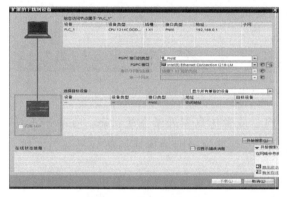

图 3-75　搜索连接设备

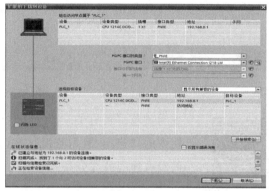

图 3-76　下载

如图 3-77 所示，"CPU 包含无法自动同步的更改"单击"在不同步的情况下继续"按钮，将弹出如图 3-78 所示的界面，把"无动作"改为"全部停止"后单击"装载"按钮，弹出如图 3-79 所示界面，单击"完成"按钮，下载完成。

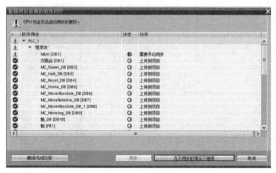

图 3-77　软件同步

图 3-78　下载预览

3.7.4　程序监视

在项目视图中，单击"转至在线"按钮　　转至在线　，如图 3-80 所示的标记处由灰色

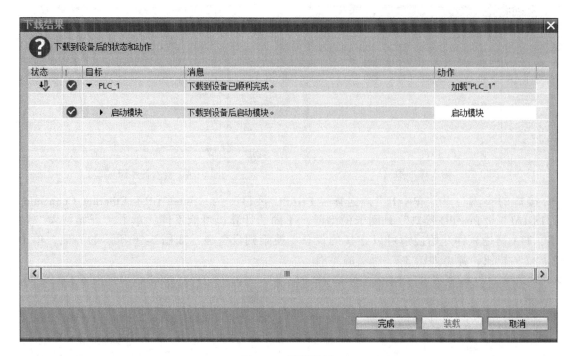

图 3-79　下载结果

扫一扫　看视频

变为黄色，表明 TIA 博途软件与 PLC 或者仿真器处于在线状态。在单击工具栏中的"启用/禁用监视"按钮 ，可见梯形图中连通的部分是绿色实线，而没有连通的部分是蓝色虚线。

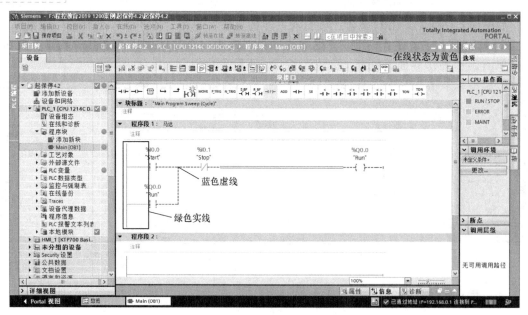

图 3-80　在线状态

3.8　使用帮助

3.8.1　查找关键字或功能

在工作或者学习时，可以利用"关键字"搜索功能查找帮助信息。下面用一个例子说明查找的方法。

在项目视图中，单击菜单栏中的"帮助"→"显示帮助"，弹出帮助信息系统界面，选中"搜索"选项卡，在"搜索关键字"输入框中，输入关键字。本例为"ob35"，单击"搜索"按钮，则有关"OB35"的信息全部显示出来，可以通过阅读这些信息，可了解 OB35 的用法，如图 3-81 所示。

图 3-81　信息系统

3.8.2　使用指令

TIA 博途软件中内置了很多指令，掌握所有的指令是非常困难的，即使是高水平的工程师也会遇到一些生疏的指令。解决的方法是，在项目视图的指令中，先找到生疏的指令，本例为"GET"，先选中"GET"，将指令拖拽到程序段中，再选中程序段中的"GET"指令块，如图 3-82 所示，按下键盘上的 F1（F1+Fn）键，弹出"GET"的帮助界面，如图 3-83 所示，可以看到指令的参数说明以及相关介绍。

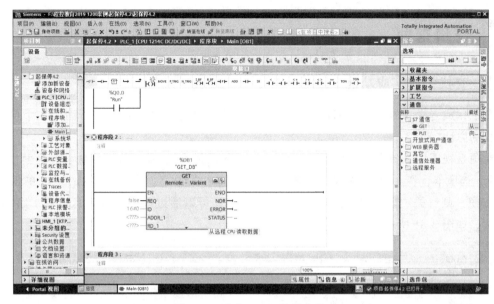

图 3-82　选中 "GET" 指令块

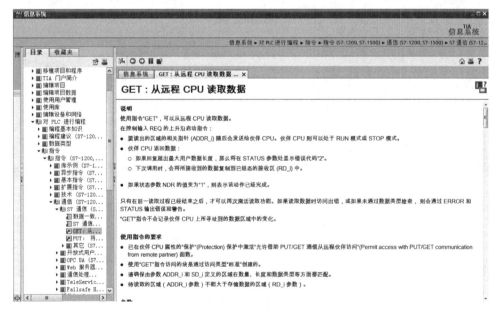

图 3-83　帮助界面

3.9　安装支持包和 GSD 文件

3.9.1　安装支持包

西门子公司的 PLC 模块进行了固件升级或者推出了新型号模块后，没有经过升级的 TIA 博途软件，一般不支持这些新模块（即使勉强支持，也会有警告信息弹出），因此遇到这种情况，就需要安装最新的支持包。

具体方法为：在 TIA 博途软件的项目视图（见图 3-84）中，单击"选项"→"支持包"命令，弹出"安装信息"界面，如图 3-85 所示，选择"安装支持软件包"选项，单击"从文件系统添加"按钮（前提是支持包已经下载到本计算机中），在本计算机中找到存放支持包的位置，选中需要安装的支持包，单击"打开"按钮。

勾选需要安装的支持包，单击"安装"按钮，支持包开始安装。当支持包安装完成后，单击"完成"按钮。TIA 博途软件开始更新硬件目录，之后新安装的硬件就可以在硬件目录中找到。如果没有下载支持包，也可单击如图 3-85 所示中的"从 Internet 上下载"按钮，然后再安装。如果使用的软件版本过于老旧（如 Portal V12），那么新推出的硬件是不能被支持的，建议及时更新。

图 3-84　安装支持包

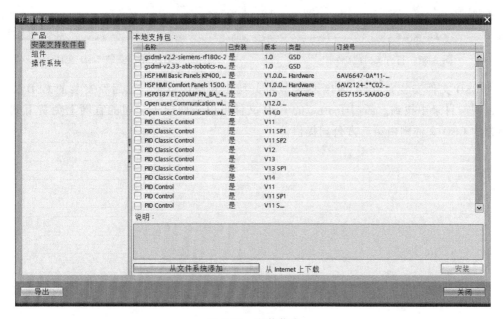

图 3-85　安装信息

3.9.2　安装 GSD 文件

当 TIA 博途软件项目中需要配置第三方设备时（如要配置施耐德的变频器），一般要安装第三方设备的 GSD 文件。安装 GSD 文件的方法如下：在 TIA 博途软件项目视图的菜单（见图 3-86）中，单击"选项"→"管理通用站描述文件 GSD"命令，将弹出如图 3-87 所示界面，单击"浏览"按钮 <kbd>...</kbd>，在计算机中找到存放 GSD 文件的位置，本例 GSD 文件存放位置如图 3-88 所示，选中需要安装的 GSD 文件，单击"安装"按钮即可。

图 3-86 打开安装菜单

图 3-87 打开 GSD 文件

图 3-88 安装 GSD 文件

当 GSD 文件安装完成后，TIA 博途软件开始更新硬件目录，之后新安装的 GSD 文件就可以在硬件目录中找到。西门子 PLC 的 GSD 文件可以在西门子公司的官网上免费下载，而第三方的 GSD 文件则由第三方公司提供。

第4章

S7-1200/1500 PLC 的编程语言

本章将介绍 S7-1200/1500 PLC 的编程基础知识（数制、数据类型和数据存储区）、基本指令及其应用，这也是学习 1200/1500 PLC 入门的关键。

4.1 S7-1200/1500 PLC 编程的基础知识

4.1.1 数制

学习计算机必须掌握数制，PLC 是一种特殊的工业控制计算机当然也应如此。

（1）二进制

二进制数的 1 位（bit）只能取 0 和 1 两个不同的值之一，可以用来表示数字量的两种不同的状态，例如触点的接通和断开、线圈的通电和断电、灯的亮和灭等。在梯形图中，如果该位是 1 可以表示常开触点的闭合和线圈的得电，反之该位是 0 可以表示常开触点断开和线圈断电。西门子公司的二进制表示方法是在数值前面加前缀 2#，例如 2#1101 1011 1101 1001 就是 16 位二进制常数。十进制的运算规则是逢 10 进 1，二进制的运算规则是逢 2 进 1。

（2）十六进制

十六进制的 16 个数字是 0~9 和 A~F（对应十进制中的 10~15，字母不区分大小写），每个十六进制数字可以用 4 位二进制表示，例如 16#A 用二进制表示为 2#1010。B#16#、W#16# 和 DW#16# 分别表示十六进制的字节、字和双字。十六进制的运算规则是逢 16 进 1。掌握二进制和十六进制之间的转化，对于学习西门子 PLC 来说是十分重要的。

（3）BCD 码

BCD 码用 4 位二进制数（或者 1 位 16 进制数）表示一位十进制数，例如一位十进制的数 9 的 BCD 码是 1001。4 位二进制有 16 种组合，但 BCD 码只用到前 10 个，而后 6 个（1010~1111）没有在 BCD 码中使用。十六进制的数字转换成 BCD 码是很容易的，例如十进制数 366 转换成十六进制 BCD 码则是 W#16#0366。十进制数 366 转换成十六进制数是 W#16#16E，这是要特别注意的。

BCD 码的最高 4 位二进制数用来表示符号，16 位 BCD 码字的范围是 –999 ~ +999。32 位 BCD 码双字的范围是 –9999999 ~ 9999999。不同数值的表示方法见表 4-1。

4.1.2 数据类型

数据是程序处理和控制的对象，在程序运行过程中，数据是通过变量来存储和传递的。

表 4-1　不同数制的数的表示方法

十进制	十六进制	二进制	BCD 码	十进制	十六进制	二进制	BCD 码
0	0	0000	00000000	8	8	1000	00001000
1	1	0001	00000001	9	9	1001	00001001
2	2	0010	00000010	10	A	1010	00010000
3	3	0011	00000011	11	B	1011	00010001
4	4	0100	00000100	12	C	1100	00010010
5	5	0101	00000101	13	D	1101	00010011
6	6	0110	00000110	14	E	1110	00010100
7	7	0111	00000111	15	F	1111	00010101

变量有两个要素：名称和数据类型。对程序块或者数据块的变量声明时，都要包括这两个要素。

数据的类型决定了数据的属性，例如数据的长度和取值范围等。TIA 博途软件中的数据分为三大类：基本数据类型、复合数据类型和其他数据类型。

1. 基本数据类型

基本数据类型是根据 IEC 61131-3（国际电工委员会制定的 PLC 编程语言标准）来定义的，每个基本数据类型具有固定的长度且不超过 64 位。

基本数据类型最为常用，细分为位数据类型、整数数据类型、字符数据类型、定时器数据类型及日期和时间数据类型。每一种数据类型都具备关键字、数据长度、取值范围和常数表等格式属性。

（1）位数据类型

位数据类型包括布尔型（Bool）、字节型（Byte）、字型（Word）和双字型（DWord）。S7-300/400 PLC 也支持，S7-1500 PLC 还支持长字型（LWord）。TIA 博途软件的位数据类型见表 4-2。

表 4-2　位数据类型

关键字	长度(位)	取值范围/格式示例	说明
Bool	1	True 或 False(1 或 0)	布尔量
Byte	8	B#16#0—B#16#FF	字节
Word	16	十六进制：W#16#0—W#16#FFFF	字（双字节）
DWord	32	十六进制：DW#16#0—DW#16#FFFF_FFFF	双字（四字节）
LWord	64	十六进制：LW#16#-—LW#16#FFFF_FFFF_FFFF_FFFF	长字（八字节）

在 TIA 博途软件中，关键字不区分大小写，如 BOOL 和 bool 都是合法的，不必刻意区分。

（2）整数和浮点数数据类型

整数数据类型包括有符号整数和无符号整数。有符号整数包括：短整数型（SInt）、整数型（Int）和双整数型（DInt）；无符号整数包括：无符号短整数型（USInt）、无符号整数型（UInt）和无符号双整数型（UDInt）。整数没有小数点。对于 S7-300/400 PLC 仅支持整数型（Int）和双整数型（DInt）。S7-1500 PLC 还支持长整数型（LInt）和无符号长整数型（ULInt）。

实数数据类型包括实数（Real），实数也称为浮点数。S7-300/400 PLC 仅支持实数（Real），S7-1500 PLC 还支持长实数（LReal）。

TIA 博途软件的整数和浮点数数据类型见表 4-3。

表 4-3　整数和浮点数数据类型

关键字	数据长度/位	取值范围	说明
SInt	8	−128 ~ +127	8 位有符号整数
Int	16	−32768 ~ +32767	16 位有符号整数
DInt	32	−2147483648 ~ +2147483647	32 位有符号整数
LInt	64	−9223372036854775808 ~ +9223372036854775807	64 位有符号整数
USInt	8	0 ~ 255	8 位无符号整数
UInt	16	0 ~ 65535	16 位无符号整数
UDInt	32	0 ~ 4294967295	32 位无符号整数
ULInt	64	0 ~ 18446744073709551615	64 位无符号整数
Real	32	−3.402823E+38 ~ +1.175495E−38 1.175495E−38 ~ 3.402823E+38	32 位 IEEE745 标准浮点数
LReal	64	−1.7976931348623158E+380 ~ −2.2250738585072014E−380 +2.2250738585072014E−380 ~ 1.7976931348623158E+380	64 位 IEEE745 标准浮点数

（3）字符数据类型

字符数据类型有 Char 和 WChar，数据类型 Char 的操作数长度为 8 个位，在存储中占用 1 个字节。Char 数据类型以 ASCII 格式存储单个字符。

数据类型 WChar（宽字符）的操作数长度为 16 位，在存储器中占用 2 个字节。WChar 数据类型存储以 Unicode 格式存储的扩展字符集中的单个字符，但只涉及整个 Unicode 范围的一部分。控制字符在输入时，以美元符号表示。TIA 博途软件的字符数据类型见表 4-4。

表 4-4　字符数据类型

关键字	长度/位	取值范围	说明
Char	8	ASCII 字符集	字符
WChar	16	Unicode 字符集，$ 0000 ~ D7FF	宽字符

（4）定时器数据类型

定时器数据类型主要包括（Time）、S5 时间（S5Time）和长时间（LTime）数据类型。S7-300/400 PLC 仅支持前两种数据类型，S7-1200 PLC 仅支持时间（Time）、S7-1500 PLC 支持以上三种数据类型。

时间数据类型（Time）的操作数内容以毫秒表示，用于数据长度为 32 为的 IEC 定时器，表示信息包括天（d）、小时（h）、分钟（m）、秒（s）、和毫秒（ms）。

TIA 博途软件的定时器数据类型见表 4-5。

表 4-5   定时器数据类型

关键字	长度/位	取值范围	说明
S5Time	16	S5T#0ms ~ S5T#2h_46m_30s_0ms	时间
Time	32	T#−24d20h31m23s648ms ~ T#+24d20h31m23s647ms	时间
LTime	64	LT#−106751d23h47m16s854ms775us808ns ~ LT#+106751d23h47m16s854ms775us807ns	长时间

（5）日期和时间数据类型

日期和时间数据类型包括：日期（Date）、日时间（TOD）、长日时间（LTOD）、日期时间（Date-And-Time）、日期长时间（Date-And-LTime）和长日期时间（DTL）。

1）日期（Date）。Date 数据类型将日期作为无符号整数保存。表示法中包括年、月和日。数据类型 Date 的操作数为十六进制形式，对应于 1990 年 1 月 1 日以后的日期值。

2）日时间（TOD）。TOD（Time-Of-Day）数据类型占用一个双字，存储从当天 00：00h 开始的毫秒数，位无符号整数。

3）长日时间（LTOD）。LTOD（LTime-Of-Day）数据类型占用两个双字，存储从当天 00：00h 开始的纳秒数，位无符号整数。

4）日期时间（DT）。数据类型 DT（Date-And-Time）存储日期和时间信息，格式为 BCD。

5）日期长时间（LDT）。数据类型 LDT（Date-And-LTime）可存储 1970 年 1 月 1 日 00：00 以来的日期和时间信息（单位为 ns）。

6）长日期时间（DTL）。数据类型 DTL 的操作数长度为 12 个字节，以预定义结构存储日期和时间信息。TIA 博途软件的日期和时间数据类型见表 4-6。

表 4-6   日期和时间数据类型

关键字	长度/字节	取值范围	说明
Date	2	D#1990-01-01 ~ D#2168-12-31	日期
Time-Of-Day	4	TOD#00：00：00.000 ~ TOD#23：59：59.999	日时间
LTime-Of-Day	8	LTOD#00：00：00.000000000 ~ LTOD#23：59：59.999999999	长日时间
Date-And-Time	8	最小值：DT#1990-01-01-00：00：00.000 最大值：DT#2089-12-31-23：59：59.999	日期时间
Date-And-LTime	8	最小值：DT#1970-01-01-00：00：00.000000000 最大值：DT#2200-12-31-23：59：59.999999999	日期长时间
DTL	12	最小值：DTL#1970-01-01-00：00：00.0 最大值：DTL#2200-12-31-23：59：59.999999999	长日期时间

2. 复合数据类型

复合数据类型是一种由其他数据类型组合而成的，或者长度超过 32 位的数据类型。TIA 博途软件中的复合数据类型包括：String（字符串）、WString（宽字符串）、Array（数组类型）、Struct（结构类型）和 UDT（PLC 数据类型）。复合数据类型相对较难理解和掌握，下面分别介绍。

（1）字符串和宽字符串

1）String（字符串）。其长度最多有 254 个字符的组（数据类型 Char）。为字符串保留的标准区域是 256 个字节。这是保存 254 个字符和 2 个字节的标题所需要的空间。可以通过定义即将存储在字符串中的字符数目减少字符串所需的存储空间，例如 String［10］占用 10 个字符空间。

2）WString（宽字符串）。数据类型为 WString（宽字符串）的操作数存储一个字符串中多个数据类型为 WChar 的 Unicode 字符。如果不指定长度，则字符串的长度为预置的 254 个字符。在字符串中，可使用所有 Unicode 格式的字符。这意味着也可以在字符串中使用中文字符。

（2）Array（数组类型）

Array（数组类型）表示一个由固定数量的同一种数据类型元素组成的数据结构。允许使用除了 Array 之外的所有数据类型。

数组元素通过下标进行寻址。在数组声明中，下标限值定义在 Array 关键字之后的方括号中。下限值必须小于或等于上限值。一个数组最多可以包含六维，并使用逗号隔开维度限值。

例如，数组 Array［1..20］of Real 的含义是包括 20 个元素的一组数组，元素数据类型为 Real；数组 Array［1..2，3..4］of Char 含义是包括 4 个元素的二维数组，元素数据类型为 Char。

创建数组的方法为：在项目视图的项目数中，双击"添加新块"选项，将弹出新建块界面，新建"数据块_1"，在"名称"栏中输入"A1"，在"数据类型"栏中输入"Array［0..20］of Real"，如图 4-1 所示，数组创建完成。单击 A1 左侧的三角符号，可以查看到数组的所有元素，还可以修改每个元素的"起始值"，如图 4-2 所示。

图 4-1　创建数组

（3）Struct（结构类型）

该类型是由不同数据类型组成的复合型数据，通常用来定义一组相关的数据。例如电动机的一组数据可以按照如图 4-3 所示的方式定义。在"数据块_1"的"名称"栏中输入"Motor"，在"数据类型"栏中输"Struct"（也可以单击下拉三角选取），之后可创建结构的其他元素，例如本例的"Speed"。

（4）UDT（PLC 数据类型）

UDT 是由不同数据类型组成的复合型数据，与 Struct 不同的是，UDT 是一个模板，可以用来定义其他的变量，UDT 在 STEP 7 中称为自定义数据类型。PLC 数据类型的创建方法如下：

1）在项目视图的项目树中，依次单击"PLC 数据类型"→"添加新数据类型"选项，弹出如图 4-4 所示的界面，创建一个名为"MotorA"的结构，并将新建的 PLC 数据类型重命

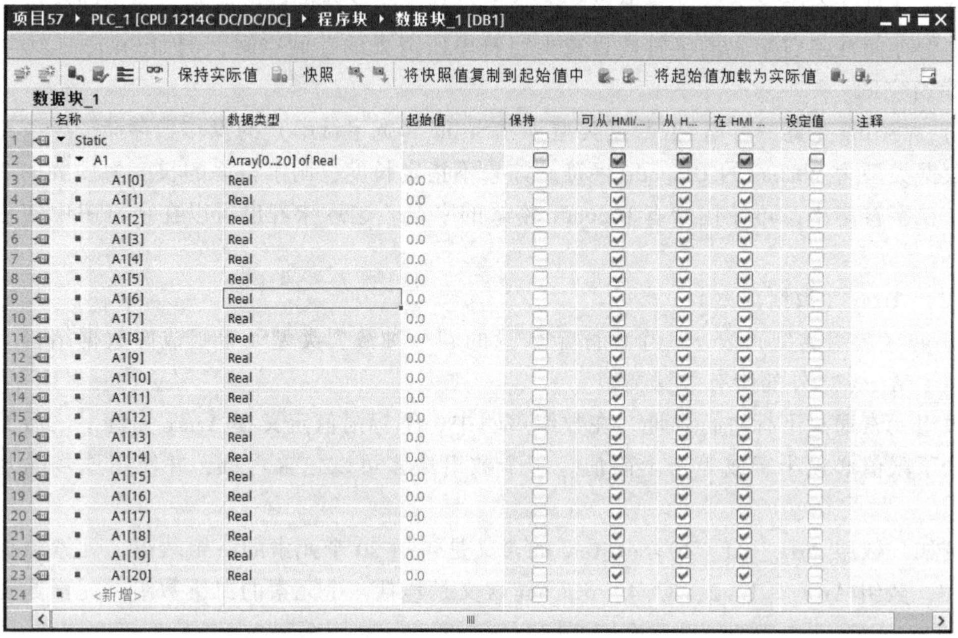

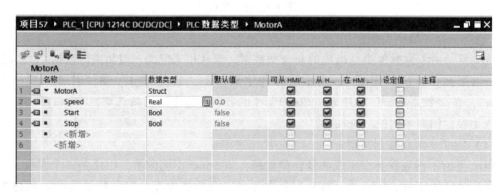

图 4-2 查看数组元素

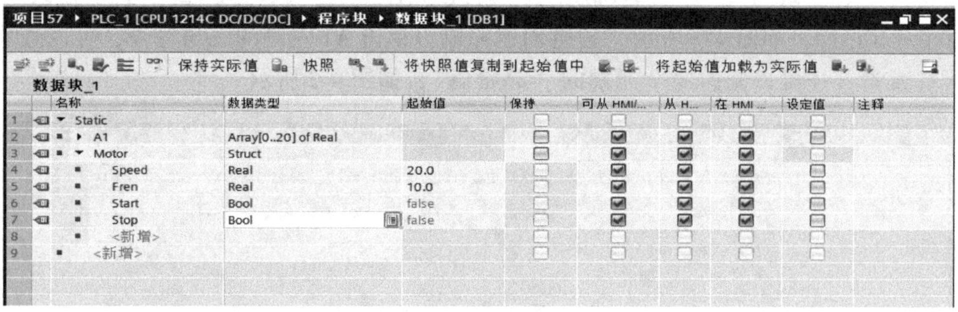

图 4-3 创建结构

图 4-4 创建 PLC 数据类型（一）

名为"MotorA"。

2）在"数据块_1"的"名称"栏中输入"Motor_1"和"Motor_2"，在"数据类型"

栏中输入"MotorA"，这样操作后，"Motor_1"和"Motor_2"的数据类型变成了"MotorA"，如图 4-5 所示。

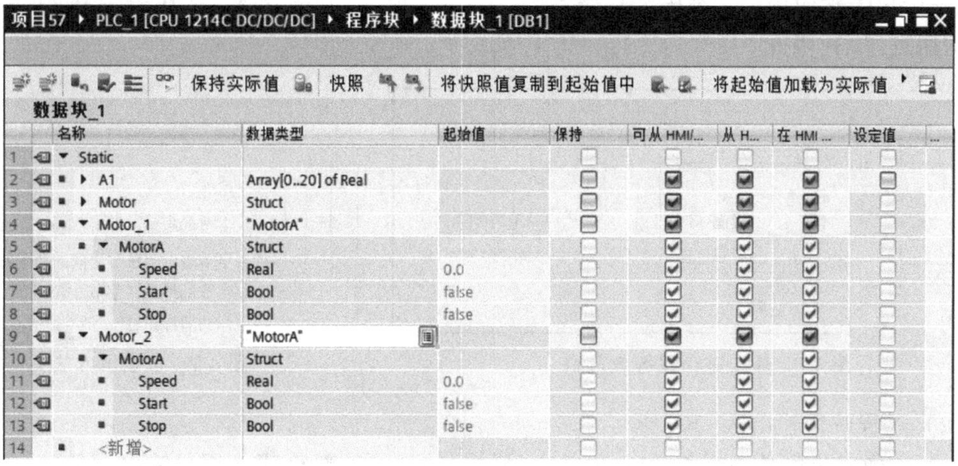

		名称	数据类型	起始值	保持	可从 HMI/...	从 H...	在 HMI ...	设定值	
1	⬜ ▼	Static								
2	⬜ ■ ▶	A1	Array[0..20] of Real		☐	☑	☑	☑	☐	
3	⬜ ■ ▶	Motor	Struct		☐	☑	☑	☑	☐	
4	⬜ ■ ▼	Motor_1	"MotorA"		☐	☑	☑	☑	☐	
5	⬜ ■	▼ MotorA	Struct		☐	☑	☑	☑	☐	
6	⬜	■ Speed	Real	0.0	☐	☑	☑	☑	☐	
7	⬜	■ Start	Bool	false	☐	☑	☑	☑	☐	
8	⬜	■ Stop	Bool	false	☐	☑	☑	☑	☐	
9	⬜ ■ ▼	Motor_2	"MotorA"		☐	☑	☑	☑	☐	
10	⬜ ■	▼ MotorA	Struct		☐	☑	☑	☑	☐	
11	⬜	■ Speed	Real	0.0	☐	☑	☑	☑	☐	
12	⬜	■ Start	Bool	false	☐	☑	☑	☑	☐	
13	⬜	■ Stop	Bool	false	☐	☑	☑	☑	☐	
14	■	<新增>								

图 4-5　创建 PLC 数据类型（二）

4.1.3　S7-1200 PLC 的存储区

S7-1200 PLC 的存储区由装载存储器、工作存储器和系统存储器组成。工作存储器类似于计算机的内存条，装载存储器类似于计算机的硬盘。

1. 装载存储器

装载存储器用于保存逻辑块、数据块和系统数据。下载程序时，用户程序下载到装载存储器。在 PLC 上电时，CPU 把装载存储器中的可执行部分复制到工作存储器；而 PLC 断电时，需要保存的数据自动保存在装载存储器中。

对于 S7-300/400 PLC 符号表、注释不能下载，仍然保存在编程设备中；而对于 S7-1200 PLC，符号表、注释可以下载到装载存储器。

2. 工作存储器

工作存储器是集成在 CPU 中高速存取的 RAM 存储器，用于存储 CPU 运行时的用户程序和数据，如组织块、功能块等。用模式选择开关复位 CPU 的存储器时，RAM 中程序被清除，但 EEPROM 中的程序不会被清除。

3. 系统存储器

系统存储器是 CPU 为用户提供的存储组件，用于存储用户程序的操作数据，例如过程映像输入、过程映像输出、位存储、定时器、计数器、块堆栈和诊断缓冲区等。

（1）过程映像输入区（I）

过程映像输入区与输入端相连，它是专门用来接收 PLC 外部开关信号的元件。在每次扫描周期的开始，CPU 对物理输入点进行采样，并将采样值写入过程映像输入区中。可以按位、字节、字或双字来存取过程映像输入区中的数据。输入寄存器等效电路如图 4-6 所示。在真实的回路中，当按钮闭合，线圈 I0.0 中的电流经过 PLC 内部电路的转化，使得梯形图中，常开触点 I0.0 闭合，常闭触点断开。

位格式：I [字节地址].[位地址]，如 I0.0。

字节、字和双字格式：I［长度］［起始字节地址］，如 IB0、IW0、ID0。

若要存取存储区的某一位，则必须指定地址，包括存储器标识符、字节地址和位号。图4-7 是一个位表示的例子。其中，存储器区、字节地址（I 代表输入，2 代表字节 2）和位地址之间用点（.）隔开。

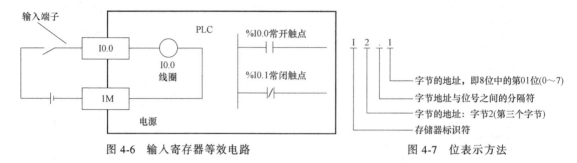

图 4-6 输入寄存器等效电路   图 4-7 位表示方法

（2）过程映像输出区（Q）

过程映像输出区是用来将 PLC 内部信号输出传送给外部负载（用户输出设备）。过程映像输出区线圈是由 PLC 内部程序指令驱动，其线圈状态传送给输出单元，再由输出单元对应的硬触点来驱动外部负载，输出寄存器等效电路如图 4-8 所示。当梯形图中的线圈 Q0.0 得电时，经过 PLC 内部电路的转化，使得真实回路中的常开触点 Q0.0 闭合，从而使得外部设备线圈得电。

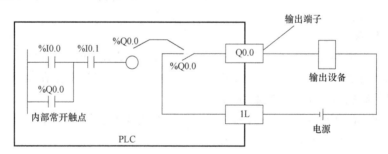

图 4-8 过程映像输出区 Q0.0 的等效电路

在每次扫描周期的结尾，CPU 将过程映像输出区中的数值复制到物理输出点上。可以按位、字节、字或双字来存取过程映像输出区。

位格式：Q［字节地址］.［位地址］，如 Q1.1。

字节、字和双字格式：Q［长度］［起始字节地址］，如 QB2、QW0、和 QD6。

（3）标识位存储区（M）

标识位存储区是 PLC 中数量较多的一种存储区，一般标识位存储区与继电器控制系统中的中间继电器相似。标识位存储区不能直接驱动外部负载，负载只能由过程映像输出区的外部触点驱动。标识位存储区的常开常闭触点在 PLC 内部编程时，可以无限次使用。标识位存储区的数量根据不同的 PLC 型号而不同。可以用位存储区来存储中间操作状态和控制信息，并且可以按位、字节、字或双字来存取位存储区。

位格式：M［字节地址］.［位地址］，如 M2.7。

字节、字和双字格式：M［长度］［起始字节地址］，如 MB10、MW100、和 MD0。

（4）数据块存储区（DB）

数据块可以存储在装载存储器、工作存储器以及系统存储器中（块堆栈），共享数据块的标识符为"DB"，函数块 FB 的背景数据块的标识符位"DI"。数据块的大小与 CPU 的型号相关。数据块默认为掉电保持，不需要额外设置。

注意，在语句表中，通过"DB"和"DI"区分两个打开的数据块，在其他应用中函数块 FB 的背景数据块也可以用"DB"表示。

（5）本地数据区（L）

本地数据区位于 CPU 的系统存储器中，其地址表示符为"L"，用于存储函数、函数块的临时变量、组织块中的开始信息、参数传递信息以及梯形图的内部结果。在程序中访问本地数据区的表示法与输入相同。本地数据区的数量与 CPU 的信号有关。

本地数据区和标识位存储区很相似：标识位存储区是全局有效的，而本地数据区只在局部有效。全局是指同一个存储区可以被任何程序存取（包括主程序、子程序和中断程序），局部是指存储区和特定的程序关联。本地数据区只能进行符号寻址，而位存储区既可以进行绝对寻址，也可以进行符号寻址。

（6）物理输入区

物理输入区位于 CPU 的系统存储器中，其地址标识符为"：P"，置于过程映像输入区（即 I）地址的后面。与过程映像区功能相反，不经过过程映像区的扫描，程序访问物理区时，直接将输入模块的信息读入，并作为逻辑运算的条件。

位格式：I［字节地址］.［位地址］，如 I2.7：P。

字或双字格式：I［长度］［起始字节地址］：P，如 IB2：P。

（7）物理输出区

物理输出区位于 CPU 的系统存储器中，其地址标识符为"：P"，置于过程映像输出区（即 Q）地址的后面。与过程映像区功能相反，不经过过程映像区的扫描，程序访问物理区时，直接将逻辑运算的结果（写出信息）写出到输出模块。

位格式：Q［字节地址］.［位地址］，如 Q2.7：P。

字或双字格式：Q［长度］［起始字节地址］：P，如 QW2：P、QD8：P。

各存储器的存储区及功能见表 4-7。

表 4-7 存储区及功能

存储区	描述	强制	保持
过程映像输入（I）	在扫描循环开始时，从物理输入复制的输入值	Yes	No
物理输入（L_:P）	通过该区域立即读取物理输入	No	No
过程映像输出（Q）	在扫描循环开始时，将输出值写入物理输出	Yes	No
物理输出（Q_:P）	通过该区域立即写物理输出	No	No
位存储器（M）	用于存储用户程序的中间运算结果或标志位	No	Yes
临时局部存储器（L）	块的临时局部数据，只能供块内部使用，只可以通过符号方式来访问	No	No
数据块（DB）	数据存储器与 FB 的参数存储器	No	Yes

【例 4-1】 如果 MD0＝16#1F，那么 MB0、MB1、MB2、和 MB3 的数值是多少？M0.0 和 M3.0 的值是多少？

【解】 因为 MD0 是一个 32 位的存储器地址，包含 2 个字和 4 个字节长度，所以 MD0＝

16#1F = 16#0000001F，根据图 4-9 可知，MB0 = 0，MB1 = 0，MB2 = 0，MB3 = 16#1F；M0.0 = 0，M3.0 = 1。这一点不同于三菱 PLC。在 MD0 中，由 MW0 和 MW2 两个字组成，包含 MB0、MB1、MB2 和 MB3 四个字节，MB0 是高字节，MB3 是低字节，字节、字和双字的起始地址如图 4-9 所示。

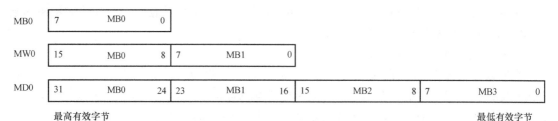

最高有效字节   最低有效字节

图 4-9　字节、字和双字的起始地址

【例 4-2】　如图 4-10 所示的梯形图，是某位初学者编写的，查看有无错误。

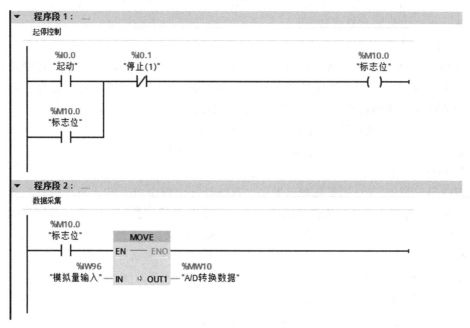

图 4-10　梯形图

【解】　这个程序逻辑是正确的，但这个程序在实际运行时，并不能采集数据。程序段 1 是起停控制，当 M10.1 常开触点闭合后开始采集数据，而且 A/D 转换的结果存放在 MW10 中，MW10 包含 2 个字节（MB10、MB11），而 MB10 包含 8 个位（M10.7~M10.0）。只要采集的数据经过 A/D 转换，造成 M10.0 为 0，整个数据采集过程自动停止。初学者很容易犯类似错误。可将 M10.0 改为 M12.0 即可，只要避开 MW10（M11.7~M11.0 和 M10.7~M10.0）即可。

4.1.4　全局变量与区域变量

1. 全局变量

全局变量可以在 CPU 的整个范围内被所有的程序块调用，例如 OB（组织块）、FC（函数）和 FB（函数块）中使用，在某一个程序块中赋值后，在其他的程序块中可以读出，没有使用限制。全局变量包括 I、Q、M、DB、I：P 和 Q：P 等数据区。

2. 区域变量

区域变量也称为局部变量。区域变量只能在所属块（OB、FC 和 FB）范围内调用，在程序块调用时有效，程序块调用完成后被释放，所以不能被其他程序块调用。本地数据区（L）中的变量为区域变量，例如每个程序块中的临时变量都属于区域变量。这个概念和计算机高级语言 VB、C 语言中的局部变量概念相同。

4.2　变量表、监控表和强制表的应用

4.2.1　变量表

1. 变量表（Tag Table）简介

在 TIA 博途软件中可定义两类符号：全局符号和局部符号。全局符号利用变量表来定义，可以在用户项目的所有程序块中使用。局部符号是在程序块的变量声明表中定义的，只能在该程序块中使用。

PLC 的变量表包含整个 CPU 范围有效的变量和符号常量的定义。系统会为项目中使用的每个 CPU 创建一个变量表，用户也可以创建其他的变量表用于常量和变量进行归类和分组。

在 TIA 博途软件中添加了 CPU 设备后，会在项目树中 CPU 设备下产生一个"PLC 变量"文件夹，在此文件夹中有三个选项：显示所有变量、添加新变量表和默认变量表，如图 4-11 所示。

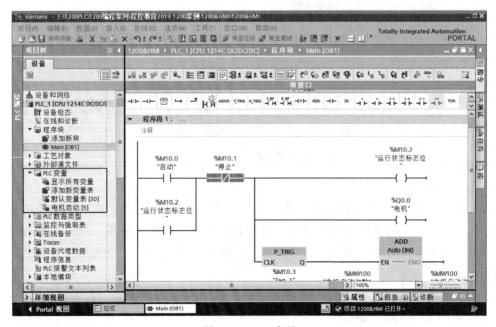

图 4-11　PLC 变量

"显示所有变量"包含有全部的 PLC 变量、用户常量和 CPU 系统常量三个选项。该表不能删除或移动。

"默认变量表"是系统创建的，项目的每个 CPU 均有一个标准变量表。该表不能删除、重命名或移动。默认变量表包含 PLC 变量、用户常量和系统常量三个选项。可以在默认变量表中声明所有的 PLC 变量，或根据需要创建其他的用户定义变量表。

用鼠标双击"添加新变量表"可以创建用户定义变量表，可根据要求为每个 CPU 创建多个针对组变量的用户定义变量表。可以对用户定义的变量表重命名、整理合并为组或删除。用户定义变量表包含 PLC 变量和用户常量。

1）变量表的工具栏。变量表的工具栏如图 4-12 所示，从左到右含义分别为插入行、新建行、导出、导入、全部监视和保持。

图 4-12　变量表的工具栏

2）变量的结构。每个 PLC 变量表包含变量选项卡和用户常量选项卡。"默认变量表"和"显示所有变量"均包括"系统常量"选项卡。表 4-8 列出了"系统常量"选项卡的各列含义。

表 4-8　变量表中"系统常量"选项卡各列含义

序号	列	说明
1	▣	通过单击符号并将变量拖动到程序中作为操作数
2	名称	常量在 CPU 范围内的唯一名称
3	数据类型	变量的数据类型
4	地址	变量地址
5	保持	将变量标记为具有保持性，保持性变量的值将保留，即使电源关闭后也是如此
6	可从 HMI 访问	显示运行期间 HMI 是否可访问此变量
7	HMI 中可见	显示默认情况下，在选择 HMI 的操作数时变量是否显示
8	监视值	CPU 中的当前数据值，只有建立了在线连接并选择"监视所有"按钮时，才会显示该例
9	变量表	显示包含有变量声明的变量表，该例仅存在于"所有变量"表中
10	注释	用于说明变量的注释信息

2. 定义全局符号

在 TIA 博途软件项目视图的项目树中，双击"添加新变量表"，即可生成新的变量表"变量表_1［0］"，选中新生成的变量表，单击鼠标右键弹出快捷菜单，选中"重命名"命令，将此变量表重命名为"电动机起停［0］"。单击变量表中的"添加行"按钮 ▦ 添加行，如图 4-13 所示。

在变量表的"名称"栏中，分别输入三个变量"Start""Stop"和"Motor"。在"地址"栏中输入三个地址"M0.0""M0.1"和"Q0.0"。三个变量的数据类型均选为"Bool"，如图 4-14 所示。全局符号定义完成，因为这些符号关联的变量是全局变量，所以这些符号

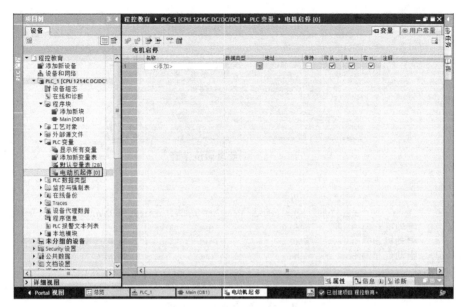

图 4-13　添加新变量表

在所有的程序中均可使用。

打开程序块 OB1，可以看到梯形图中的符号和地址关联在一起，且一一对应，如图 4-15 所示。

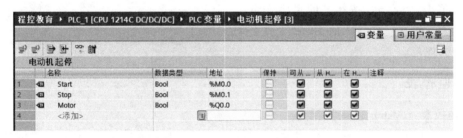

图 4-14　在变量表中定义全局符号

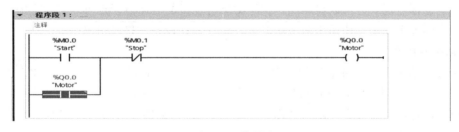

图 4-15　梯形图

3. 导出和导入变量

1）导出。单击变量表工具栏中的"导出"按钮 📑，弹出导出文件路径界面，如图 4-16 所示，选择适合路径，单击"确定"按钮即可将变量导出到默认名为"PLCTags. xlsx"的 Excel 文件中。在导出路径中，双击打开导出的 Excel 文件如图 4-17 所示。

图 4-16　变量表导出路径

	A	B	C	D	E	F	G	H	I	J
1	Name	Path	Data Type	Logical Ad	Comment	Hmi Visible	Hmi Acces	Hmi Write	Typeobjec	Version ID
2	Start	电动机起停	Bool	%M0.0		True	True	True		
3	Stop	电动机起停	Bool	%M0.1		True	True	True		
4	Motor	电动机起停	Bool	%Q0.0		True	True	True		
5										
6										

图 4-17　导出的 Excel 文件

2）导入。单击变量表工具栏中的"导入"按钮 ，弹出导入路径界面，如图 4-18 所示，选择要导入的 Excel 文件"PLCTags. xlsx"的路径，单击"确定"按钮，即可将变量导入到变量表。注意，要导入的 Excel 文件必须符合规定的规范。

图 4-18　变量表导入路径

4.2.2　监控表

1. 监控表（Watch Table）简介

接线完成后需要对所接线和输出设备进行通信，即 I/O 设备测试。I/O 设备测试可以使用 TIA 博途软件提供的监控表实现，TIA 博途软件的监控表相当于 STEP 7 软件中变量表的功能。

监控表也称监视表，可以显示用户程序的所有变量的当前值，也可以将特定的值分配给用户程序中的各个变量。使用这两项功能可以检查 I/O 设备的接线情况。

2. 创建监控表

当 TIA 博途软件的项目中添加了 PLC 设备后，系统会自动为该 PLC 的 CPU 生成一个"监控和强制表"文件夹。在项目视图的项目树中，打开此文件夹，双击"添加新监控表"选项，即可创建新的监控表，默认名称为"监控表_1"，如图 4-19 所示。在监控表中输入要监控的变量，创建监控表完成，单击监控表中工具条的"监视变量"按钮 ，可以看到变量的监视值，如图 4-20 所示。

4.2.3　强制表

1. 强制表简介

使用强制表给用户程序中的各个变量分配固定值，该操作称为"强制"。

图 4-19 创建监控表

图 4-20 监控表的监控状态

强制表的功能如下：

1）监视变量。通过该功能可以在 PG/PC 上显示用户程序或 CPU 中各变量的当前值，可以使用或不使用触发条件来监视变量。强制表可监视的变量有：输入存储器、输出存储器、位存储器和数据块的内容。此外，强制表还可以监视外部设备输入的内容。

2）强制变量。通过该功能可以为用户程序的各个 I/O 变量分配固定值。

强制表可强制的变量有外部设备输入和外部设备输出。

2. 打开强制表

当 TIA 博途软件中的项目中添加了 PLC 设备后，系统会自动为该 PLC 的 CPU 生成一个"监控和强制表"文件夹。在项目视图的项目树中，打开此文件夹双击"强制表"选项，即可打开，且不需要创建，输入要强制的变量，如图 4-21 所示。选中"强制值"栏中的"TRUE"，单击鼠标右键，弹出快捷菜单，单击"强制"→"强制为 1"命令，在表的第一列将出现 1 F 标识，模块的 Q0.1 指示灯点亮，且 CPU 模块的"MAINT"指示灯变为黄色。

单击工具栏中的"停止强制" **F.** 按钮，停止所有的强制输出，"MAINT"指示灯变为绿色。PLC 正常运行时，一般不允许 PLC 处于"强制"状态。

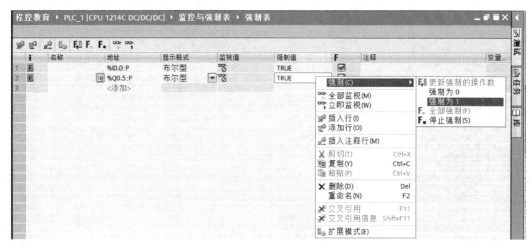

图 4-21 强制表强制操作

4.3 位逻辑运算

常用的位逻辑运算指令如图 4-22 所示。

扫一扫 看视频

内部输入触点"I"的闭合与断开仅与输入映像寄存器相应位的状态有关，与外部输入按钮、接触器、继电器的常开或常闭接法无关。输入映像寄存器相应位为"1"，则内部常开触点闭合，常闭触点断开。输入映像寄存器相应位为"0"，则内部常开触点断开，常闭触点闭合。

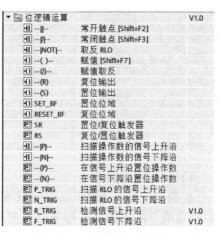

图 4-22 位逻辑运算指令

1. 常开触点 ─┤ ├─

常开触点的激活取决于相关操作数的信号状态。当操作数的信号状态为"1"时，常开触点将关闭，同时输出的信号状态置位为输入的信号状态。当操作数的信号状态为"0"时，不会激活常开触点，同时该指令输出的信号状态复位为"0"。两个或多个常开触点串联时，将逐位进行"与"运算。串联时，所有触点都闭合后才产生信号流；并联时，将逐位进行"或"运算，且有一个触点闭合就会产生信号流。

2. 常闭触点 ─┤ / ├─

常闭触点的激活取决于相关操作数的信号状态。当操作数的信号状态为"1"时，常闭触点将打开，同时该指令输出的信号状态复位为"0"；当操作数的信号状态为"0"时，不会启用常闭触点，同时将该输入的信号状态传输到输出。两个或多个常闭触点串联时，将逐位进行"与"运算，且所有触点都闭合后才产生信号流，并联时，将进行"或"运算，且有一个触点闭合就会产生信号流。

常开/常闭触点的参数见表 4-9。

表 4-9　常开/常闭触点参数

参数	声明	数据类型	存储区		说明
			S7-1200	S7-1500	
<操作数>	Input	Bool	I、Q、M、D、L	I、Q、M、D、L、T、C	要查询其信号状态的操作数

3. 取反指令—|NOT|—

使用"取反"指令，可对逻辑运算结果（RLO）的信号状态进行取反。如果该指令输入的信号状态为"1"，则指令输出的信号状态为"0"；如果该指令输入的信号状态为"0"，则输出的信号状态为"1"。其编程示例如图 4-23 所示。当 M0.0 和 M0.1 两个状态都为"1"或其中一个状态为"1"时 Q0.0 输出状态为"0"；反之，当 M0.0 和 M0.1 状态都为"0"，Q0.0 输出状态为"1"。

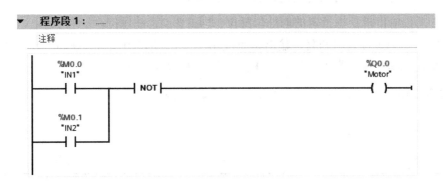

图 4-23　取反指令示例

【例 4-3】　某设备上有"本地/远程"转换开关，当其设为"本地"时，本地灯点亮，设为"远程"时，远程灯亮，试编写控制程序。

【解】　梯形图如图 4-24 所示。

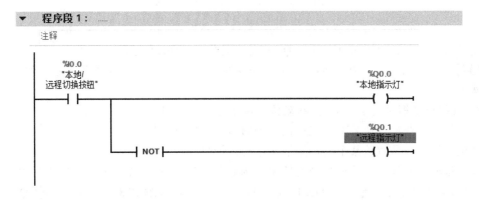

图 4-24　取反指令编程示例

4. 线圈—( )—

可以使用"赋值"指令来置位指定操作数的位。如果线圈输入的逻辑运算结果（RLO）的信号状态为"1"，则将指定操作数的信号状态置位为"1"；如果线圈输入的信号状态为"0"，则指定操作数的位将复位为"0"。该指令不会影响 RLO。线圈输入的 RLO 将直接发送到输出。其参数说明见表 4-10。

表 4-10　线圈参数

参数	声明	数据类型	存储区	说明
<操作数>	Output	Bool	I、Q、M、D、L	要赋值给 RLO 的操作数

5. 赋值取反指令—(/)—

使用"赋值取反"指令可将逻辑运算的结果（RLO）进行取反，然后将其赋值给指定操作数。线圈输入的 RLO 为"1"时，复位操作数；线圈输入的 RLO 为"0"时，操作数的信号状态置位为"1"。

6. 置位输出指令 –(S) 和复位输出指令 –(R)

–(S)：置位输出指令将指定的地址位置位，即变为 1，并保持。

–(R)：复位输出指令将指定的地址位复位，即变为 0，并保持。

图 4-25 所示为置位输出和复位输出指令应用示例，当 I0.0 为 1，Q0.0 为 1，之后即使 I0.0 状态为 0，Q0.0 保持为 1，直到 I0.1 为 1 时，Q0.0 状态变为 0。

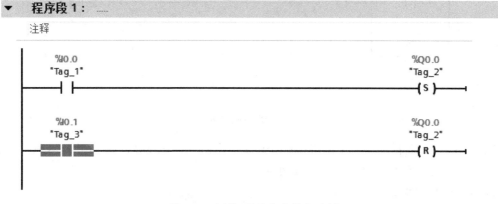

图 4-25　置位/复位指令编程示例

【例 4-4】　用置位/复位指令编写"正转-停-反转"的梯形图。其中，I0.0 是正转按钮，I0.1 是反转按钮，I0.2 是停止按钮，Q0.0 是正转输出，Q0.1 是反转输出。

【解】　梯形图如图 4-26 所示。可见使用置位/复位指令后，不需要用自锁，程序变得更加简洁。

7. 置位位域指令（SET_BF）和复位位域指令（RESET_BF）

置位位域指令是对从某个特定地址开始的多个位进行置位。

复位位域指令是对从某个特定地址开始的多个位进行复位。

置位位域指令和复位位域指令的应用示例如图 4-27 所示。当常开触点 I0.0 接通为 1 时，从 Q0.0 开始的 3 个位（Q0.2、Q0.1、Q0.0）置位；当常开触点 I0.1 接通时，从 Q0.0 开始的 3 个位复位。

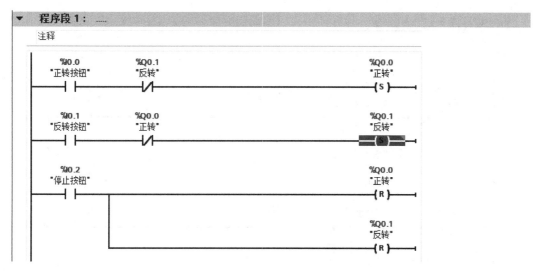

图 4-26　"正转-停止-反转"梯形图

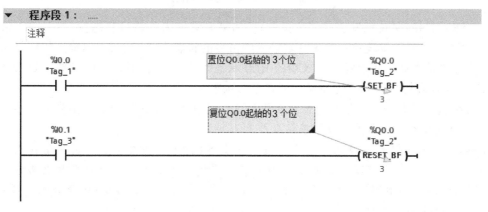

图 4-27　置位位域和复位位域指令应用示例

8. RS/SR 触发器

1) RS：复位/置位触发器（置位优先）。如果 R 端输入的信号状态为"1"，S1 端输入的信号状态为"0"，则复位；如果 R 端输入的信号的状态为"0"，S1 端输入的信号状态为"1"，则置位触发器；如果两个输入端的 RLO 状态均为"1"，则置位触发器；如果两个输入端的 RLO 状态均为"0"，保持触发器之前的状态。RS/SR 双稳态触发器示例如图 4-28 所示，其输入与输出的对应关系见表 4-11。

表 4-11　RS/SR 触发器输入与输出的对应关系

复位/置位触发器 RS（置位优先）				置位/复位触发器 SR（复位优先）			
输入状态		输出状态	说明	输入状态		输出状态	说明
S1 （I0.0）	R （I0.1）	Q （Q0.0）		R1 （I0.2）	S （I0.3）	Q （Q0.1）	
1	0	1	当各个状态断开后，输出状态保持	1	0	0	当各个状态断开后，输出状态保持
0	1	0		0	1	1	
1	1	1		1	1	0	

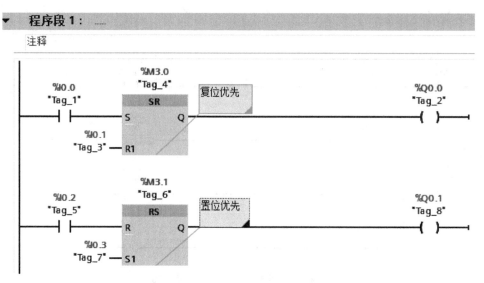

图 4-28 RS/SR 双稳态触发器示例

2）SR：置位/复位触发器（复位优先）。如果 S 端输入的信号状态位 "1"，R1 端输入的信号状态为 "0"，则置位；如果 S 端输入的信号的状态为 "0"，R1 端输入的信号状态为 "1"，则复位触发器；如果两个输入端的 RLO 状态均为 "1"，则复位触发器；如果两个输入端的 RLO 状态均为 "0"，保持触发器之前的状态。

【例 4-5】 设计一个单按钮起停控制的程序，实现用一个按钮控制一盏灯的亮和灭，即奇数次按下按钮灯亮，偶数次按下按钮灯灭。

【解】 梯形图如图 4-29 所示。由图可见使用 SR 触发器指令后，不需要用自锁，程序变得更加简洁。当第一次按下按钮时，Q0.0 线圈得电（灯亮），Q0.0 常开触点闭合，当第二次按下按钮时，S 和 R1 端子同时高电平，由于复位优先，所以 Q0.0 线圈断电（灯灭）。

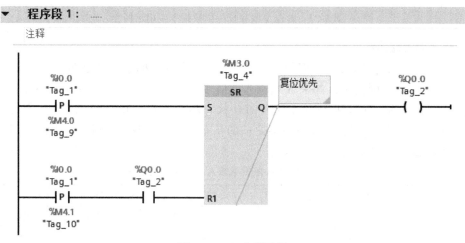

图 4-29 SR 应用示例

这个例子还有另一个解法，就是用 RS 指令，梯形图 4-30 所示。当第一次按下按钮时，Q0.1 线圈得电（灯亮），Q0.1 常闭触点断开，当第二次按下按钮时，R 端子高电平，所以 Q0.1 线圈断电（灯灭）。

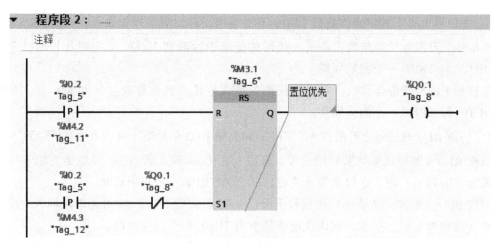

图 4-30 RS 应用示例

9. 上升沿和下降沿指令

上升沿和下降沿指令有扫描操作数的信号上升沿指令 –|P|– 、扫描操作数的信号下降沿指令 –|N|– 、在信号上升沿置位操作数指令 –(P)– 、在信号下降沿置位操作数指令 –(N)– 、扫描 RLO 的信号上升沿指令 P_TRIG 、扫描 RLO 的信号下降沿指令 N_TRIG 、检测信号上升沿指令 R_TRIG 和检测信号下降沿指令 F_TRIG 。

1) 扫描操作数信号上升沿指令 –|P|– /下降沿指令 –|N|– 。

扫描操作数信号上升沿检测到操作数正跳变（由 0 到 1 时）接通一个扫描周期。

扫描操作数信号下降沿检测到操作数负跳变（由 1 到 0 时）接通一个扫描周期。

扫一扫 看视频

如图 4-31 所示，当 I0.0 接通时产生一个上升沿信号，输出 Q0.0 得电一个扫描周期，无论按钮闭合多长时间，输出 Q0.0 只得电一个扫描周期。

当 I0.1 按下后弹起时，会产生一个下降沿信号，输出 Q0.1 得电一个扫描周期。

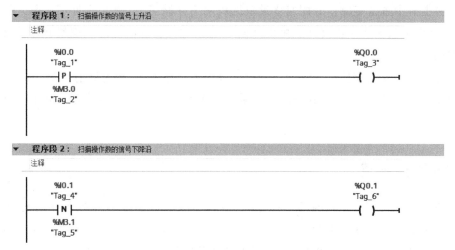

图 4-31 上升沿下降沿指令应用示例

2）在信号上升沿置位操作数指令 –(P)– 和在信号下降沿置位操作数指令 –(N)– 。

在信号上升沿置位操作数：在进入线圈的能流中检测到正跳变（关到开）时，分配的位 "OUT" 为 TRUE 一个扫描周期。

在信号下降沿置位操作数：在进入线圈的能流中检测到负跳变（开到关）时，分配的位 "OUT" 为 TRUE 一个扫描周期。

3）扫描 RLO 的信号上升沿指令 P_TRIG 和扫描 RLO 信号的下降沿指令 N_TRIG 。

扫描 RLO（逻辑运算结果）的信号上升沿：在 CLK 输入状态 或 CLK 能流输入中检测到正跳变（断到通）时，Q 输出能流或逻辑状态为 TRUE 一个扫描周期。

扫描 RLO（逻辑运算结果）的信号下降沿：在 CLK 输入状态或 CLK 能流输入中检测到负跳变（通到断）时，Q 输出能流或逻辑状态为 TRUE 一个扫描周期。

扫描信号上升沿/下降沿指令应用示例如图 4-32 所示。当 I0.0 和 I0.1 状态同时都为 "1" 时，CLK 有上升沿时置位 Q0.0，当 I0.0 和 I0.1 两个位状态由 "1" 变为 "0" 时，CLK 检测到负跳变复位 Q0.0。

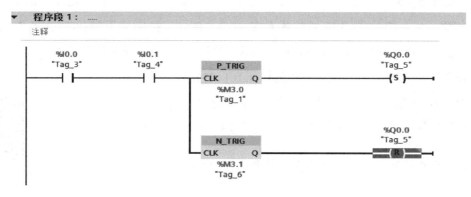

图 4-32 扫描信号上升沿/下降沿指令应用示例

4）检测上升沿信号指令 R_TRIG 和检测下降沿信号指令 F_TRIG 。

在信号上升沿置位变量：分配的背景数据块用于存储 CLK 输入的前一状态，在 CLK 输入状态或 CLK 能流输入中检测到正跳变（断到通）时，Q 输出能流或逻辑状态为 TRUE 一个扫描周期。

在信号下降沿置位变量：分配的背景数据块用于存储 CLK 输入的前一状态，在 CLK 输入状态或 CLK 能流输入中检测到负跳变（通到断）时，Q 输出能流或逻辑状态为 TRUE 一个扫描周期。

4.4 定时器指令

S7-1200 PLC 不支持 S7 定时器，只支持 IEC 定时器。IEC 定时器集成在 CPU 的操作系统中，有以下定时器：脉冲定时器（TP）、通电延时定时器（TON）、通电延时保持定时器（TONR）和断电延时定时器（TOF）。定时器的参数数据类型见表 4-12。

表 4-12　定时器的参数数据类型

参数	数据类型	说明
功能框型定时器:IN 线圈型定时器:能流	Bool	TP(功能框或线圈):有使能信号(有接通或边沿信号)时延时断开计时;没有使能信号时,定时器复位;上一个使能计时没到,新使能无效
		TON(功能框或线圈):0 表示计时停止,当前值清零;1 表示启用延时接通计时,从零开始
		TOF(功能框或线圈):1→0 表示启用延时断开计时;1 表示使能接通、定时器得电
		TONR(功能框或线圈):0 表示计时停止,当前值保持;1 表示计时开始,从上次记忆值开始计时
R	Bool	TONR 功能框:0 表示不重置,1 表示将经过的时间和 Q 位重置为 0
功能块型定时器:PT 线圈型定时器:"PRESET_tag"	Time	定时器功能框或线圈:预设的时间输入
功能框型定时器:Q 线圈型定时器:DBdata. Q	Bool	定时器功能框:Q 功能框输出或定时器 DB 数据中的 Q 位 定时器线圈:仅可寻址定时器 DB 数据中的 Q 位
功能框型定时器:ET 线圈型定时器:DBdata. ET	Time	定时器功能框:ET(经历的时间)功能框输出或定时器 DB 数据中的 ET 时间值 定时器线圈:仅可寻址定时器 DB 数据中的 ET 时间值

PT(预设时间)和 ET(经过的时间)值以表示毫秒时间的有符号双精度整数形式存储在指定的 IEC_TIMER DB 数据中。TIME 数据使用 T#标识符,可以用简单的整数形式(200 或 2200)或以 TIME 时间(如 T#2s_200ms)的形式输入,见表 4-13。

表 4-13　TIME 数据类型的大小和存储范围

数据类型	大小	有效数值范围
TIME	32 位,以 DInt 数据的形式存储	T#-24d_20h_31m_23s_648ms 到 T#24d_20h_31m_23s_647ms 以 -2147483648ms 到 +2147483647ms 的形式存储

扫一扫　看视频

1. 生成脉冲定时器

脉冲定时器(TP)的参数见表 4-14,其时序图如图 4-33 所示。

表 4-14　脉冲定时器的参数

指令框	参数	数据类型	说明
TP Time IN　　Q PT　　ET	IN	Bool	启动定时器
	Q	Bool	定时器 PT 计时结束后要复位的输出
	PT	Time	定时时间
	ET	Time/LTimer	当前时间值

【例 4-6】　设计程序实现按下按钮 I0.0 同时 Q0.4 得电,10s 后 Q0.4 断开。

【解】　先插入 IEC 定时器 TP,弹出如图 4-34 所示界面,单击"确定"按钮,分配数据块,再编写程序如图 4-35 所示。当 I0.0 闭合时,启动定时器,同时 Q0.4 为"1",T#10s 是定时时间,MD10 是定时器的当前值。10s 后 Q0.4 断开为"0"。

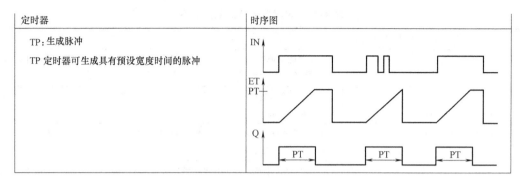

图 4-33 生成脉冲定时器的时序图

图 4-34 脉冲定时器（TP）应用示例

图 4-35 插入数据块

2. 通电延时定时器

通电延时定时器（TON）的参数见表 4-15。

表 4-15 通电延时定时器的参数

指令框	参数	数据类型	说明
TON Time IN Q PT ET	IN	Bool	启动定时器
	Q	Bool	超过时间 PT 后，置位的输出
	PT	Time	通电后延时的时间
	ET	Time/LTimer	当前时间值

【例 4-7】 按下按钮 I0.0，3s 后电动机起动，试编写控制程序。

【解】 先插入 IEC 定时器 TON，弹出如图 4-36 所示界面，单击"确定"按钮，分配数据块，再编写程序如图 4-37 所示。当 I0.0 闭合时，启动定时器，T#3s 是设定的定时时间，3s 后 Q0.0 为 1，MD10 中是定时器定时的当前时间。

通电延时定时器（TON）线圈指令与线框指令类似，先添加数据块 DB1，数据的类型选定为"IEC_

图 4-36 插入数据块

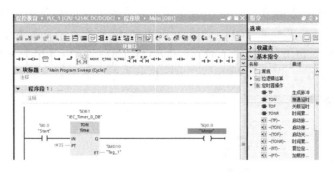

扫一扫　看视频

图 4-37　延时 3s 启动梯形图示例

Timer"，单击"确定"按钮如图 4-38 所示。通电延时定时器指令应用梯形图如图 4-39 所示。

DB1		名称	数据类型	起始值	保持	可从 HMI/...	从 H...	在 HMI ...	设定值
1		▼ Static							
2		PT	Time	T#0ms	□	☑	☑	☑	□
3		ET	Time	T#0ms	□	□	□	☑	□
4		IN	Bool	false	□	☑	☑	☑	□
5		Q	Bool	false	□	☑	□	☑	□

图 4-38　数据块 DB1 参数

程序段 1:___

注释

```
%I0.0                              %DB1
"Start"                            "DB1"
 | |                               TON
                                   Time    ( )
                                   T#3S

"DB1".Q                            %Q0.0
 | |                               "Motor"
                                    ( )
```

图 4-39　通电延时定时器指令应用梯形图

3. 断电延时定时器

断电延时定时器（TOF）的参数见表 4-16。

表 4-16　断电延时定时器（TOF）的参数

指令框	参数	数据类型	说明
TOF Time / IN Q / PT ET	IN	Bool	启动定时器
	Q	Bool	定时器 PT 计时结束后要复位的输出
	PT	Time	关断延时的持续时间
	ET	Time/LTimer	当前时间值

111

【例 4-8】 断开按钮 I0.0，延时 3s 后电动机停止转动，试编写控制程序。

【解】 先插入 IEC 定时器 TOF，弹出如图 4-35 所示界面，分配数据块，再编写程序，如图 4-40 所示，按下 I0.0 按钮 Q0.0 得电，电动机起动。T#3s 是定时时间，断开 I0.0，启动定时器，3s 后 Q0.0 为 0，电动机停止，MD10 中是定时器的当前时间。

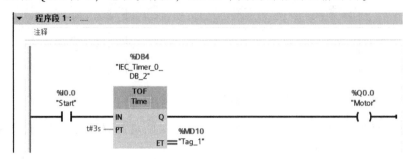

图 4-40　断电延时定时器（TOF）示例程序

4. 时间累加定时器

时间累加定时器（TONR）的参数见表 4-17。

表 4-17　时间累加定时器（TONR）的参数

指令框	参数	数据类型	说明
TONR Time IN Q R ET PT	IN	Bool	启动定时器
	Q	Bool	超过时间 PT 后，置位的输出
	R	Bool	复位输入
	PT	Time	时间累积的最长持续时间
	ET	Time/LTimer	当前时间

如图 4-41 所示，当 I0.0 闭合的时间累加大于等于 10s（即 I0.0 闭合一次或者闭合次数时间累加和大于等于 10s），Q0.0 线圈得电并保持，按下 I0.1，可将 Q0.0 复位并将当前值 MD10 清零。

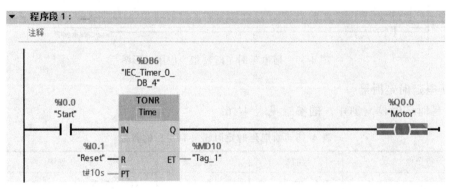

图 4-41　时间累加定时器（TONR）示例

5. 复位定时器和加载持续时间

RT：当激活复位定时器 RT 指令，会将指定的定时器复位。PT：当激活加载持续时间 PT 指令，会将指定定时器的预设值装载一个新的指定的值。

以下用一个例子介绍线圈定时器、复位定时器和加载持续时间的应用。先创建一个数据块如图 4-42 所示，再编写程序如图 4-43 所示。当按下 I0.0 状态为 1，线圈 Q0.0 得电，I0.0 状态由 1 变为 0，断电延时定时器 TOF 开始计时，10s 后线圈 Q0.0 停止输出。当按下 I0.1，即使 10s 时间未到，也会立即复位定时器。当定时器在计时时，按下 I0.2 激活加载持续时间 PT 指令，定时器会以新加载的时间 20s 为定时器的设定值来计时。

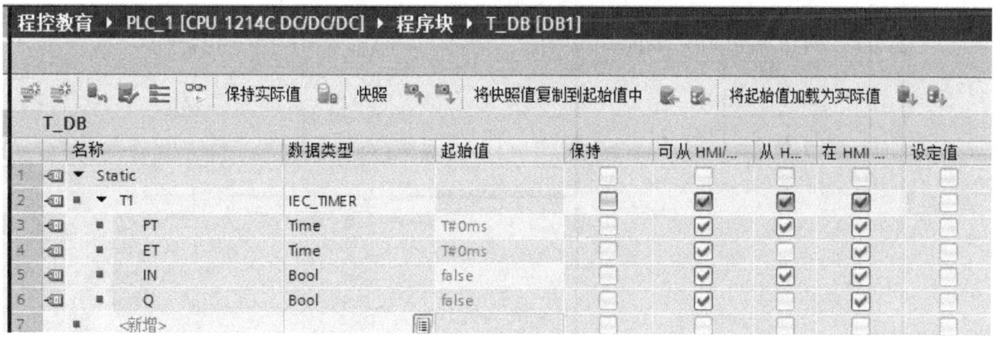

图 4-42　数据块参数

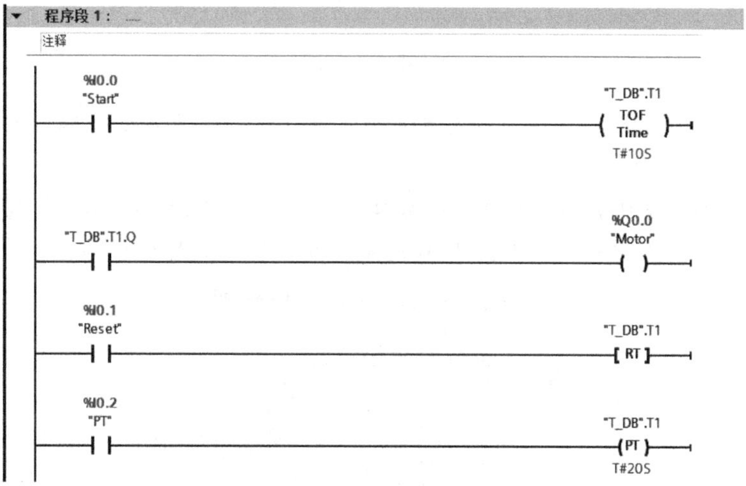

图 4-43　编程示例

【例 4-9】　鼓风机系统一般由引风机和鼓风机两级构成。按下起动按钮后，引风机先工作，工作 5s 后，鼓风机工作。按下停止按钮后，鼓风机先停止工作，10s 后，引风机停止工作。试编写控制程序。

【解】　PLC 的 I/O 分配表见表 4-18。

扫一扫　看视频

表 4-18　PLC 的 I/O 分配表

输入			输出		
名称	符号	输入点	名称	符号	输出点
开始按钮	SB1	I0.0	鼓风机	KA1	Q0.0
停止按钮	SB2	I0.1	引风机	KA2	Q0.1

编写程序：引风机在按下停止按钮后还要运行 10s，容易想到要使用延时断开定时器 TOF；鼓风机在引风机工作 5s 后才开始工作，因而要使用延时接通定时器 TON，梯形图如图 4-44 所示。

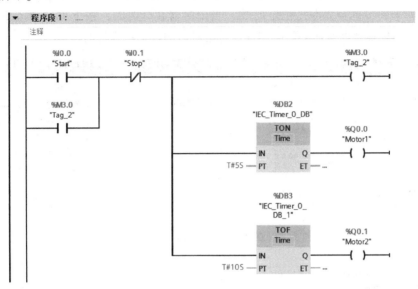

图 4-44　鼓风机控制梯形图

【例 4-10】　某车库有一盏灯，当人离开车库后，按下停止按钮，5s 后灯熄灭，试编写控制程序。

【解】　先添加数据块 DB1，数据块的数据类型选定为"IEC_TIMER"，单击"确定"按钮，如图 4-45 所示。数据块参数如图 4-46 所示，其梯形图如图 4-47 所示。

扫一扫　看视频

图 4-45　新建数据块 DB1

DB1		名称	数据类型	起始值	保持
1	◀▦ ▼	Static			☐
2	◀▦ ▪	PT	Time	T#0ms	☐
3	◀▦ ▪	ET	Time	T#0ms	☐
4	◀▦ ▪	IN	Bool	false	☐
5	◀▦ ▪	Q	Bool	false	☐

图 4-46　数据块 DB1 参数

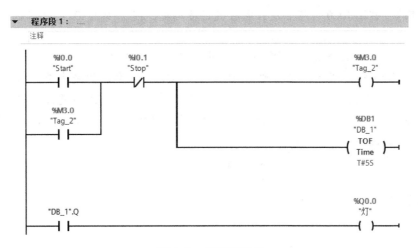

图 4-47　梯形图示例

4.5　计数器

S7-1200 PLC 提供三种计数器：加计数器（CTU）、减计数器（CTD）和加减计数器（CTUD）。它们属于软件计数器，其最大计数速率受到它所在 OB 执行速率的限制。如果需要速度更高的计数器，可以使用内置的高速计数器。

与定时器类似，使用 S7-1200 PLC 的计数器时，每个计数器需要使用一个存储在数据块中的结构来保存计数器数据。在程序编辑器中放置计数器即可分配该数据块，可以采用默认设置，也可以手动自行设置。

使用计数器需要设置计数器的计数数据类型，计数值的数据范围取决于所选的数据类型。计数器支持的数据类型包括短整数 SInt、整数 Int、双整数 DInt、无符号短整数 USInt、无符号整数 UInt、无符号双整数 UDInt。计数器的输入输出参数见表 4-19。

扫一扫　看视频

表 4-19　计数器输入输出参数

参数	数据类型	说明
CU,CD	Bool	加计数或减计数,按加或减一计数
R(CTU,CTUD)	Bool	将计数值重置为零
LD(CTD,CTUD)	Bool	预设值的装载控制
PV	SInt,Int,DInt,USInt,UInt,UDInt	预设计数值
Q,QU	Bool	CV≥PV 时为真
QD	Bool	CV≤0 时为真
CV	SInt,Int,DInt,USInt,UInt,UDInt	当前计数值

1. 加计数器（CTU）

对于加计数器，当参数 CU 的值从 0 变为 1 时，使计数值加 1；如果参数 CV（当前计数值）的值大于或等于参数 PV（预设计数值）的值，则计数器输出参数 Q=1；如果复位参数 R 的值从 0 变为 1，则当前计数值复位为 0。

【例 4-11】 按下 I0.0 按钮三次，电动机点动起动，按下按钮 I0.1，电动机停止，设计梯形图程序。

【解】 将 CTU 计数器拖拽到程序编辑器中，弹出如图 4-48 所示界面，单击"确定"按钮，编写梯形图如 4-49 所示。当接通 I0.0 三次，MW10 中存储的是当前计数值（CV）为 3，等于预设值（PV），所以 Q0.0 状态变为 1，电动机起动；当接通复位按钮 I0.1，MW10 中存储的当前计数值变为 0，小于预设值（PV），所以 Q0.0 状态变为 0，电动机停止。

图 4-48　调用数据块

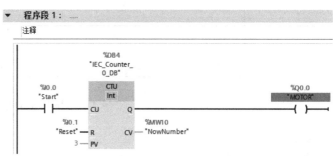

图 4-49　加计数梯形图示例

【例 4-12】 设计一个程序，实现用一个单按钮控制一盏灯的亮和灭，即奇数次按下按钮时灯亮，偶数次按下按钮时灯灭。

扫一扫　看视频

【解】 当 I0.0 第一次接通时，M3.0 接通一个扫描周期，计数器当前计数值为 1，使得 Q0.0 线圈得电一个扫描周期，当下一次扫描周期到达，Q0.0 常开触点闭合自锁，灯亮。当 I0.0 第二次接通时，M3.0 接通一个扫描周期，当计数器当前值计数为 2 时，M2.1 线圈得电，从而 M2.1 常闭触点断开，Q0.0 线圈断电，使得 Q0.0 灯灭，同时计数器复位。梯形图如图 4-50 所示。

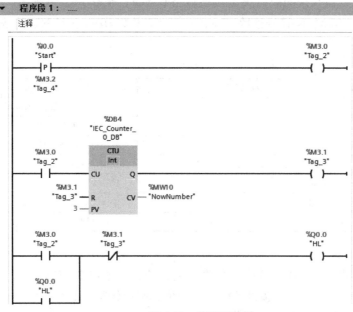

图 4-50　梯形图示例

2. 减计数器（CTD）

对于减计数器（CTD），当参数 CD 的值从 0 变为 1 时，CTD 计数器会使计数值减 1；如果参数 CV（当前计数值）的值小于等于 0，则计数器输出参数 Q＝1；如果参数 LOAD 的值从 0 变为 1，则参数 PV（预设值）的值将作为新的 CV（当前计数值）装载到计数器。

减计数（CTD）的用法举例：当接通 I0.1 按钮，计数器的设定值（PV）装载到计数器当前值（CV），本例 PV 值为 3，当接通 I0.0 一次，当前值 CV 减 1，当接通 I0.0 三次，CV 值变为 0。当 CV 值小于等于 0 时 Q0.0 状态变为 1，如图 4-51 所示。

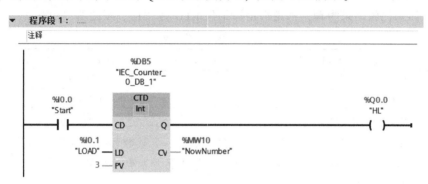

图 4-51　减计数器（CTD）梯形图示例

3. 加减计数器（CTUD）

当加计数（CU）输入或减计数（CD）输入从 0 转换为 1 时，CTUD 计数器将加 1 或减 1；如果参数 CV 的值大于等于参数 PV 的值，则计数器输出参数 QU＝1；如果参数 CV 的值小于等于 0，则计数器输出参数 QD＝1；如果参数 LOAD 的值从 0 变为 1，则参数 PV 的值将作为新的 CV 装载到计数器；如果复位参数 R 的值从 0 变为 1，则当前计数值重置为 0。其梯形图如图 4-52 所示。

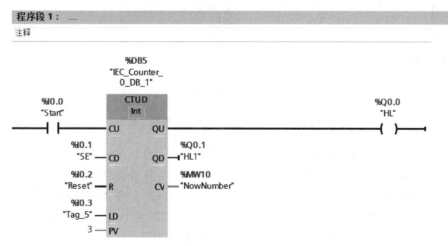

图 4-52　加减计数器（CTUD）应用示例

如图中所示当接通一次 I0.0 时，当前值 CV 加 1，接通三次时，当前值 CV 等于预设值 PV，加计数输出 QU 为 1；接通减计数端 I0.1 时，当前值减 1，当 MW10 的值小于等于 0，减计数输出 QD 为 1；接通 I0.2 复位输入端，可将当前值清零及复位 Q0.0 输出；I0.3 是装载，可将预设值 PV 装载到当前值 CV 中。

4.6 比较指令

4.6.1 触点型比较指令

TIA 博途软件提供了丰富的比较指令，见表 4-20。比较指令对输入操作数 1 和操作数 2 进行比较，如果比较结果为真，则逻辑运算结果 RLO 为 "1"，反之为 "0"。

表 4-20　比较指令关系类型

关系类型	满足以下条件时比较结果为真	关系类型	满足以下条件时比较结果为真
=	IN1 等于 IN2	<=	IN1 小于等于 IN2
<>	IN1 不等于 IN2	>	IN1 大于 IN2
>=	IN1 大于等于 IN2	<	IN1 小于 IN2

比较指令的两个操作数必须是统一的数据类型，一个整数和一个双精度整数是不能直接进行比较的，因为它们之间的数据类型不同，一般先将整数转换成双精度整数，再对两个双精度整数进行比较操作。

比较指令可以视为一个等效的触点，比较指令的数据类型有多种，其运算符号和数据类型在指令的下拉列表中可见，如图 4-53 所示。当满足比较关系式给出的条件时，等效触点接通。

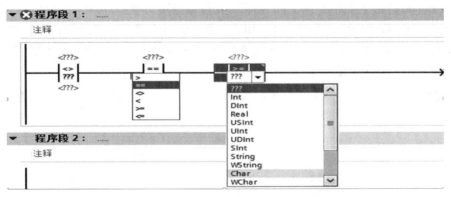

图 4-53　比较指令的运算符号及数据类型

【例 4-13】　用比较指令实现一个周期振荡电路。

【解】　MD10 用于保存定时器 TON 的已耗时间 ET，其数据类型为 Time。输入比较指令上面的操作数 MD10 后，指令中的数据类型自动变为 "Time"。输入 IN2 的值 5 后，不会自动变为 5s，而只是显示 5，表示 5ms，它是以毫秒（ms）为单位的，可以直接输入 5000，或者输入 "T#5s" 如图 4-54 所示。

【例 4-14】　要求用 3 盏灯，分别为红、绿、黄灯表示地下车库车位数的显示。系统工作时，若空余车位多于 10 个，则绿灯亮；空余车位在 10 个以下，则黄灯亮；无空余车位，则红灯亮。试编写控制程序。

【解】　空余车位显示控制程序如图 4-55 所示。

扫一扫　看视频

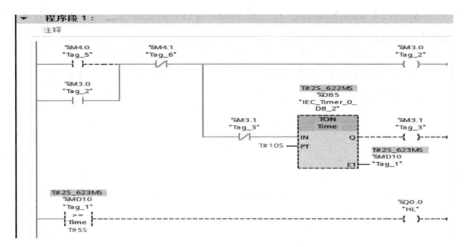

图 4-54　使用比较指令产生振荡电路

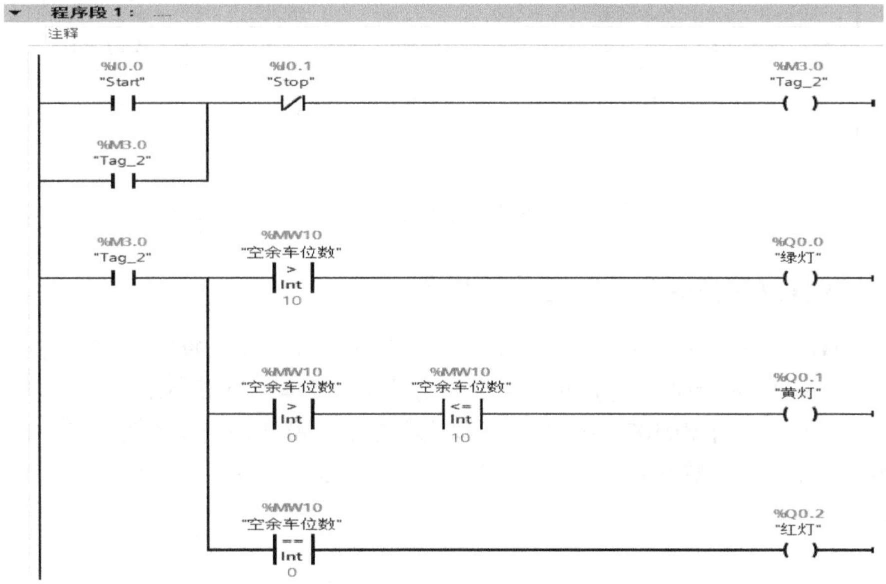

图 4-55　空余车位显示控制程序

4.6.2　值在范围内指令和值超出范围指令

值在范围内比较指令（IN_Range）判断输入 VAL 的值是否在特定的范围内，用输入 MIN 和 MAX 指定取值范围的限值。如果有能流输入指令方框，将输入值 VAL 的值与输入 MIN 和 MAX 的值进行比较，并将比较结果发送到功能框输出。如果输入值 VAL 的值满足 MIN≤VAL≤MAX 的比较条件，则功能框输出的信号状态为 "1"；如果不满足比较条件，则功能框输出的信号状态为 "0"。

值超出范围比较指令（OUT_Range）判断输入 VAL 的值是否超出特定的范围。使用输入 MIN 和 MAX 指定取值范围的限值。如果有能流输入指令框，将输入值 VAL 的值与输入 MIN 和 MAX 的值进行比较，并将比较结果发送到功能框输出中；如果输入值 VAL 的值满足

VAL<MIN 或 VAL>MAX 的比较条件，则功能框输出的信号状态为 "1"；如果不满足比较条件，则功能框输出的信号状态为 "0"。

如图 4-56 所示，在值在范围内比较指令框中当满足 30 ≤ MW10 ≤ 100，则 Q0.0 输出为 "1"；不满足比较条件输出为 "0"。在值超出范围比较指令框中，当满足 MW12<30 或 MW12>100 时，Q0.1 输出为 "1"，反之为 "0"。

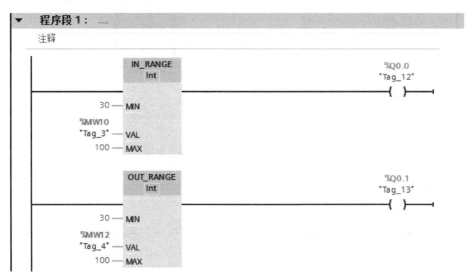

图 4-56　值在范围内和值超出范围比较指令梯形图示例

4.6.3　检查有效性指令和检查无效性指令

OK 和 NOT_OK 指令用来检测输入的数据是否是实数（即浮点数）。如果是实数，OK 触点接通，反之 NOT_OK 触点接通。触点上面的变量的数据类型为 REAL。

如图 4-57 所示，当 MD100 的值为有效的浮点数时，Q0.5 输出状态为 "1"。

当 MD104 中的操作数是有效的浮点数时，Q0.6 状态输出为 "0"，反之为 "0"。

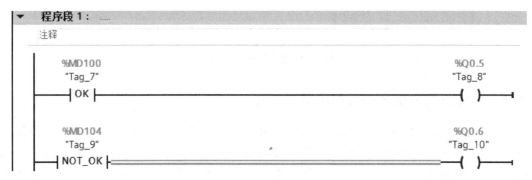

图 4-57　OK 和 NOT_OK 指令梯形图示例

4.7　数学函数

数学函数指令包括数学运算指令、浮点数函数运算指令和逻辑运算指令。

1. 四则运算指令

四则运算指令包含加 (ADD)、减 (SUB)、乘 (MUL)、除 (DIV)，其指令框样式和参数数据类型如图 4-58 所示。IN 和 OUT 的操作数类型应该相同。整数除法指令将得到的商截位取整后，作为整数格式输出 OUT。用鼠标单击输入参数后面的符号 IN2 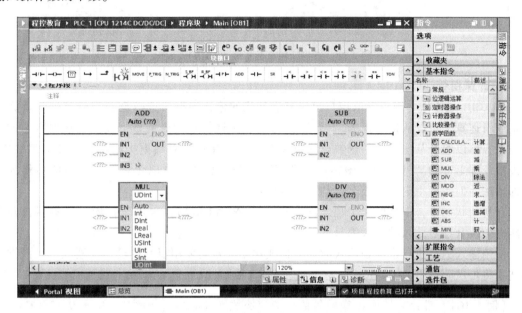，可以增加输入操作数的个数。

图 4-58　四则运算指令框及数据类型

【**例 4-15**】　编程实现 $[(12+26+47)-56] \times 35 \div 25.5$ 的运行结果，并保存在 MD10 中。

【**解**】　梯形图程序示例如图 4-59 所示。

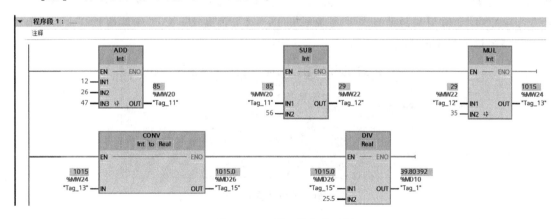

图 4-59　四则运算指令示例

2. 返回除法的余数指令 (MOD)

整数除法指令 DIV 的运算结果只能得到商，余数被舍弃。可以使用返回除法的余数 MOD 指令来求除法的余数。输出 OUT 中的运算结果为除法运算 IN1/IN2 的余数，如图 4-60 所示。

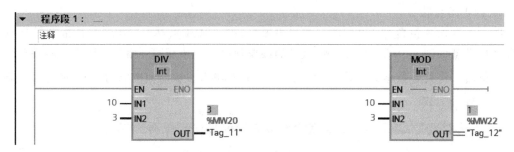

图 4-60   返回除法余数指令（MOD）示例

3. 计算指令（CALCULATE）

CALCULATE 指令用于求取用户自定义表达式的值，根据所选数据类型计算数学运算或复杂逻辑运算。可以从指令框的"???"下拉列表中选择该指令的数据类型。根据所选的数据类型，可以组合某些指令的函数以执行复杂计算。在一个对话框中指定待计算的表达式，单击指令框上方的"计算器"图标可打开该对话框。表达式可以包含输入参数的名称和指令的语法，但不能指定操作数名称和操作数地址。

在初始状态下，指令框至少包含两个输入（IN1 和 IN2），也可以扩展输入数目，并在功能框中按升序对插入的输入编号。

使用输入的值执行指定表达式时，表达式中不一定会使用所有的已定义输入，且该指令的结果将传送到输出 OUT 中。

【例 4-16】   用计算指令计算圆锥的体积，公式为 $V_{圆锥} = \dfrac{1}{3}\pi R^2 H$，假设 $R = 7$、$H = 15$，求圆锥的体积。

【解】   首先将计算指令（CALCULATE）拖拽到工作区，在梯形图中单击"计算器"图标，弹出图 4-61 所示界面，输入表达式。在指令框的 IN1 输入 1.0、IN2 输入 3.0、IN3 对应的是 $\pi \approx 3.14$、IN4 对应的是底座半径 $R = 7$、IN5 对应的是 $H = 15$。计算结果存放在 MD10 当中，梯形图如图 4-62 所示。

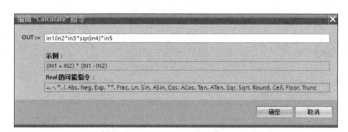

图 4-61   编辑计算表达式

4. 求二进制补码指令（NEG）

可以使用求二进制补码指令更改输入 IN 中值的符号，并在输出 OUT 中查询结果。例如，如果输入 IN 为正值，则该值的负等效值将发送到输出 OUT，如图 4-63 所示。IN 和 OUT 的数据类型可以是 SINT、INT、DINT、浮点数，输入 IN 还可以是常数。

5. 计算绝对值指令（ABS）

计算绝对值指令（ABS）是用来求输入 IN 中的有符号整数或实数的绝对值，将结果保

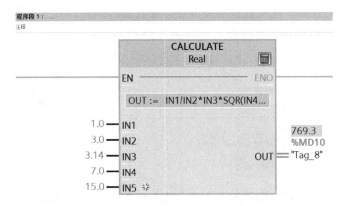

图 4-62　计算圆锥体积示例

存在输出 OUT 中，IN 和 OUT 的数据类型应相同，如图 4-63 所示。

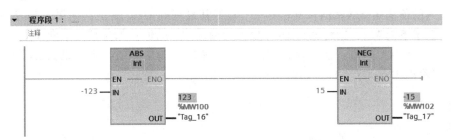

图 4-63　计算绝对值指令（ABS）和求二进制补码指令（NEG）

6. 递增指令（INC）和递减指令（DEC）

递增指令（INC）可以将参数 IN/OUT 中操作数的值更改为下一个更大的值，并查询结果。只有使能输入 EN 的信号状态为"1"时，才执行递增指令，如图 4-64 所示。

递减指令（DEC）可以将参数 IN/OUT 中操作数的值更改为下一个更小的值，并查询结果。只有使能输入 EN 的信号状态为"1"时，才执行递减指令，如图 4-64 所示。

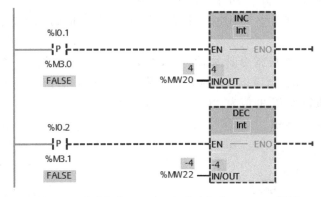

图 4-64　递增指令（INC）和递减指令（DEC）举例

7. 获取最小值指令（MIN）和获取最大值指令（MAX）

获取最小值指令（MIN）可比较输入的值，并将最小的值写入输出 OUT 中；获取最大值指令（MAX）可比较输入的值，并将最大的值写入输出 OUT 中。在指令框中可以通过其他输入来扩展输入的数量。在功能框中按升序对输入进行编号。要执行该指令，最少需要指定 2 个输入，最多可以指定 100 个输入，如图 4-65 所示。

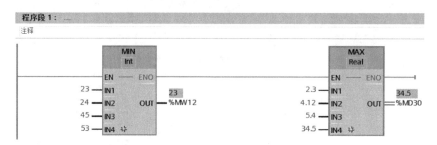

图 4-65　获取最小值指令（MIN）和获取最大值指令（MAX）示例

8. 设置限值指令（LIMIT）

可以使用设置限值指令（LIMIT），将输入 IN 的值限制在输入 MN 与 MX 的值范围之间。如果 IN 输入的值满足 MN≤IN≤MX 条件，则将其复制到 OUT 输出；如果不满足该条件且输入值 IN 低于下限 MN，则将输出 OUT 设置为输入 MN 的值；如果超出上限 MX，则将输出 OUT 设置为输入 MX 的值；如果输入 MN 的值大于输入 MX 的值，则结果为 IN 参数中的指定值且使能输出 ENO 为"0"，如图 4-66 所示。

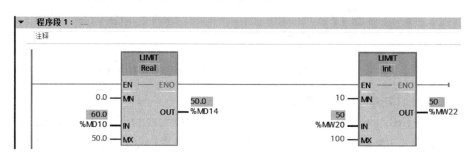

图 4-66　设置限值指令（LIMIT）示例

9. 计算二次方指令（SQR）和计算二次方根指令（SQRT）

可以使用计算二次方指令（SQR）计算输入 IN 的浮点值的二次方，并将结果写入输出 OUT。

可以使用计算二次方根指令计算输入 IN 的浮点值的二次方根，并将结果写入输出 OUT。如果输入值大于 0，则该指令的结果为正数；如果输入值小于 0，则输出 OUT 返回一个无效浮点数；如果输入 IN 的值为"0"，则结果也为"0"。

其梯形图如图 4-67 所示。

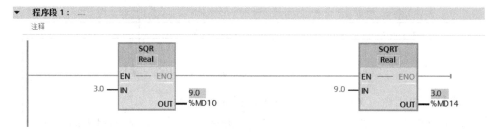

图 4-67　计算二次方指令（SQR）和计算二次方根指令（SQRT）示例

4.8 移动操作指令

1. 移动值指令（MOVE）

移动值指令（MOVE）是用于将 IN 输入的源数据传送（复制）给 OUT1 输出的目标地址，并且转换为 OUT1 指定的数据类型，源数据保持不变，如图 4-68 所示。IN 和 OUT 可以是 BOOL 型之外的所有基本数据类型和 DTL、Struct、Array 等数据类型，IN 还可以是常数。

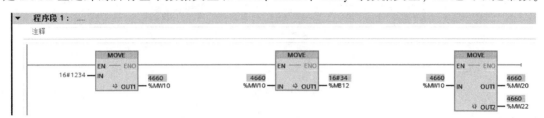

图 4-68　移动值指令（MOVE）

2. 移动块指令（MOVE_BLK）

使用移动块指令可以将一个存储区（源范围）的数据移动到另一个存储区（目标范围）中。使用输入 COUNT 可以指定将移动到目标范围中的元素个数。可通过输入 IN 中元素的宽度来定义元素待移动的宽度。仅当源范围和目标范围的数据类型相同时，才能执行该指令。其数据类型见表 4-21，应用梯形图如图 4-69 所示，执行结果如图 4-70 所示。

表 4-21　移动块指令（MOVE_BLK）的数据类型

参数	数据类型	说明
IN	SInt，Int，DInt，USInt，UInt，UDInt，Real，LReal，Byte，Word，DWord，Time，Date，TOD，WChar	源起始地址
COUNT	UInt	要复制的数据元素数
OUT	SInt，Int，DInt，USInt，UInt，UDInt，Real，LReal，Byte，Word，DWord，Time，Date，TOD，WChar	目标起始地址

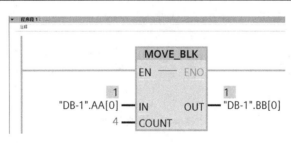

图 4-69　移动块指令（MOVE_BLK）示例

如图 4-70 所示，输入区和输出区必须是数组，将数组 AA 中的 AA［0］起始的连续的 4 个元素传送到数组 BB 中的 BB［0］起始的连续的 4 个元素中。

3. 填充块指令（FILL_BLK）

如果指令使能端的信号状态为 1，则执行填充块指令（FILL_BLK）。该指令可以通过一个指令的运行，完成存储器中某个区域内变量的全体赋值。如果在 IN 处输入一个变量或常

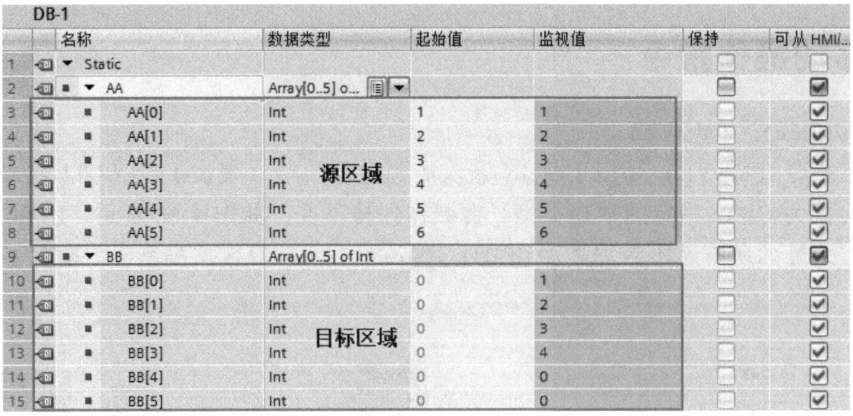

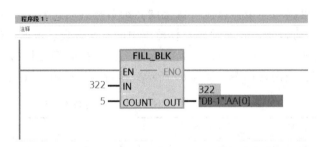

图 4-70 执行结果

数，表示给变量所赋的值。在 COUNT 处输入一个数值，表示赋值几个变量。在 OUT 处输入一个数组中的某个元素，表示从该元素开始赋值。其示例如图 4-71 所示，监视结果如图 4-72 所示。

图 4-71 填充块指令（FILL_BLK）示例

图 4-72 监视结果

4. 交换指令（SWAP）

使用 SWAP 指令可更改 IN 中的字节顺序，并在输出 OUT 中查询结果。图 4-73 说明了如何使用"交换"指令交换数据类型为 DWORD 的操作数的字节。

下面用一个例子来说明交换指令（SWAP）的使用，如图 4-74 所示，当 I0.0 触点闭合，执行交换指令，第一个指令块字交换中 IN = 16#1234 执行交换指令后输出 MW20 = 16#3412；第二个指令块双字交换中 IN = 16#89ABCDEF 执行交换指令后输出 MD12 = 16#EFCD_AB89。

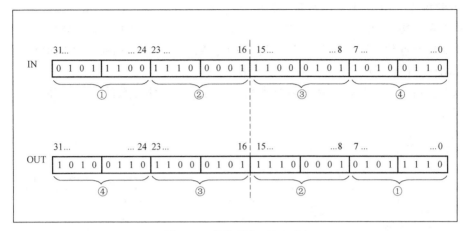

图 4-73　交换指令（SWAP）

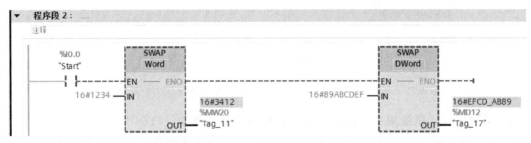

图 4-74　交换指令示例

4.9　转换指令

1. 转换值指令（CONV）

转换值指令 CONV（Convert）可将数据从一种数据类型转换为另一种数据类型，使用时单击一下指令的" ??? to ??? "位置，可以从下拉列表中选择输入数据类型和输出数据类型。参数 IN 和 OUT 的数据类型如图 4-75 所示，编程示例如图 4-76 所示。当触点 I0.0 接通为 1，输入 IN 中的 MW20 的值是整数 45，转换为浮点数 OUT 输出值在 MD24 中数值为 45.0。数值大小未变，数据类型由 16 位整数转换为 32 位浮点数。

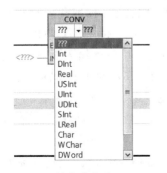

图 4-75　转换值指令（CONV）

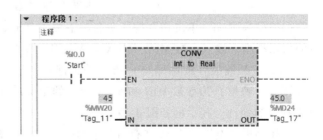

图 4-76　转换值指令（CONV）示例

2. 取整指令（ROUND）和截取取整指令（TRUNC）

取整指令（ROUND）用于将浮点数转换为整数。浮点数的小数点部分舍入为最接近的整数值。如果浮点数刚好是两个连续整数的一半，则实数舍入为偶数。如 ROUND（10.5）= 10，ROUND（11.5）= 12。其示例如图 4-77 所示。

截取取整指令（TRUNC）用于将浮点数转换为整数，浮点数的小数点部分舍去，只保留整数部分。

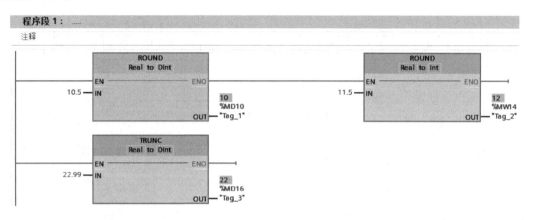

图 4-77　取整指令（ROUND）和截取取整指令（TRUNC）指令示例

3. 浮点数向上取整指令（CEIL）和浮点数向下取整指令（FLOOR）

浮点数向上取整指令（CEIL）用于将浮点数转换为大于或等于该实数的最小整数；浮点数向下取整指令（FLOOR）用于将浮点数转换为小于或等于该实数的最大整数，编程示例如图 4-78 所示。

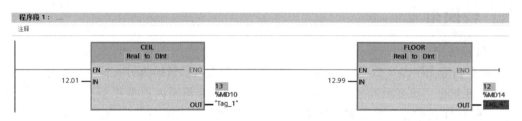

图 4-78　浮点数向上取整指令（CEIL）和浮点数向下取整指令（FLOOR）示例

4. 标准化指令（NORM_X）和缩放指令（SCALE_X）

NORM_X 指令是将输入 VALUE（MIN ≤ VALUE ≤ MAX）线性转换（标准化或称规格化）为 0.0 ~ 1.0 之间的浮点数，转换结果保存在 OUT 指定的地址中。NORM_X 输出 OUT 的数据类型为 Real，单击指令框指令名称下面的问号，可在下拉列表中设置输入 VALUE 变量的数据类型。输入参数 MIN、MAX 和 VALUE 的数据类型应相同。其示例如图 4-78 所示。

SCALE_X 缩放（或称标定）指令是将浮点数输入值 VALUE（0.0 ≤ VALUE ≤ 1.0）被线性转换（映射）为参数 MIN 和 MAX 定义的定义的数值范围之间的数值。转换结果保存在 OUT 指定的地址。其示例如图 4-79 所示。

标准化指令按以下公式进行计算：OUT =（VALUE－MIN）/（MAX－MIN），线性关系如图 4-80 所示。

缩放指令按以下公式进行计算：OUT = [VALUE ∗(MAX − MIN)] + MIN，线性关系如图 4-81 所示。

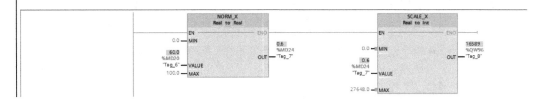

图 4-79 标准化指令（NORM_X）、缩放指令（SCALE_X）示例

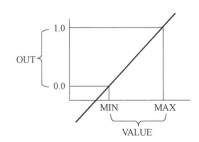

图 4-80 标准化指令（NORM_X）的线性关系

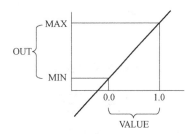

图 4-81 缩放指令（SCALE_X）的线性关系

4.10 程序控制指令

1. 跳转指令（JMP）与标签指令（LABEL）

没有执行跳转指令时，各个程序段按照从上到下的先后顺序执行，这种执行方式称为线性扫描。JMP 跳转指令中止程序的线性扫描，并跳转到指令中地址标签所在的目的地址。跳转时不执行跳转指令与标签之间的程序，跳转到目的地址后，程序继续按线性扫描的方式顺序执行。跳转指令可以往前跳，也可以往后跳，但只能在同一个代码块内跳转，即跳转指令与对应的跳转目的地址应在同一个代码块内。在一个块内，同一个跳转目的地址只能出现一次。

JMP 指令的线圈断电时，将跳转到指令给出的标签处，执行标签之后的第一条指令。

如图 4-82a 所示，如果 I0.0 的常开触点闭合，监控时 JMP 指令的线圈得电，跳转被执行，将跳转到指令给出的标签"ck"处，执行跳转标签之后的第一条指令（见图 4-82b）。被跳过的程序段指令没有执行。

2. 返回指令（RET）

RET 指令的线圈通电时，停止执行当前的块，不再执行该指令后面的指令，返回调用它的块后，执行调用指令之后的指令，如图 4-82c 所示。RET 指令的线圈断电时，继续执行它下面的指令。RET 线圈的上面是块的返回值，数据类型为 Bool。如果当前的块是 OB，返回值被忽视。

如果程序段中已包含有"JMP：若 RLO ='1'则跳转"或"JMPN：若 RLO ='0'则跳转"指令，则不得使用返回指令。每个程序段中只能使用一个跳转线圈。

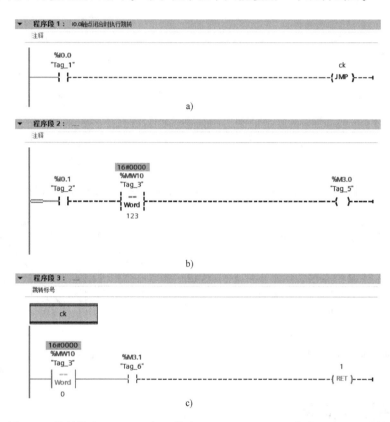

图 4-82 跳转指令（JMP）、标签指令（LABEL）和返回指令（RET）示例

3. 定义跳转列表指令（JMP_LIST）和跳转分配器指令（SWITCH）

使用定义跳转列表指令可定义多个有条件跳转，并继续执行由参数 K 指定的程序段中的程序。可使用标签指令（LABEL）跳转，跳转标签则可以在指令框的输出指定。可在指令框中增加输出的数量。S7-1200 PLC CPU 最多可以声明 32 个输出，而 S7-1500 PLC CPU 最多可以声明 256 个输出。输出从"0"开始编号，每次新增输出后以升序继续编号。在指令的输出中只能指定跳转标签。而不能指定指令或操作数。参数 K 将指定输出编号，因而程序将从跳转标签处继续执行。如果参数 K 的值大于可用的输出编号，则继续执行块中下个程序段中的程序。仅在 EN 使能输入的信号状态为"1"时，才执行定义跳转列表指令，如图 4-83 所示。

跳转分配器 SWITCH 指令用作程序跳转分配器，控制程序段的执行。根据 K 的值与分配给指定比较输入值的比较结果，跳转到与第一个为"TRUE"的比较测试相对应的程序标

签。如果比较结果都不为 TRUE，则跳转到分配给
ELSE 的标签。程序从目标跳转标签后面的程序指令
继续执行。与特定比较对应的跳转目标标签：首先处
理 K 输入下面的第一个比较输入，如果 K 值与该输入
的比较结果为 TRUE，则跳转到分配给 DEST0 的标签。
下一个比较测试使用接下来的下一个输入，如果比较
结果 TRUE，则跳转到分配给 DEST1 的标签。依次对
其他比较进行类似的处理，如果比较结果都不为
TRUE，则跳转到分配给 ELSE 输出的标签。K 输入和
比较输入（＝＝，＜＞，＜，＜＝，＞，＞＝）的数据类型
必须相同，如图 4-83 所示。

4.11　字逻辑运算指令

1. 与运算指令（AND）、或运算指令（OR）、异或运算指令（XOR）和求反码指令（INV）

逻辑运算指令对两个输入 IN1 和 IN2 逐位进行逻
辑运算。逻辑运算的结果存放在输出 OUT 指定的
地址。

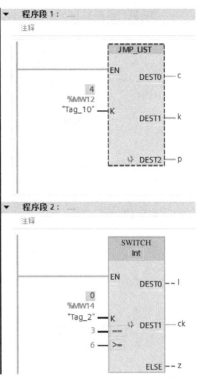

图 4-83　JMP_LIST 和 SWITCH 指令示例

执行"与"（AND）运算时两个操作数的同一位如果均为 1，运算结果的对应位为 1，
否则为 0。

执行"或"（OR）运算时两个操作数的同一位如果均为 0，运算结果的对应位为 0，否
则为 1。

执行"异或"（XOR）运算时两个操作数的同一位如果不相同，运算结果的对应位为 1，
否则为 0。

以上指令的操作数 IN1、IN2 和 OUT 的数据类型为十六进制的 Byte、Word 和 Dword。

取反指令（INV）将输入 IN 中的二进制整数逐位取反，即各位的二进制数由 0 变 1，由
1 变 0，运算结果存放在输出 OUT 指定的地址。

与运算指令（AND）、或运算指令（OR）、异或运算指令（XOR）和求反码指令
（INV）的示例程序如图 4-84 所示。监控结果如图 4-85 所示。

2. 解码指令（DECO）和编码指令（ENCO）

假设输入参数 IN 的值为 n，解码（译码）指令 DECO（Decode）将输出参数 OUT 的第
n 位置为 1，其余各位置 0，这相当于数字电路中译码电路的功能。利用解码指令，可以用
输入 IN 的值来控制 OUT 中某一位的状态。如果输入 IN 的值大于 31，将取的值除以 32 以
后，用余数来进行解码操作。IN 的数据类型为 UInt，OUT 的数据类型可选 Byte、Word 和
DWord。

IN 的值为 0~7（3 位二进制数）时，输出 OUT 的数据类型为 8 位的字。

IN 的值为 0~15（4 位二进制数）时，输出 OUT 的数据类型为 16 位的字。

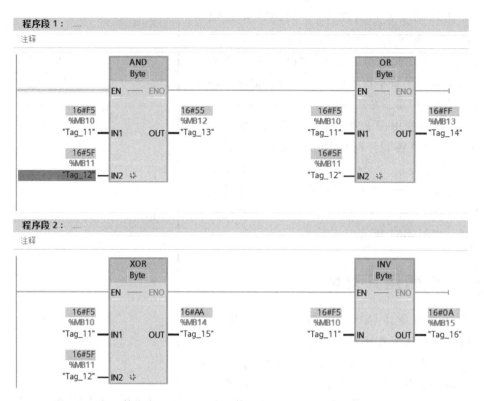

图 4-84 与运算指令（AND）、或运算指令（OR）、异或运算指令（XOR）
和求反码指令（INV）示例

图 4-85 监控表

IN 的值为 0~31（5 位二进制数）时，输出 OUT 的数据类型为 32 位的双字。

例如，IN 的值为 5 时，输出为 2#00100000（16#20），仅第 5 位为 1。

编码指令 ENCO（Encode）与解码指令相反，将 IN 中为 1 的最低位的位数送给输出参数 OUT 指定的地址，IN 的数据类型可选 Byte、Word 和 Dword，OUT 的数据类型为 INT。

解码指令（DECO）和编码指令（ENCO）示例程序如图 4-86 所示。

3. 选择指令（SEL）

选择指令根据开关（输入 G）的情况，选择输入 IN0 或 IN1 中的一个，并将其内容复制到输出 OUT。如果输入 G 的信号状态为 "0"，则移动输入 IN0 的值。如果输入 G 的信号状态为 "1"，则将输入 IN1 的值移动到输出 OUT 中。如图 4-87 所示，当输入 G 的 I0.0 状态为 1 时，则 IN1 的值 "567" 输出到 OUT；反之，当输入 I0.0 的状态为 0，则 IN0 的值 "234" 输出到 OUT。

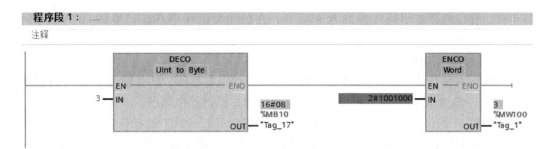

图 4-86　解码指令（DECO）和编码指令（ENCO）示例

4. 多路复用指令（MUX）和多路分用指令（DEMUX）

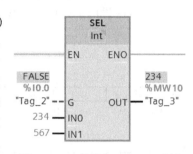

多路复用指令 MUX（Multiplex，多路开关选择器）根据输入参数 K 的值，选中某个输入数据，并将它传送到输出参数 OUT 指定的地址。例如 K = m 时，将选中输入参数 INm。可以扩展指令框中可选输入的编号。最多可声明 32 个输入。如果 K 的值超过允许的范围，将选中输入参数 ELSE，并且使能输出 ENO 的信号状态会被指定为 "0"。参数 K 的数据类型为 Uint；IN、ELSE、OUT 可以取 12 种

图 4-87　选择指令（SEL）示例

数据类型，但它们的数据类型应相同。如图 4-88 所示，当 K = 1 时，将 IN1 输出到 OUT 中。

多路分用 DEMUX 将输入 IN 的内容复制到选定的输出。可以在指令框中扩展选定输出的编号。在此框中自动对输出编号。编号从 OUT0 开始，对于每个新输出，此编号连续递增。可以使用参数 K 定义要将输入 IN 的内容复制到的输出，其他输出则保持不变。如果参数 K 的值大于可用的输出数量，则将输入 IN 的内容复制到参数 ELSE 中，并将使能输出 ENO 的信号状态指定为 "0"。只有当所有输入 IN 与所有输出具有相同数据类型时，才能执行指令 "多路分用"。参数 K 有所例外，因为只能为其指定整数。如图 4-88 所示，当 K = 5 时，超出了可用的输出数量，则将 IN = 888 输出到 ELSE 中。

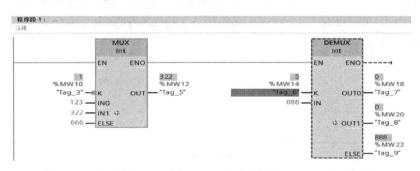

图 4-88　多路复用指令（MUX）和多路分用指令（DEMUX）示例

4.12　位移指令和循环位移指令

4.12.1　位移指令

右移指令 SHR 和左移指令 SHL 将输入参数 IN 指定的存储单元的整个内容逐位右移或左

移若干位，移位的位数用输入参数 N 来定义，移位的结果保存在输出参数 OUT 指定的地址中。

1. 右移指令（SHR）

可以使用右移指令将输入 IN 中操作数的内容按位向右移位，并在输出 OUT 中查询结果（见图 4-89）。参数 N 用于指定将指定值移位的位数。示例程序如图 4-90 所示。

如果参数 N 的值为"0"，则将输入 IN 的值复制到输出 OUT 的操作数中；如果参数 N 的值大于移位的位数，则输入 IN 的操作数值将向右移动该位数个位置。无符号值移位时，用零填充操作数左侧区域中空出的位。如果指定值有符号，则用符号位的信号状态填充空出的位。图 4-89 说明了如何将整数数据类型操作数的内容向右移动 4 位。

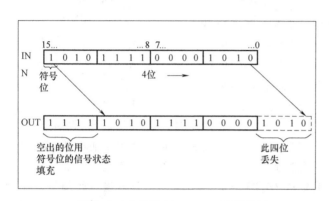

图 4-89　右移指令（SHR）示意图

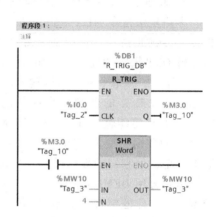

图 4-90　右移示例程序

2. 左移指令（SHL）

可以使用左移指令将输入 IN 中操作数的内容按位向左移位，并在输出 OUT 中查询结果（见图 4-91）。参数 N 用于指定将指定值移位的位数。示例程序如图 4-92 所示。

如果参数 N 的值为"0"，则将输入 IN 的值复制到输出 OUT 的操作数中；如果参数 N 的值大于移位的位数，则输入 IN 的操作数值将向右移动该位数个位置。用零填充操作数右侧部分因移位空出的位。

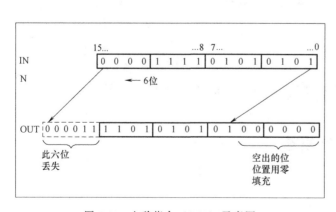

图 4-91　左移指令（SHL）示意图

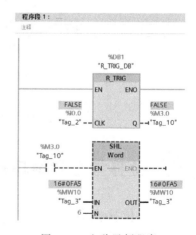

图 4-92　左移示例程序

图 4-91 说明了如何将 WORD 数据类型操作数的内容向左移动 6 位。

4.12.2　循环位移指令

1. 循环右移指令（ROR）

使用循环右移指令可将输入 IN 中操作数的内容按位向右循环移位，并在输出 OUT 中查询结果。参数 N 用于指定循环移位中待移动的位数。用移出的位填充因循环移位而空出的位。如果参数 N 的值为 "0"，则将输入 IN 的值复制到输出 OUT 的操作数中；如果参数 N 的值大于可用位数，则输入 IN 中的操作数值仍会循环移动指定位数。

图 4-93 显示了如何将 Dword 数据类型操作数的内容向右循环移动 3 位。

2. 循环左移指令（ROL）

使用 "循环左移" 指令可将输入 IN 中操作数的内容按位向左循环移位，并在输出 OUT 中查询结果。参数 N 用于指定循环移位中待移动的位数。用移出的位填充因循环移位而空出的位。

如果参数 N 的值为 "0"，则将输入 IN 的值复制到输出 OUT 的操作数中；如果参数 N 的值大于可用位数，则输入 IN 中的操作数值仍会循环移动指定位数。

图 4-94 显示了如何将 Dword 数据类型操作数的内容向左循环移动 3 位。

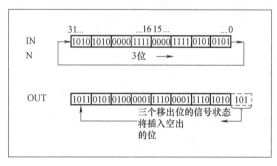

图 4-93　循环右移指令（ROR）示意图

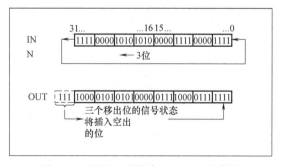

图 4-94　循环左移指令（ROL）示意图

【例 4-17】　有 16 盏灯，PLC 上电时，1~2 盏亮，1s 后 3~4 盏亮，1~2 盏灭，如此不断循环，试编写控制程序。

【解】　编写的程序如图 4-95 所示。

扫一扫 看视频

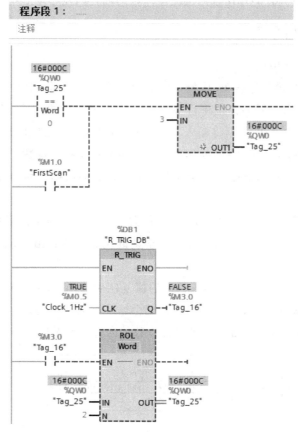

图 4-95 循环左移指令示例程序

第 5 章

S7-1200 PLC 的程序结构

5.1 TIA 博途软件编程方法简介

使用 TIA 博途软件编程有三种方法：线性化编程、模块化编程和结构化编程。

1. 线性化编程

线性化编程就是将整个程序放在循环控制组织块 OB1 中，CPU 循环扫描执行 OB1 中的全部指令。其特点是结构简单、概念简单，但由于所有指令都在一个块中，程序的某些部分可能不需要多次执行，而扫描时，重复扫描所有的指令，会造成资源浪费、执行效率低。对于大型的程序要避免使用线性化编程。

2. 模块化编程

模块化编程就是将程序根据功能分为不同的逻辑块，每个逻辑块完成不同的功能。在 OB1 中可以根据条件调用不同的函数或函数块。其特点是易于分工合作，调试方便。由于逻辑块是有条件调用，所以提高了 CPU 的效率。

3. 结构化编程

结构化编程就是将过程要求中类似或者相关的任务归类，在函数或者函数块中编程，形成通用的解决方案，可通过不同的参数调用相同的函数或者通过不同的背景数据块调用相同的函数块。一般而言，工程上使用 S7-1200 PLC 时，通常采用结构化编程方法。

结构化编程具有如下一些优点：

1) 各单个任务块的创建和测试可以相互独立地进行。

2) 通过使用参数，可将块设计得十分灵活。比如，创建一钻孔循环程序时，其坐标和钻孔深度可以通过参数传递进来。

3) 块可以根据需要在不同的地方以不同的参数数据记录进行调用，也就是说这些块能够被再利用。

4) 在预先设计的库中，能够提供用于特殊任务的"可重用"块。

5.2 函数、数据块和函数块

5.2.1 块的概述

1. 块的简介

在操作系统中包含了用户程序和系统程序，操作系统已经固化在 CPU 中，它提供 CPU

运行和调试的机制。CPU 的操作系统是按照事件驱动扫描用户程序的。用户程序编写在不同的块中，CPU 按照相关条件成立与否执行相应的程序块或者访问对应的数据块。用户程序则是为了完成特定的控制任务，是由用户编写的程序。用户程序通常包括组织块（OB）、函数（功能块）（FB）、函数（功能)(FC) 和数据块（DB）。用户程序中块的说明见表 5-1。

表 5-1 用户程序中的块说明

块	简要描述
组织块(OB)	操作系统与用户程序的接口,决定用户程序的结构
功能块(FB)	用户编写的包含经常使用功能的子程序,有专用的背景数据块
功能(FC)	用户编写的包含经常使用功能的子程序,没有专用的背景数据块
背景数据块(DB)	用于保存 FB 的输入变量、输出变量和静态变量,其数据在编译时自动生成
全局数据块(DB)	存储用户数据的数据区域,供所有的代码块共享

2. 块的结构

块结构显著增加了 PLC 程序的组织透明性、可理解性和易维护性。OB、FB、FC 都包含代码，统称为代码块（Code）。被调用的代码块又可以调用别的代码块，这种调用称为嵌套调用。在块调用中，调用者可以是各种代码块，被调用的块是 OB 之外的代码块。调用功能时需要为它指定一个背景数据块。块调用示意图如图 5-1 所示。

块由变量声明表和程序组成。每个逻辑块都有变量声明表，变量声明表是用来说明块的局部数据。而局部数据包括参数和局部变量两大类。在不同的块中可以重复声明和使用同一局部变量，因为它们在每个块中仅有效一次。

局部变量包括两种：静态变量和临时变量。

参数是在调用块与被调用块之间传递的数据，包括输入、输出和输入/输出变量。表 5-2 为局部数据声明类型。

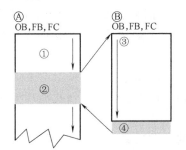

- Ⓐ 调用块
- Ⓑ 被调用(或中断)块
- ① 程序执行
- ②用于触发其他块执行的指令或事件
- ③程序执行
- ④块结束(返回到调用块)

图 5-1 块调用示意图

表 5-2 局部数据声明类型

变量名称	变量类型	说明
输入	Input	为调用模块提供数据,输入给逻辑模块
输出	Output	从逻辑模块输出数据结果
输入/输出	InOut	参数值既可以输入,也可以输出
静态变量	Static	静态变量存储在背景数据块中,块调用结束后,变量数据被保留
临时变量	Temp	临时变量存储 L 堆栈中,块执行结束后,变量数据清零

可嵌套块调用以实现更加模块化的结构。在图 5-2 中，嵌套深度为 3，程序循环 OB 加 3
层对代码块的调用。

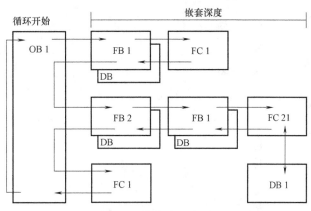

图 5-2　块嵌套示意图

5.2.2　数据块（DB）及其应用

1. 数据块（DB）简介

数据块用于存储用户数据及程序中间变量。新建数据块时，默认状态是优化的存储方
式，且数据块中存储的变量是非保持型的。数据块占用 CPU 的装载存储区和工作存储区，
与标识存储区的功能类似，都是全局变量。不同的是，M 数据区的大小在 CPU 计数规范中
已经定义，且不可扩展，而数据块存储区由用户定义，最大不能超过工作存储区或装载存储
区，S7-1200 PLC 的非优化数据最大数据空间为 64KB。而优化的数据块的存储空间要大得
多，但其存储空间与 CPU 的类型有关。

在有些程序中（如有的通信程序），只能使用非优化数据块，但大多数的情形可以使用
优化和非优化数据块，但应优先使用优化数据块。

按照功能分，数据块（DB）可以分为全局数据块、背景数据块和基于数据类型（用户
定义数据类型、系统数据类型和数组类型）的数据块。

全局数据块：存储供所有的代码块使用的数据，所有的 OB、FB 和 FC 都可以访问。

背景数据块：存储的数据供特定的 FB 使用。背景数据块中保存的是对应的 FB 的 Input、
Output、InOut 和 Static 变量，Temp 没有用背景数据块保存。

2. 全局数据块（DB）及其应用

全局数据块用于存储程序数据，因此数据块包含用户程序使用的变量数据。一个程序中
可以创建多个全局数据块。全局数据块必须在创建后才可以在程序中使用。数据块（DB）
是用于存放执行代码时所需的数据的数据区。与代码块不同，数据块没有指令，TIA V15 博
途软件按数据生成的顺序自动地为数据块中的变量分配地址。

以下用一个例题来说明数据块的应用。

【例 5-1】　用数据块实现电动机的起停控制。

【解】　①新建一个项目，在项目视图的项目树中单击“程序块”→“添加新块”，选中
“添加新块”的类型为“数据块（DB）”然后单击“确定”按钮，如图 5-3 所示。

图 5-3 添加新块

② 打开新建的"数据块 1"新建变量，如图 5-4 所示，如果是非优化访问数据块，其起始地址实际就是 DB1. DBX0.0。

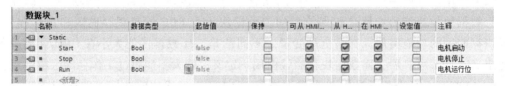

图 5-4 新建变量

③ 在"程序编辑器"中，输入图 5-5 所示程序。

在数据块创建后，在全局数据块的属性中可以切换存储方式。在项目视图的项目树中，选中并单击"数据块 1"，单击鼠标右键，在弹出的快捷菜单中，单击"属性"选项，弹出

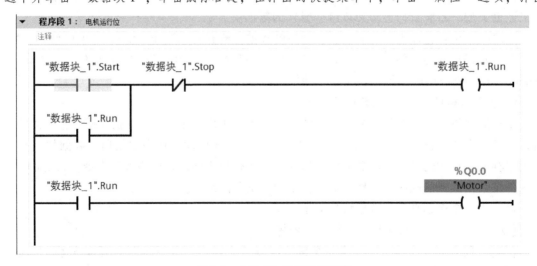

图 5-5 全局 DB 应用示例程序

图 5-6 所示界面，选中"属性"，如果取消"优化的块访问"，则切换到"非优化存储方式"，这种存储方式与 S7-300/400 PLC 兼容。

如果选择"非优化存储方式"，可以使用绝对方式访问该数据块（如 DB1.DBX0.0）；如果是"优化存储方式"，则只能采用符号方式访问该数据块（如数据块_1.Start）。

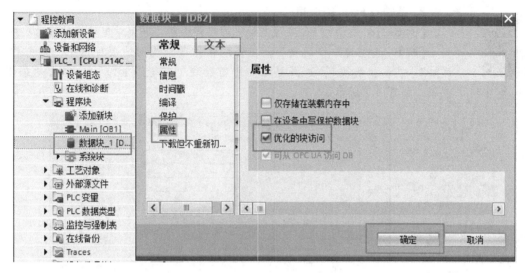

图 5-6　取消"优化的块访问"

5.2.3　函数（FC）及其应用

1. 函数（FC）简介

1）函数（FC）是用户编写的程序块，是不带存储区的代码块。功能没有固定的存储区，功能执行结束后，其局部变量中的临时数据就丢失了。可以用全局变量来存储那些在功能执行结束后需要保存的数据。

2）在界面区中生成局部变量，只能在它所在的块中使用。局部变量的名字由字符（包括汉字）和数字组成。

① Input（输入参数）：由调用它的块提供输入数据。

② Output（输出参数）：返回给调用它的块的程序执行结果。

③ InOut（输入_输出参数）：初值由调用它的块提供，块执行后将它的返回值返回给调用它的块。

④ Temp（临时数据）：暂时保存在局部数据堆栈中的数据。只是在执行块时使用临时数据，执行完后，不再保存临时数据的数值，它可能被别的块的临时数据覆盖。

⑤ Constant（常量）：常量是具有固定值的数据，其值在程序运行期间不能更改。常量在程序执行期间可由各种程序元素读取，但不能被覆盖。不同的常量值通常会指定相应的表示方式，具体取决于数据类型和数据格式。

⑥ Return 中的 Ret_Val（返回值），属于输出参数。

3）在 FC 的界面区中定义的参数称为 FC 的形式参数，简称为形参。形参在 FC 内部的程序中使用，在别的逻辑块调用 FC 时，需要为每个形参指定实际的参数，简称为实参。实参与它对应的形参应具有相同的数据类型。TIA V15 博途软件自动地在局部变量的前面添加

#号，实参前面加%号。

选中生产的 FC1，执行菜单命令："编辑"→"专有技术保护"→"启用专有技术保护"，在打开的对话框中输入密码并确认，项目树中的 FC1 图标上出现锁的符号，表示 FC1 受保护。双击打开 FC1，可以看到界面区的变量，但是看不到程序区的程序。

扫一扫　看视频

2. 函数 (FC) 的应用

【例5-2】　用函数 FC 实现电动机的起停控制，并记录电动机的起动次数。

【解】　①创建一个新项目，在博途软件项目视图的项目树中，单击"程序块"→"添加新块"，选择要添加的函数块"函数（FC）"后单击"确定"按钮，如图5-7所示。

图 5-7　创建函数 FC

② 在 FC1 的程序编辑器中输入程序如图5-8所示，然后编译并保存程序。

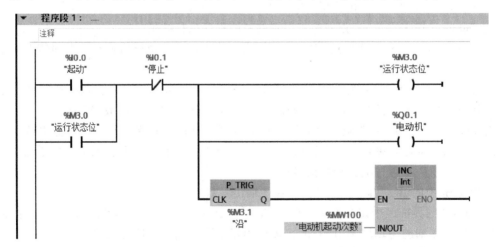

图 5-8　函数 FC1 中的程序

③ 在博途软件项目树中，打开主程序 OB1，将创建的函数"电动机起停控制［FC1］"拖拽到 OB1 的程序编辑器中，如图 5-9 所示，项目创建完成。

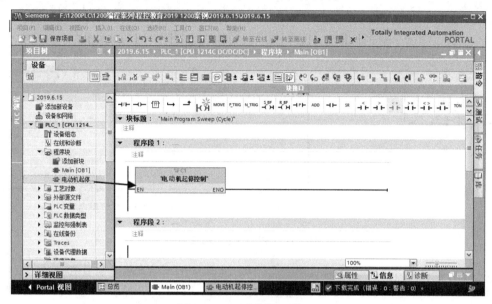

图 5-9　OB1 中调用函数 FC

【例 5-3】　用形参实现电动机的起停控制，并记录电动机的起停次数。

【解】　① 新建项目，在 TIA 博途软件的项目视图的项目树中，单击"程序块"→"添加新块"，在弹出的添加块窗口选择要添加的"函数（FC）"更改块名称为"电动机起停控制"，选择编程语言为"LAD"，然后单击"确定"按钮，如图 5-7 所示。

② 双击打开刚建好的"电动机起停控制"函数（FC1），弹出"程序编辑器"界面，在"块接口"处用鼠标下拉，显示出生成局部变量的界面区。在函数（FC）的界面区定义形式参数：先选中 Input（输入参数），新建参数"Start"和"Stop"，数据类型为"Bool"；选中 Output（输出参数），新建参数"Motor"，数据类型为"Bool"；再选中 InOut（输入/输出参数），新建参数"M_Run""Counter"和"P"，其中"M_Run"和"P"的数据类型是"Bool"，"Counter"是记录电动机的起动次数，数据类型为"Int"。局部变量界面区如图 5-10

程控教育 ▶ PLC_1 [CPU 1214C DC/DC/DC] ▶ 程序块 ▶ 电动机起停控制 [FC1]

电动机起停控制

	名称	数据类型	默认值	注释
1	▼ Input			
2	■ Start	Bool		
3	■ Stop	Bool		
4	■ <新增>			
5	▼ Output			
6	■ Motor	Bool		
7	■ <新增>			
8	▼ InOut			
9	■ P	Bool		
10	■ M_Run	Bool		
11	■ Counter	Int		

图 5-10　新建局部变量名称及数据类型

所示。在程序编辑区编写程序如图 5-11 所示。

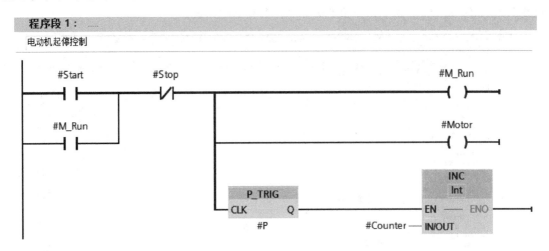

图 5-11　函数 FC1 中的程序

③ 如图 5-11 所示，形参前面自动生成"#"号。在 TIA 博途软件项目视图的项目树中，打开主程序 OB1，选择新建的函数"电动机起停控制 [FC1]"，并将其拖拽到 OB1 的程序编辑区。如图 5-12 所示，为每个引脚分配实参，这个函数 FC1 的调用非常灵活，块的引脚

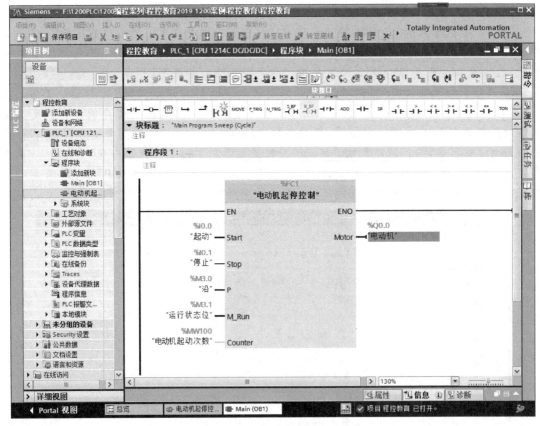

图 5-12　在 OB1 中调用函数 FC1

接口可以灵活分配。将整个项目下载到 PLC 中，"电动机起停控制"项目完成。

【例 5-4】　用函数实现圆锥的体积公式为 $V_{圆锥} = \dfrac{1}{3}\pi R^2 H$。

扫一扫　看视频

【解】　① 新建项目，在项目中新建函数 FC2，在块接口处定义局部变量如图 5-13 所示。

程控教育 ▶ PLC_1 [CPU 1214C DC/DC/DC] ▶ 程序块 ▶ 块_1 [FC2]

块_1

		名称	数据类型	默认值	注释
1		▼ Input			
2		▪ R	Real		
3		▪ H	Real		
4		▪ <新增>			
5		▼ Output			
6		▪ 圆锥体积V	Real		
7		▪ <新增>			
8		▼ InOut			
9		▪ <新增>			
10		▼ Temp			
11		▪ 1/3	Real		
12		▪ 1/3*π	Real		
13		▪ 1/3*π*R²	Real		
14		▪ R²	Real		
15		▪ <新增>			
16		▼ Constant			
17		▪ 1	Real	1.0	
18		▪ 3	Real	3.0	
19		▪ π	Real	3.14159	
20		▪ <新增>			
21		▼ Return			

图 5-13　定义变量名称及数据类型

② 在函数的程序编辑区编写程序如图 5-14 所示。

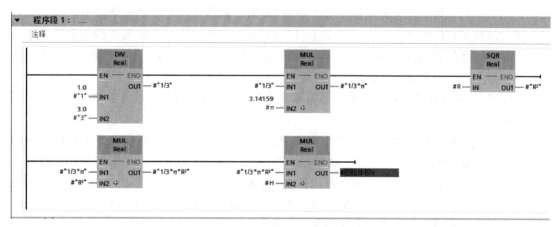

图 5-14　函数程序编辑区的程序

③ 在项目的 OB1 中调用新建的函数 FC2，可以灵活多次调用，如图 5-15 所示。在 OB 中调用后可以看出"Temp（临时数据）"和"Constant（常量）"在调用时不会生成外部接口。

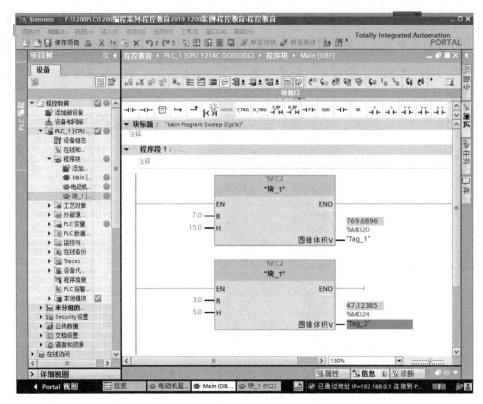

图 5-15　OB1 中调用函数

5.2.4　函数块 (FB) 及其应用

1. 函数块及其应用

函数块 (FB) 是用户编写的有自己的存储区 (背景数据块) 的块。FB 的典型应用是执行不能在一个扫描周期结束的操作。每次调用 FB 时, 都需要指定一个背景数据块, 背景数据块随功能块的调用而打开, 在调用结束时自动关闭。FB 的输入、输出和静态变量 (Static) 用指定的背景数据块保存, 但是不会保存临时局部变量 (Temp) 中的数据。FB 执行后, 背景数据块中的数据不会丢失。

FB 的数据永久性地保存在它的背景数据块中, 在 FB 执行完后也不会丢失, 以供下次执行时使用。

其他代码块可以访问背景数据块中的变量, 但不能直接删除和修改背景数据块中的变量, 只能在它的 FB 的界面区中删除和修改这些变量。生成 FB 的输入、输出参数和静态变量时, 它们被自动指定一个默认值, 可以修改这些默认值。变量的默认值被传送给 FB 的背景数据块, 作为同一个变量的初始值。可以在背景数据块中修改变量的初始值。调用 FB 时没有指定实参的形参使用背景数据块中的初始值。

2. 函数块的应用

以下用一个例子来说明函数块的应用。

1) 新建一个项目, 在项目视图的项目树中, 打开新添加的设备, 单击 "程序块" → "添加新块", 在弹出的"添加新块"界面, 添加"函数块 FB", 如图 5-16 所示。

图 5-16　创建函数块 FB

2) 在接口中新建变量, 在"Input"中, 新建 4 个变量, 如图 5-17 所示, 注意变量的类型。

	名称	数据类型	默认值	保持	从 HMI/OPC...	从 H...	在 HMI ...	设定值
1	▼ Input							
2	■ Start	Bool	false	非保持	☑	☑	☑	☐
3	■ Stop	Bool	false	非保持	☑	☑	☑	☐
4	■ <新增>							
5	▼ Output							
6	■ KM2	Bool	false	非保持	☑	☑	☑	☐
7	■ KM3	Bool	false	非保持	☑	☑	☑	☐
8	■ <新增>							
9	▼ InOut							
10	■ KM1	Bool	false	非保持	☑	☑	☑	☐
11	■ <新增>							
12	▼ Static							
13	■ ▶ T1	IEC_TIMER		非保持	☑	☑	☑	☐
14	■ ▶ T2	IEC_TIMER		非保持	☑	☑	☑	☐
15	■ <新增>							
16	▼ Temp							
17	■ <新增>							
18	▼ Constant							
19	■ Txing	Time	T#3s					
20	■ Tsan	Time	T#1s					

图 5-17　在函数块 FB1 中新建变量

在"Output"中，新建 2 个变量；在"InOut"中，新建 1 个变量；在静态变量接口"Static"中，新建 2 个静态变量；在"Constant"中新建 2 个变量并注意变量的类型，同时注意初始值不能为 0。

3）在 FB1 的程序编辑区编写程序，梯形图如图 5-18 所示。

4）在项目视图的项目树中，打开主程序 OB1，将函数块"FB1"拖拽到 OB1 的程序编辑区，会生成一个背景数据块。如图 5-19 所示。

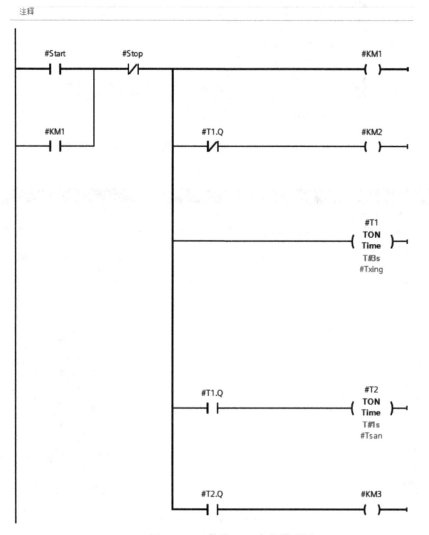

图 5-18　函数块 FB1 中的梯形图

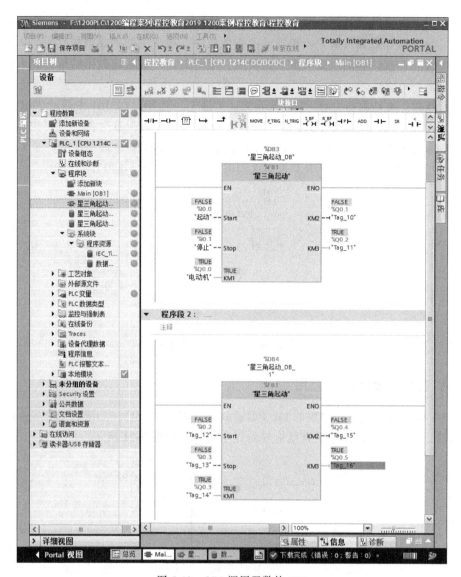

图 5-19　OB1 调用函数块 FB1

5.3　多重背景数据块

5.3.1　多重背景数据块的简介

当程序中有多个函数块时，如果每个函数块对应一个背景数据块，程序中就需要较多的背景数据块，并且每次调用定时器和计数器指令时，都需要指定一个背景数据块，这可能造成程序中指令较多，而生成大量的数据块"碎片"。为了解决这个问题，在 FB 中使用定时器、计数器指令时，可以在 FB 的界面区定义数据类型为 IEC_Timer 或 IEC_Counter 的静态变量，用这些静态变量来提供定时器和计数器的背景数据。这种功能的背景数据块称为多重背景数据块。

这样多个定时器或计数器的背景数据块被包含在它们所在 FB 的背景数据块中，而不需要为每个定时器或计数器设置一个单独的背景数据块，减少了处理数据的时间，从而更合理地利用存储空间。在共享的多重背景数据块中，定时器、计数器的数据结构之间不会产生相互作用。

多重背景数据块是数据块的一种特殊形式，如图 5-20 所示。在 OB1 中调用 FB10，在 FB10 中又调用 FB1 和 FB2，则只要 FB10 的背景数据块选择为多重背景数据块就可以了，FB1 和 FB2 不需要建立背景数据块，其接口参数都保存在 FB10 的多重背景数据块中。图 5-20 所示为 2 次调用 FB1，当然可以在一个 FB 里面多次调用同一个 FB，或不同 FB。

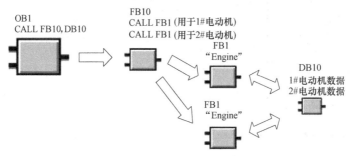

图 5-20　多重背景的结构

5.3.2　多重背景数据块的应用

1）在项目中首先编制好底层的 FB（即需要多次调用的 FB），如果是元件库中有的，则不需要编制，只需要从元件库里直接拖放到程序块中，如图 5-21 所示。

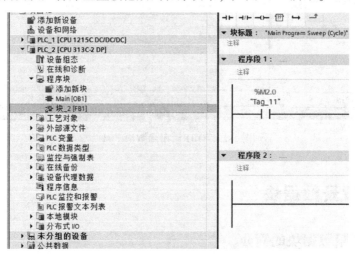

图 5-21　创建函数块 FB

2）创建一个上层 FB（FB1000），如图 5-22 所示。

3）在 FB1000 的声明变量表中的 Static 中建立 FB1 的调用数量与名称（见图 5-23，调用 3 次，分别是 L1，L2，L3）。

4）在 FB1000 中调用 FB1 共 3 次，在每次调用的过程中要选择不同的 L，特别是要选择多重实例功能（见图 5-24）。

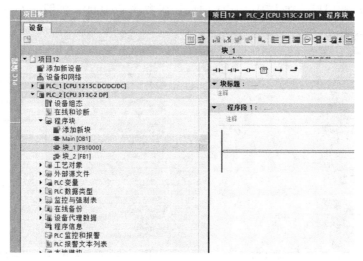

图 5-22　创建上层 FB

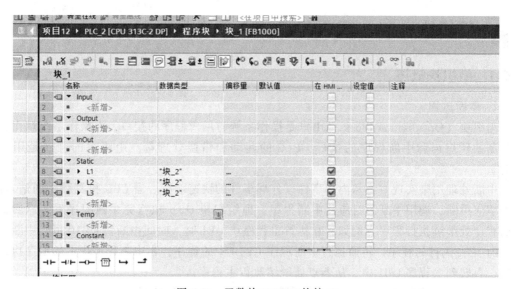

图 5-23　函数块 FB1000 块接口

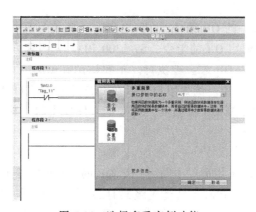

图 5-24　选择多重实例功能

151

5）完成多次调用后，在主程序 OB1 中调用函数块 FB1000，如图 5-25 和图 5-26 所示。

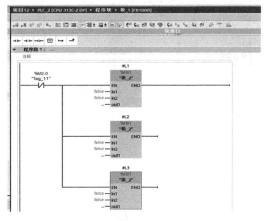

图 5-25　多次调用函数块 FB1

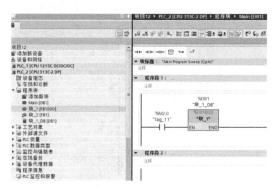

图 5-26　在主程序 OB1 里调用函数块 FB1000

 5.4　组织块（OB）**及其应用**

5.4.1　组织块概述

1. 中断过程

组织块（Organization Block，OB）是操作系统与用户程序的接口，由操作系统调用，用于控制循环扫描和中断程序的执行、PLC 的起动和错误处理等。组织块的程序是用户编写的。

中断处理用来实现对特殊内部事件或外部事件的快速响应。当 CPU 检测到中断请求时，立即响应中断，调用中断源对应的中断程序，即组织块 OB。执行完中断程序后，返回被中断的程序处继续执行程序。例如，在执行主程序块 OB1 时，时间中断块 OB10 可以中断主程序 OB1 正在执行的程序，转而执行中断程序 OB10 中的程序，当中断程序块中的程序执行完成后，再转到主程序 OB1 中，从断点处继续执行主程序。

事件源就是能向 PLC 发出中断请求的中断事件，例如日期时间中断、延时中断、循环中断和编程错误引起的中断等。

每个组织块必须有唯一的 OB 编号，123 之前的一些编号是保留的，其他 OB 的编号应大于等于 123。没有可以调用 OB 的指令，S7-1200 PLC CPU 具有基于事件的特性，只有发生了某些特定事件，相应的 OB 才会被执行。不要试图在 OB、FC、FB 中调用某个 OB，除非用户触发与此 OB 相关的 OB。例如用户可以在 OB1 中通过 SRT_DINT 指令设置延迟时间，当延迟时间到达时，延迟中断 OB 被触发。当特定事件发生时，相应 OB 被调用，无论其是否包含程序代码。

2. OB 的优先级

执行一个组织块 OB 的调用可以中断另一个 OB 的执行。一个 OB 是否允许另一个 OB 中断取决于其优先级。S7-1200 PLC 支持优先级共有 26 个，1 最低，26 最高。高优先级的 OB 可以中断低优先级的 OB。例如，OB10 的优先级是 2，而 OB1 的优先级是 1，所以 OB10 可以中断 OB1。S7-300/400 PLC CPU 支持优先级有 29 个。

优先级、优先级组合队列用来决定时间服务程序的处理顺序。CPU 要处理每个事件都有优先级，不同优先级的事件分为 3 个优先级组。优先级的编号越大，优先级越高。事件一般按优先级的高低来处理，先处理高优先级的事件。优先级相同的事件按"先来先服务"的原则处理。高优先级组的事件可以中断低优先级组事件 OB 的执行。一个 OB 正在执行时，如果出现了另一个具有相同或较低优先级组的事件，后者不会中断正在处理的 OB，将根据它的优先级添加到对应的中断队列排队等待，当前的 OB 处理完后，再处理排队的事件。不同的事件均有它自己的中断队列和不同的队列深度。对于特定的事件类型，如果队列中的事件个数达到上限，下一个事件将使队列溢出，新的中断事件被丢弃，同时产生时间错误中断事件。

组织块的类型和优先级见表 5-3。

表 5-3　组织块的类型和优先级

事件类型	启动事件	默认优先级	可能的 OB 编号	允许的 OB 数量
循环程序	启动或结束上一个程序循环 OB	1	1 或 ≥123	≥1
启动	STOP 到 RUN 的转换	1	100 或 ≥123	≥0
时间中断	已到达启动时间	2	≥10	最多 2 个
延时中断	延时时间结束	3	≥20	最多 4 个
循环中断	循环时间结束	8	≥30	≥0
状态中断	CPU 已接收到状态中断	4	55	0 或 1
更新中断	CPU 已接收到更新中断	4	56	0 或 1
制造商或配置文件特定的中断	CPU 已接收到制造商或配置文件特定的中断	4	57	0 或 1
诊断中断	模块检测到错误	5	82	0 或 1
插拔中断	删除/插入分布式 I/O 模块	6	83	0 或 1
机架错误中断	分布式 I/O 的 I/O 系统错误	6	86	0 或 1
硬件中断	上升沿（最多 16 个）；下降沿（最多 16 个） HSC 计数值=参考值（最多 6 次） HSC 计数方向变化（最多 6 次） HSC 外部复位（最多 6 次）	18	≥40	最多 50 个
时间错误中断	超出最大循环时间 仍在执行被调用 OB 错过时间中断 STOP 期间将丢失时间中断 队列溢出 因中断负载过高而导致中断丢失	22	80	0 或 1
MC-Interpolator	用于闭环控制	24	92	0 或 1
MC-Servo	用于闭环控制	25	91	0 或 1
MC-PreServo	将在 MC-Servo 之前直接调用	—	67	0 或 1
MC-PostServo	将在 MC-Servo 之后直接调用	—	95	0 或 1

① 在 S7-300/400 PLC CPU 中只支持一个主程序块 OB1，而 S7-1200 PLC 支持多个主程序，但第二个主程序的编号从 123 起，由组态设定，如 OB123 可以组态成主程序。

② 循环中断可以是 OB30~OB38，如果不够用还可以通过组态使用 OB123 及以上编号的组织块。

③ S7-300/400 PLC CPU 启动组织块有 OB100、OB101 和 OB102，但 S7-1200 PLC 不支持 OB101 和 OB102。

5.4.2　启动组织块及其应用

启动组织块（Startup OB）是当 CPU 的工作模式从 STOP 切换到 RUN 时，执行一次启动操作，来初始化程序循环 OB 中的某些变量。执行完启动 OB 后，开始执行程序循环 OB。可以有多个启动 OB，默认的是 OB100，其他启动 OB 的编号应大于等于 123。以下用一个例子说明启动组织块的应用。

【例 5-5】　编写一段初始化程序，将 CPU1214 的 MB10~MB13 单元清零。

【解】　初始化程序在 CPU 启动后就运行，所以可以使用 OB100 组织块。在 TIA 博途软件项目视图的项目树中，双击"添加新块"，弹出如图 5-27 所示界面，选择"组织块 OB"→"Startup"选项，默认 OB 编号为 100，再单击"确定"按钮，即可添加启动组织块。

MB10~MB13 实际上就是 MD10，其程序如图 5-28 所示。

图 5-27　添加"启动"组织块 OB100

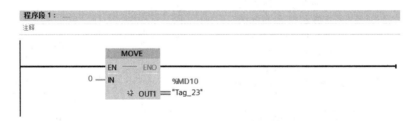

图 5-28　OB100 中的程序

5.4.3　主程序 OB1

需要连续执行的程序应放在主程序 OB1 中，CPU 在 RUN 模式时循环执行 OB1，可以在 OB1 中调用 FC 和 FB。

如果用户程序生成了其他程序循环 OB，CPU 按 OB 编号的顺序执行它们，首先执行主程序 OB1，然后执行编号大于等于 123 的程序循环 OB。一般只需要一个程序循环组织块。

5.4.4　循环中断组织块及其应用

循环中断就是经过一段设定的固定时间间隔中断用户程序，在设定的时间间隔，循环中断组织块（Cyclic interrupt OB）被周期地执行。循环中断 OB 的编号大于等于 123。

循环中断组织块是很常用的，TIA 博途软件有 9 个固定循环组织块（OB30～OB38），另有 11 个未指定。添加循环中断组织块如图 5-29 所示。从图中可以看出循环中断的时间间隔（循环时间）的默认值为 100ms（是基本时钟周期 1ms 的整数倍），可将它设置为 1～60000ms。

图 5-29　添加循环中断 OB

用鼠标右键单击项目树下程序块文件夹已生成的"Cyclic interrupt［OB30］"，在弹出的对话框中单击"属性"选项，打开循环中断 OB 的属性对话框，在"常规"选项中可以更改 OB 的编号，在"循环中断"选项中，可以修改已生成循环中断 OB 的循环时间及相移，如图 5-30 所示。

图 5-30 中的相移（相位偏移，默认值为 0）是指与基本时间周期相比启动时间所偏移

图 5-30　循环中断组织块 OB 的属性对话框

的时间，用于错开不同时间间隔的几个循环中断 OB，使它们不会被同时执行，即如果使用多个循环中断 OB，当这些循环中断 OB 的时间基数有公倍数时，可以使用相移来防止它们同时被启动。相移的设置范围为 1~100（单位是 ms），其数值必须是 0.001 的整数倍。

【例 5-6】 使用相位偏移的实例。

【解】 假设已在用户程序中插入两个循环中断 OB，循环中断 OB30 和 OB31。对于循环中断 OB30，已设置循环时间为 500ms，用来使接在 QB0 端口的 8 个彩灯循环点亮（以跑马灯的形式）；而循环中断 OB31，设置循环时间为 1000ms，相移量 50ms，用来使 MW10 的数每隔 1s 加 1。当循环中断 OB31 的循环时间 1000ms 到达后，循环中断 OB30 第 2 次到达起动时间，而循环中断 OB31 是第一次到达起动时间，此时需要执行循环中断 OB31 的相移，使得两个循环中断不同时执行。使用监控表在监控状态下可以看到 QB0 和 MW10 数据的变化。

5.4.5 时间中断组织块及其应用

时间中断组织块（Time of day OB）可以由用户指定日期时间及特定的周期产生中断。例如，每天 18：00 保存数据。时间中断最多可以使用 20 个，默认范围是 OB10~OB17，其余可组态 OB 的编号为 123 以后的组织块。

1. 指令简介

可以使用设置时间中断指令 SET_TINTL、取消时间中断指令 CAN_TINT 和启用时间中断指令 ACT_TINT，设置、取消和激活日期时间中断，其参数见表 5-4。

表 5-4 "SET_TINTL" "CAN_TINT" 和 "ACT_TINT" 的参数

参数	声明	数据类型	存储区	说明
OB_NR	Input	OB_TOD	I、Q、M、D、L 或常量	时间中断 OB 的编号 • 时间中断 OB 的编号为 10~17 • 此外，也可分配从 129 开始的 OB 编号 OB 编号通常显示在程序块文件夹和系统常量中
SDT	Input	DTL	D、L 或常量	开始日期和开始时间
LOCAL	Input	Bool	I、Q、M、D、L 或常量	• true:使用本地时间 • false:使用系统时间
PERIOD	Input	Word	I、Q、M、D、L 或常量	从 SDT 开始计时的执行时间间隔： • W#16#0000＝单次执行 • W#16#0201＝每分钟一次 • W#16#0401＝每小时一次 • W#16#1001＝每天一次 • W#16#1201＝每周一次 • W#16#1401＝每月一次 • W#16#1801＝每年一次 • W#16#2001＝月末
ACTIVATE	Input	Bool	I、Q、M、D、L 或常量	• true:设置并激活时间中断 • false:设置时间中断，并在调用"ACT_TINT"时激活
RET_VAL	Return	Int	I、Q、M、D、L	在指令执行过程中如果发生错误，则 RET_VAL 的实际值中将包含一个错误代码

2. 时间中断组织块的应用

要启用时间中断组织块，必须提前设置并激活相关的时间中断（指定启动时间和持续时间），并将时间中断组织块下载到 CPU 中。设置和激活时间中断有三种方法，具体如下：

1）在时间中断的"属性"中设置并激活时间中断，如图 5-31 所示。这种方法最简单。

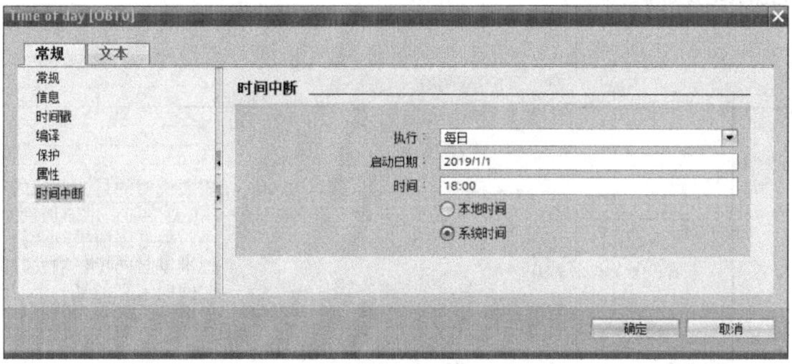

图 5-31　设置和激活时间中断

2）在时间中断的"属性"中设置"启动日期"和"时间"，在"执行"文本框内选择"从未"，再通过程序中断调用 ACT_TINT 指令激活中断。

3）通过调用 SET_TINTL 指令设置时间中断，再通过程序调用 ACT_TINT 指令激活中断。

以下用一个例子说明日期中断组织块的应用。

【例 5-7】　从 2018 年 8 月 18 日 18 时 18 分起，每小时中断一次，并将中断次数记录在一个存储器中。

【解】　一般有三种解法，在前面已经介绍，本例采用第三种方法解题。

① 添加组织块 OB10。在 TIA 博途软件项目视图的项目树中，双击"添加新块"，弹出如图 5-32 所示界面，选中"组织块 OB"和"Time of day"选项，单击"确定"按钮，即可添加 OB10 组织块。

图 5-32　添加组织块 OB10

② 在主程序 OB1 中，编写程序如图 5-33 所示，在中断程序 OB10 中编写程序如图 5-34 所示。

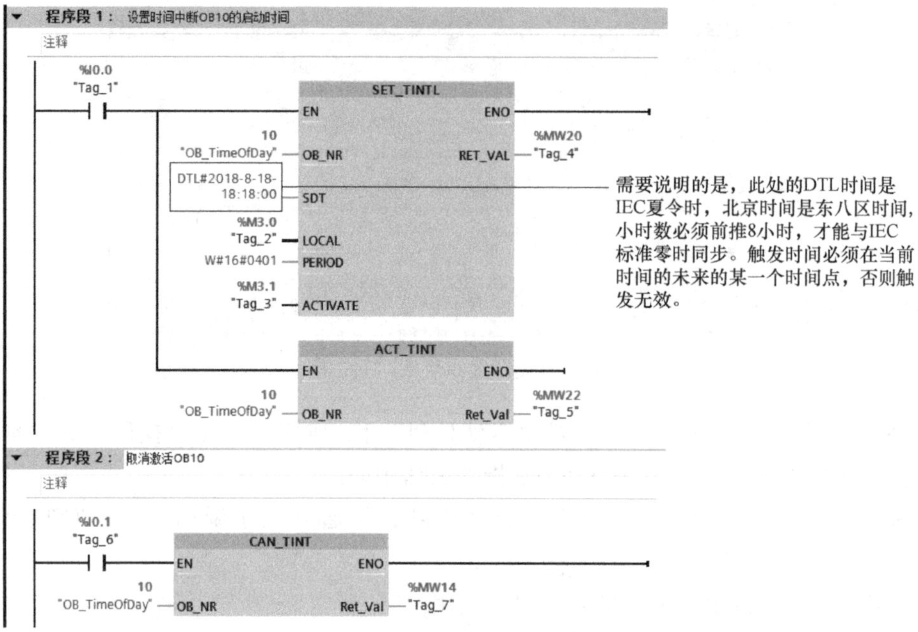

需要说明的是，此处的DTL时间是IEC夏令时，北京时间是东八区时间，小时数必须前推8小时，才能与IEC标准零时同步。触发时间必须在当前时间的未来的某一个时间点，否则触发无效。

图 5-33 OB1 中的程序

5.4.6 延时中断组织块及其应用

延时中断组织块（Time delay interrupt OB）可以实现延时执行某些操作，调用 SRT_DINT 指令时，开始计时延时时间（此时开始调用相关延时中断）。其作用类似于定时器，但 PLC 中普通定时器的定时精度受到不断变化的扫描周期影响，使用延

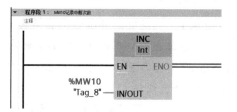

图 5-34 OB10 中编写的程序

时中断可以达到毫秒为单位的高精度延时。最多可以组态 20 个时间延迟中断事件，默认范围是 OB20～OB23，其余可组态 OB 的编号要大于等于 123。

（1）指令简介

可以使用启动延时中断指令 SRT_DINT 和取消延时中断指令 CAN_DINT 设置、取消、激活延时中断，其参数见表 5-5。

表 5-5 "SRT_DINT" 和 "CAN_DINT" 的参数

参数	声明	数据类型	存储区	说明
OB_NR	Input	OB_DELAY（INT）	I、Q、M、D、L 或常量	延时时间后要执行的 OB 的编号
DTIME	Input	Time	I、Q、M、D、L 或常量	延时时间（1～60000ms）可以实现更长时间的延时，例如，通过在延时中断 OB 中使用计数器
SIGN	Input	Word	I、Q、M、D、L 或常量	调用延时中断 OB 时 OB 的启动事件信息中出现的标识符
RET_VAL	Return	Int	I、Q、M、D、L	指令的状态

（2）延时中断组织块的应用

158

【例 5-8】　当 I0.0 上升沿时，延时 10s 执行 Q0.0 置位，当 I0.1 为上升沿时，Q0.0 复位。

【解】　① 添加组织块 OB20。在 TIA 博途软件项目视图的项目树中，双击"添加新块"，弹出图 5-35 所示界面。选择"组织块 OB"和"Time delay interrupt"选项，单击"确定"按钮，即可添加"OB20"组织块。

图 5-35　添加组织块 OB20

　　② 在主程序 OB1 中编写启动延时中断、设定延时时间和取消延时中断程序如图 5-36 所示。中断程序在 OB20 中如图 5-37 所示。

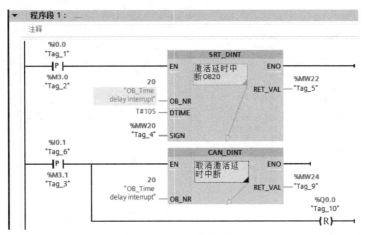

图 5-36　OB1 中的程序

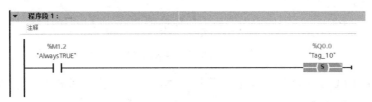

图 5-37　OB20 中的程序

5.4.7 硬件中断组织块及其应用

硬件中断组织块（Hardware interrupt OB）用于处理需要快速响应的过程事件。当出现 CPU 内置的数字量输入的上升沿、下降沿和高速计数器事件时，立即中止当前正在执行的程序，改为执行对应的硬件中断 OB，硬件中断默认编号是 OB40～OB47（其余编号大于等于 123）。硬件中断组织块没有启动信息。

最多可以生成 50 个硬件中断 OB，具体有以下几类：

1）上升沿事件：CPU 内置的数字量输入和 2 点信号板的数字量输入由 OFF 变为 ON 时，产生上升沿事件。

2）下降沿事件：上述数字量输入由 ON 变 OFF 时，产生下降沿事件。

3）高速计数器 HSC1～HSC6 的实际计数值等于设定值（CV＝RV）。

4）HSC1～HSC6 的方向改变，计数值由增大变减小，或由减小变增大。

5）HSC1～HSC6 的外部复位，某些 HSC 的数字量外部复位输入从 OFF 变 ON 时，将计数值复位为 0。

下面用一个例子说明硬件中断的用法。

【例 5-9】 编写一段程序记录 I0.0 按钮使用的次数。

【解】 ① 添加组织块 OB40，在 TIA 博途软件项目视图的项目树中，双击 "添加新块"，选择 "组织块 OB" 和 "Hardware interrupt" 选项，单击 "确定" 按钮，即可添加 OB40 组织块，如图 5-38 所示。

图 5-38 添加组织块 OB40

② 选中硬件 CPU1214 模块，单击 "属性" 选项卡，选择 "通道 0"，启用上升沿检测，选择硬件中断组织块为 "Hardware interrupt" 如图 5-39 所示。

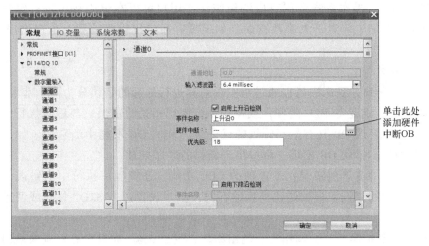

图 5-39　硬件属性界面

③ 编写程序，在组织块 OB40 中编写程序如图 5-40 所示，每次按下按钮，调用一次 OB40 中的程序一次，MW10 中的数值加 1，也就是记录了按钮的使用次数。

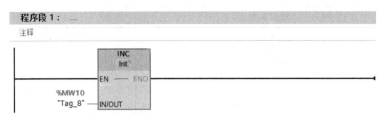

图 5-40　OB40 中的程序

5.4.8　时间错误组织块及其应用

超出最大循环时间后，时间错误中断组织块（Time error interrupt OB）将中断程序的循环执行。最大循环时间在 PLC 的属性中定义。在用户程序中只能使用一个时间错误中断 OB（OB80）。

如果发生以下事件，系统将调用时间错误中断组织块：

1）实际的扫描循环时间超过设置的最大循环时间。

2）请求执行循环中断或时间延迟中断，但是被请求的 OB 已经在执行。

3）中断事件出现的速度比处理它们的速度还要快，对应的中断队列已满，导致中断队列溢出。

4）中断负荷过高而丢失中断。

5.4.9　诊断错误中断

1．错误处理概述

S7-1200 PLC 可以通过触发中断的方式响应 PLC 系统发生的一些错误，可以通过编程读取相应中断 OB 的启动信息分析导致中断的事件。S7-1200 PLC 具有很强的错误（或称故障）检测和处理能力，这主要是指 PLC 内部的功能性错误或编程错误，而不是外部设备故障。

CPU 检测到错误后，操作系统调用对应的组织块，用户可以在组织块中进行编程，对发生的错误采取相应的措施。对于大多数错误，如果没有在组织块中编程，出现错误时 CPU 将进入 STOP 模式。

2. 错误的分类

可被 CPU 检测到并且用户可以通过组织块对其进行处理的错误分为两个基本类型，即

1）异步错误。这是与 PLC 的硬件或操作系统密切相关的错误，与程序执行无关，出现后后果严重。异步错误 OB 具有最高等级的优先级，其他 OB 不能中断它们。如果同时有多个相同优先级的异步错误 OB 出现，将按出现错误的顺序处理。

系统程序可以检测下列错误：不正确的 CPU 功能、系统程序执行中的错误、用户程序中的错误和 I/O 中的错误。根据错误类型的不同，CPU 设置进入 STOP 模式或调用一个错误处理组织块（OB）。

当 CPU 检测到错误时，会调用适当的组织块，见表 5-6。如果没有相应的错误处理 OB，CPU 将进入 STOP 模式。用户可以在错误处理 OB 中编写如何处理这种错误的程序，以减小或消除错误的影响。

表 5-6　错误处理组织块

OB 号	错误类型	优先级
OB80	时间错误	2～26
OB82	诊断中断	
OB83	插入/取出模块中断	
OB86	机架故障或分布式 I/O 的站故障	
OB121	编程错误	引起错误的 OB 优先级
OB122	I/O 访问错误	

为避免发生某种错误时 CPU 进入停机状态，可以在 CPU 中建立一个对应的空的组织块，用于利用 OB 中的变量声明表提供的信息来判别错误的类型。

2）同步错误（OB121 和 OB122）。这是与程序执行有关的错误，其 OB 的优先级与出现错误时被中断的块的优先级相同。对错误进行处理后，可以将处理结果返回被中断的块。

第 6 章

SCL 编程语言

6.1 SCL 简介

6.1.1 TIA 博途软件中使用 SCL 语言的编程方法

目前所有西门子 PLC 编程软件大部分都支持：LAD、STL、FBD 等编程语言，部分 PLC 还支持结构化编程，西门子公司推出了适合高级算法基础编程的 SCL，其保留了西门子公司特有的编程结构、运行机制、扫描周期，提升了用户高级编程思路，且不同于常规高级语言的烦琐步骤，适合初级学员，高级语言入门级学习者。

结构化控制语言（Structured Control Language，SCL）在 TIA 博途软件中是默认支持的，在建立程序块时可以直接选择。SCL 语言类似计算机高级语言，如果有 C、Java、C++、Python 这种高级语言的学习经历，再学习 SCL 就会容易很多。在用 SCL 语言编程时，主要用 IF…THEN、FOR、WHILE 等语句去构造条件、循环、判断等结构，在这些结构中再次添加指令，去实现逻辑判断。所有程序的编写都是在纯文本的环境下编辑，虽不像梯形图那么直观，但其更适合进行复杂的数据处理。

6.1.2 SCL 特点

SCL 具有以下特点：

1）是一种的高级编程语言。

2）符合国际标准 IEC 61131-3。

3）PLCopen 基础级认证。

4）适用于西门子 S7-300、S7-400、S7-1200、S7-1500、C7 和 WinAC 等产品，SCL 为 PLC 做了优化处理，它不仅具有以往 PLC 的典型元素（例如，输入/输出、定时器、计数器、符号表），而且具有高级语言的特性（例如，条件判断、循环语句、选择语句、分支、数组、高级函数等）。

6.1.3 SCL 应用范围

SCL 其非常适合于以下任务：

1）复杂运算功能。

2）复杂数学函数。

3）数据管理。

4）过程优化。

由于 SCL 具备的优势，其将在编程应用越来越广泛。

6.2 SCL 程序编辑器

在 TIA 博途软件项目视图中，单击"添加新块"，新建程序块。具体建立过程如下：先将程序块种的原主程序"Main"删除掉，或者再加一个 Mian_1，选择语言为"SCL"，编号默认，最后单击"确定"按钮，在创建新的组织块、函数块和函数时，均可将其编程语言选定为 SCL，如图 6-1 所示。

当进入到 SCL 的编程界面以后，程序编辑面板变成了编号形式，以语句为基础，逐行扫描的形式，如图 6-2 所示。

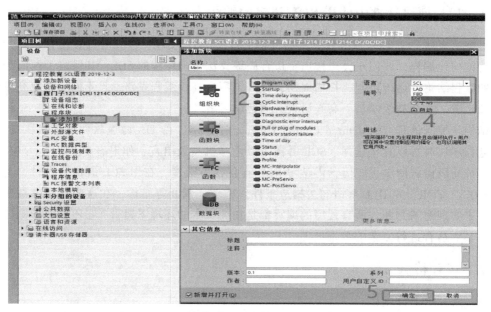

图 6-1 添加新块——选择编程语言为 SCL

图 6-2 SCL 编辑器

6.3　编程基础

SCL 语言同样始终遵循 LAD 语言的输入输出、中间运算、工艺转换等程序处理方式。下面以最简单的自锁电路（见图 6-3）进行说明。

图 6-3　LAD 梯形图编程

首先分析 LAD 中的四个软元件，分别为 I0.0 常开输入，I0.1 常闭输入，Q0.0 线圈输出，Q0.0 常开输入，其中 Q0.0 出现两次为等效元件，在 LAD 中也称自锁元件，在 SCL 中没有所谓的自锁和触点线圈，只有语句，以及一些条件逻辑，回顾之前 LAD 中的自逻辑指令，SCL 这里可以做字运算，也可以做位运算。

针对上述的自锁程序，下面介绍其 SCL 转换的操作过程。首先需要先建立 PLC 变量，也就是高级语言中的数据声明，学习此语言之前，必须熟练掌握 TIA 博途软件中的全局变量和 DB 块的数据类型。

当程序中完全是 I 区和 Q 区点位或者 M，则用 PLC 变量表做声明；中间变量可用 M 存储器或者 DB 块；声明时要注意数据类型的选择，如图 6-4 所示。

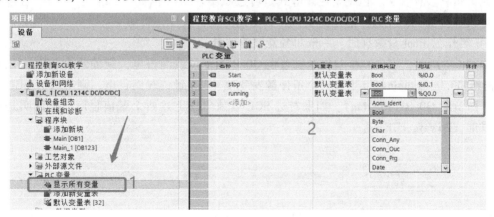

图 6-4　声明变量

1）在输入所声明变量时，注意可以输入软元件地址或者符号名称。注意，输入软元件地址（如 I0.0）时，输入速度一定要慢，否则无法识别，输入相应符号则要注意添加英文输入法的引号，如图 6-5 所示。

2）编写程序时，依次敲出相应地址以及关键词，注意语句以分号结尾，所有程序中出现的代码符号均注意，必须是英文输入法，如图 6-6 所示。

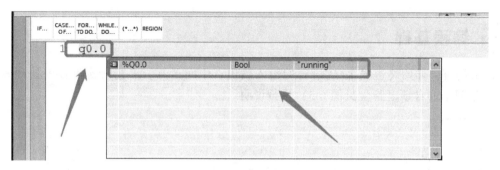

图 6-5　输入变量

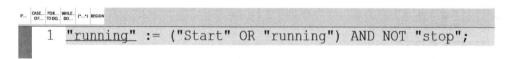

图 6-6　输入代码

6.4　语句语法基础

学习 SCL 编程时，在掌握了一些基础的打开及建立数据后，就需要学习编程语句、语法，本节将重点讲解常用且必学的一些高频语句。其中，包括赋值语句、条件语句、选择语句以及循环语句。

6.4.1　赋值语句

此语句有多种含义，但是要注意等式是右边赋给左边（例如 "reg1"：=1），右边可以是常量或者变量，但左边一定是变量，并只能是变量，具体分析如下：

1）当作为 Bool 量数据时：一般单独意义为置复位。

如图 6-7 所示，当由一个条件触发致使 Q0.0 的复位线圈得电，则等效为 SCL 编程中将 0 赋值给 Q0.0（running），当由一个条件触发致使 Q0.0 置位线圈得电，则等效为 SCL 编程中将 1 赋值给 Q0.0（running），如果右边 SCL 单独出现上述两个赋值程序，则说明是由常通触发的（Always TURE）。

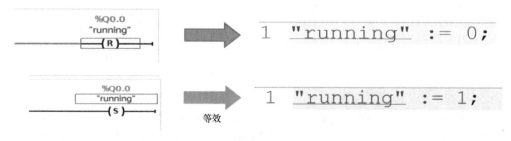

图 6-7　置位复位

2）当作为 byte、word、dword、int、uint、sint、dint、usint、udint、real、Lreal 等数据时：一般作为传输数据，等同于 move 指令，但是需要注意赋值 "："=" 左右的数据类型必

须一样，不一样时可能会造成数据冲突和程序错误，如图 6-8 所示，应先在变量表中建立变量 MW20，然后在程序段中写入程序，如图 6-9 所示。

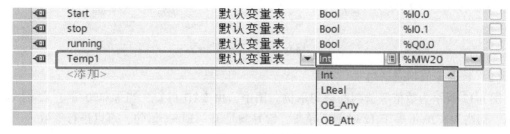

图 6-8　建立变量

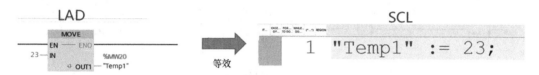

图 6-9　写入程序

上述介绍的赋值语句均没有条件，也就是在 LAD 中所讲的导通，但是 LAD 中不能没有导通条件的线圈，所以这里都默认为是 Always TURE 常通，赋值语句不仅仅可以传送单值，也可以传送运算结果或者复合结果，例如前面介绍的自锁程序。

6.4.2　判断语句

判断语句即为条件语句，条件在 LAD 中所指的就是导通条件，例如常开/闭触点导通线圈、指令，以及调用子程序；还有一些指令的比较满足条件导通，这些都属于条件。条件应对应目的，目的则是执行结果，例如当我们跑了 1000m 以后，就可以休息了；或者可以说，如果我们跑了 1000m 以后，就可以休息了。这就是条件语句对应逻辑思维的转换，当转换到 LAD 中时，应该为"如果触点吸合以后，然后线圈就导通了"。

（1）位等值判断语句

图 6-10 所示为位等值判断语句示例。图中，如果"Start"= 1（触点导通）然后"running"：= 1（触点置位），赋值属性在上面已经了解，这里需要注意当作为条件判断时，符号是"="，这里读者需要与赋值作明确的区分。

图 6-10　位等值判断语句示例

除了置复位，这里条件可以还原点动控制，在判断时只需加入除非的条件，就是加入"非"条件，如图 6-11 所示。

从图 6-11 可总结，点动因为 Q0.0 随着 I0.0 变化，所有可以等效赋值语句中，将 I0.0 的值传送给 Q0.0，转化条件语句即为：如果 I0.0 = 1 然后 Q0.0：= 1，否则（I0.0 = 0 或者 I0.0<>1）则 Q0.0：= 0。

167

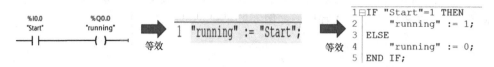

图 6-11　编程示例

（2）数值等值判断语句

图 6-12 所示为数值等值判断语句示例。图中，由 LAD 可得，当 MW20 等于 12 时 Q0.0 导通，而当 MW20 不等于 12 时则不导通，恰好满足 IF…ELSE 语句，可以进行等效。

图 6-12　编程示例

> **思考**：如果是导通 Q0.0 的置位线圈该怎么写？
>
> **例题**：前面学习过 LAD 的自锁程序，也接触了分析 SCL 赋值自锁，现在要求用 SCL 的条件判断语句写 I0.0 控制启动，I0.1 控制停止的自锁？

6.4.3　区间值判断语句

区间判断语句是判断一个值是否在区间内或者区间外，其指令符号见表 6-1。

表 6-1　指令符号

符号名称	关键词	符号名称	关键词
等于	=	小于	<
不等于	< >	大于等于	≥
与逻辑（两者同时满足）	AND	或逻辑（任意一个满足）	OR

（1）单分支条件判断语句

单分支条件即单个条件进行判断，选择不同的运行方式。例如，将温度采集一个数值存放到 MD20 中，当这个数值在 20.0~50.0 之间，则为正常温度，指示灯 Q0.0 亮，当超出这个范围，报警灯 Q0.1 闪烁。

图 6-13 中总结了一个范围值分为上限 50℃ 和下限 20℃，因为区间必同时满足，所以就需要 AND 逻辑。

（2）多分支条件判断语句

多分支条件即对多个条件进行判断，满足条件 1，则执行结果 1，满足条件 2，则执行结果 2，都不满足则执行结果 3。

例如，由一个继电器热水控制仪器，分别分为三个加热档位 Q0.0、Q0.1、Q0.2 驱动继

		名称	变量表	数据类型	地址	保持	可从 ...	从 H...	在 H...	注释
1		running	默认变量表	Bool	%Q0.0	□	☑	☑	☑	
2		Temp	默认变量表	Real	%MD20	□	☑	☑	☑	
3		warning	默认变量表	Bool	%Q0.1	□	☑	☑	☑	

```
1  IF "Temp">=20.0 AND "Temp"<=50.0 THEN
2       "running" := 1;
3       "warning" := 0;
4  ELSE
5       "running" := 0;
6       "warning" := "Clock_1Hz";
7  END_IF;
```

图 6-13　编程示例

电器控制加热，由温度测量仪器感应当前温度值，当温度为 0~20℃ 时，则三个继电器都接通；当温度为 20~50℃ 时，接通 Q0.0 和 Q0.1；当超出 50℃ 时，则导通 Q0.0。已知设备温度不可能低于 0℃，设计此程序。

　　解题思路：这里条件 1 为 0~20℃，结果 1 为 Q0.0~Q0.2 继电器全部接通；条件 2 为 20~50℃，结果 2 为 Q0.0、Q0.1 导通；条件 3 为 "不满足条件 1 和条件 2"，结果为导通 Q0.0；根据分析结果进行编程，如图 6-14 所示。

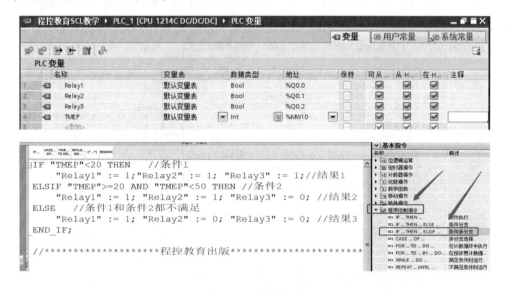

图 6-14　编程示例

注：图中所示程序 ELSE 不需要给定条件，它是作为前面所有条件的否定，因为前面题目中声明了温度不会低于 0℃。

　　（3）多分支选择语句

　　多分支选择语句即为当一个变量等于 1 时运行结果 1，当一个变量等于 2 时等于结果 2，当一个条件等于 3 时运行结果 3 等，只要等于相应的数字，则找相应数字的执行结果；都不满足时即前面条件都否定时，执行 ELSE 下面的结果。

　　例如利用图 6-14 中的变量表，当 TMEP 计数为 1 时导通 Q0.0；当计数为 2 时导通 Q0.1；当计数为 3 时导通 Q0.2；当计数其他值时全灭。编程示例如图 6-15 所示（注意：这里赋值在前面介绍过做 BOOL 量为置复位，所以切换选择数字时要把不需要导通的赋

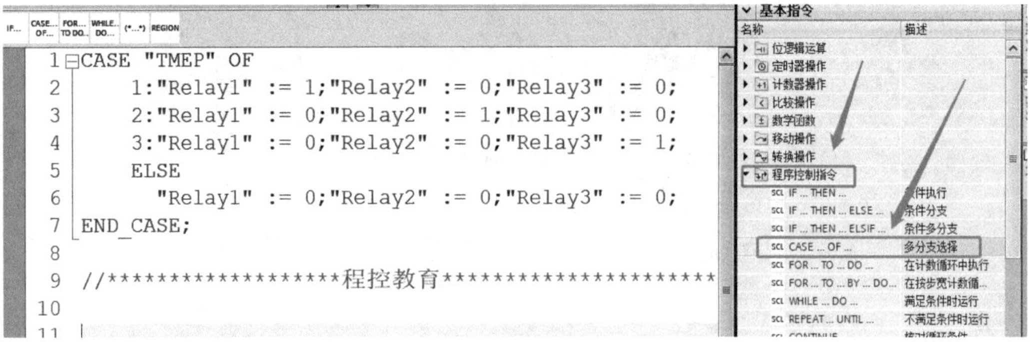

图 6-15　编程示例

值为"0")。

6.4.4　循环语句

循环语句分为计数循环和按步循环，计数循环就是只要循环程序被触发，则按循环预设值循环相应次数，比如 Counter 设定为 0~9 则为 10 次，当 I0.0 有上升沿动作时，则 FOR 语句内的程序将执行 10 次。注意，触发条件一定是上升沿。下面先介绍一下上升沿的建立，如图 6-16 所示。

图 6-16　边沿条件（上升沿）的建立

图 6-16 中是将 I0.0 转为上升沿 M0.1 或者下降沿 M0.2，然后用 M0.1 和 M0.2 在程序中做条件导通，这里有了沿触发，就能精确地触发循环了。例如，当按下 I0.0 后，触发循环，将 MW10 自增循环 10 次的编程示例如图 6-17 所示。

在 FOR 循环指令运用中为了编写不会导致死循环的"安全"FOR 语句时，可遵循如图 6-18 所示形式，次指令有时也叫按步宽执行（这里按步宽的意思是一步循环占的宽度，当循环是 10 次时，步宽为 2 则相当于循环 5 次，步宽为 5 时相当于循环 2 次）。

4		TMEP	默认变量表	Int	%MW10	☐	☑	☑	☑
5		TMEP2	默认变量表	Int	%MW12	☐	☑	☑	☑
6		PLAY	默认变量表	Bool	%I0.0	☐	☑	☑	☑
7		R-TMEP	默认变量表	Bool	%M0.1	☐	☑	☑	☑
8		F-TMEP	默认变量表	Bool	%M0.2	☐	☑	☑	☑

```
"R_TRIG_DB"(CLK:="PLAY",
      Q=>"R-TMEP");              //上升沿
IF "R-TMEP" = 1 THEN              //上升沿做触发条件
  FOR "TMEP" := 0 TO 9 DO          //条件执行循环,且循环次数为0~9(10次)
    "TMEP2" := "TMEP2" + 1;      //循环内的自增
  END_FOR;
END_IF;
```

图 6-17　编程示例

```
FOR <Run_tag> : = <Start_value> TO <End_value> BY <Increment> DO <Instructions>;
END_FOR;
```

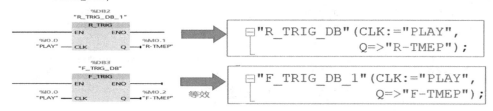

图 6-18　不会导致死循环的程序实例

1. WHILE：满足条件时执行

使用"满足条件时执行"指令可以重复执行程序循环,直至不满足执行条件为止。该条件是结果为布尔值(TRUE 或 FALSE)的表达式。可以将逻辑表达式或比较表达式作为条件。执行该指令时,将对指定的表达式进行运算:如果表达式的值为 TRUE,则表示满足该条件;如果其值为 FALSE,则表示不满足该条件。当然,也可以嵌套程序循环,即在程序循环内,可以编写包含其他运行变量的其他程序循环,通过指令"复查循环条件"(CON-TINUE),可以终止当前连续运行的程序循环,通过"立即退出循环(EXIT)"指令终止整个循环的执行,可按如下方式声明此指令:

WHILE <Condition> DO <Instructions>;

END_WHILE;

2. REPEAT：不满足条件时执行

使用"不满足条件时执行"指令可以重复执行程序循环,直至不满足执行条件为止。该条件是结果为布尔值(TRUE 或 FALSE)的表达式。可以将逻辑表达式或比较表达式作为条件。执行该指令时,将对指定的表达式进行运算:如果表达式的值为 TRUE,则表示满足该条件;如果其值为 FALSE,则表示不满足该条件。即使满足终止条件,此指令也只执行一次。当然,也可以嵌套程序循环,即在程序循环内,可以编写包含其他运行变量的其他程序循环,通过指令"复查循环条件"(CONTINUE),可以终止当前连续运行的程序循环,通过"立即退出循环"(EXIT)指令终止整个循环的执行,可按如下方式声明此指令:

REPEAT <instructions>;

UNTIL <condition> END_REPEAT;

6.5 常用指令

6.5.1 定时器

在学习定时器时，需要先回顾之前 LAD 中学习的定时器，定时器分为 TP 生成脉冲、TON 接通延时、TOF 断开延时、TONR 时间累计器，在这里要先回顾定时器的指令 DB 块，定时器的引脚就是 DB 块的参数，分别为 IN、Q、PT、ET，在 SCL 中看不到指令的引脚，所以需要结合 LAD 的基础知识，理解这些引脚的功能，才能做到控制效果。

图 6-19 为 LAD 到 SCL 的编程示例。

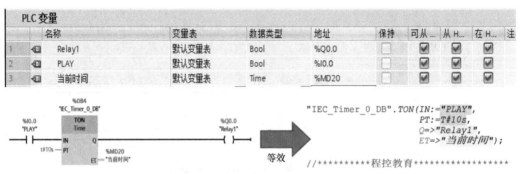

图 6-19 编程示例

具体操作步骤为：先打开 Main（SCL），然后打开"基本指令"，再打开"定时器"，最后选择所需要的 TP、TON、TOF、TONR 等指令，一样需要生成 IEC-TIMER 的 DB 块，此块也可自行建立，如果手动建立 DB 块，则以标准格式，按符号名称手动输入至编程框，如图 6-20 所示。

图 6-20 建立 DB 块

先建立 DB 块，这里以特殊定时器 DB 块为例，建立过程和 LAD 中一样：先单击"添加新块"再单击 DB 块然后选择"IEC_TIMER"数据类型，任意更名，这里以"定时器"名称为例，最后去主程序中手动输入刚刚建立的名称"定时器"，然后按标准模式加入".TON( )"，括号中写入参数，如图 6-21 所示。

图 6-21　写入参数

这里要了解到"."表示从左边的大数据中提取小数据，类似于形参调用，左边即是被调用对象，右边是调用值，上面 IEC_TIMER 为定时器通用 DB 块，所以 TON 只属于它的一部分，可以理解为形参。这里仅介绍 TON 的过程，TOF 和 TONR 过程一样，留给读者去验证测试，但是需要注意 TONR 除了复位引脚，还可调用复位定时器指令，例如 RESET_TIMER("IEC_Timer_0_DB")；（括号内即为需要复位的定时器，以符号形式输入），除了复位定时器外还有加载定时器预设值，即为运行时更改预设定时，例如 PRESET_TIMER(PT: = t# 4s, TIMER: = "IEC_Timer_0_DB")；（括号中的 PT 为需要更改的预设值，TIMER 为需要修改的定时器的 DB 块）。

6.5.2　计数器

计数器的 DB 块为 IEC_Counter，这里为常用基本 16 位有符号计数器，除此之还有 8 位、32 位的，如图 6-22 所示。

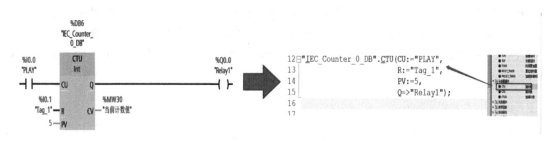

图 6-22　计数器示例

计数器所有 DB 共享块为：IEC_SCOUNTER（8 位有符号）/IEC_USCOUNTER（8 位无符号）；IEC_COUNTER（16 位有符号）/IEC_UCOUNTER（16 位无符号）；IEC_DCOUNTER（32 位有符号）/IEC_UDCOUNTER（32 位无符号）。

这里的位数区别在于数据范围的提前，例如 8 位有符号位为 -128 ~ 127，而 16 位有符号为 -32768 ~ 32767，而有符号就意味着计数器能减到 0 以下（负数）而无符号最低只能减到 0，这里 DB 块均为通用计数器 DB 块，既支持加计数器又支持减计数器、加减计数器。

标准格式为

"IEC_Counter_0_DB_2". CTU（CU：= "输入 bool 量"，

R：= "输入 bool 量，

PV：= "输入 INT 数据"，

Q = >"输出 bool 量"，

CV = >"输出 INT 数据"）；

6.5.3 数学函数

1. 四则运算

数学函数运算分为"整数运算"和"浮点运算"；整数为"INT、DINT、SINT"；浮点数为"REAL、LREAL"，而 Word、Byte、Dword 为字运算，不在函数范围内。当运用整数运算和浮点运算时，加减乘都没有影响，只是整数是没有小数点，浮点数有小数点，精度上没有任何误差；但是作为除法时，整数是以商余形式，而浮点数则是以精确小数点形式，显然浮点数除法更适用于工程量数学函数，在 LAD 中四则运算指令分别为 ADD、SUB、MUL、DIV，而在 SCL 中则对应相应的符号，见表 6-2。

表 6-2　加减乘除指令

名称	LAD 梯形图	SCL 语言	名称	LAD 梯形图	SCL 语言
加法	ADD	+	乘法	MUL	*
减法	SUB	−	除法	DIV	/

图 6-23 为单个运算指令应用示例，当运用到不同法则混合运算时，可以将用上一个运算的结果存储在中间变量中，再由中间变量进行其他运算，或者直接用梯形图 CALCULATE 指令一样，直接进行四则混合运算，这里也要讲究括号优先级和自然优先级。自然优先级就是自然产生的，例如乘法和除法优先级比加减法高，括号优先级就是要将先进行运算的括起来。在语法编程中，可以使用多重括号，最里面的优先级最高，例如"结果"：= 数据1/（数据2-数据3 * （数据4+（数据5-数据6 * （数据7-数据8））））），这时要先计算最里面括号，然后所得结果依次往外面括号进行运算，最后运算结果放入"结果"中。在做函数混合运算时要注意，必须统一数据类型，比如整数类型和浮点类型，因为数据类型不一样，会出现精度误差。

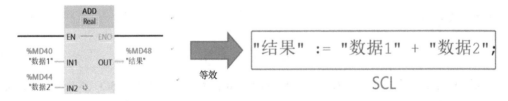

图 6-23　函数运算

2. ABS 计算绝对值

计算绝对值就是将一个数据（或者变量存储器）取绝对值放到另一个变量中。S7-1200 PLC 中支持 SINT、INT、DINT、浮点数的类型操作，S7-1500 PLC 中支持 SINT、INT、DINT、

LINT、浮点数的类型操作，例如：

SCL 程序为："结果" ∶= ABS("被操作数")；//此程序意为将"被操作"（MW2）取绝对值放入"结果"（MW4）中。

3. MIN 和 MAX 获取最小值和获取最大值

将两个或者多个数进行比较取极值，MIN 为取最小值的结果，MAX 为取最大值的结果，支持操作存储器为 I、Q、M、DB、L、P；且 IN1、IN2、…INn（n 为正整数）为输入被比较值，只有 INn 中的 n 就是做比较的总数，编程如下：

SCL 程序 MAX 指令："结果" ∶= MAX(IN1 ∶= "操作数 1", IN2 ∶= "操作数 2", IN3 ∶= "操作数 3", IN4 ∶= "操作数 4")。

SCL 程序 MIN 指令："结果" ∶= MIN(IN1 ∶= "操作数 1", IN2 ∶= "操作数 2", IN3 ∶= "操作数 3", IN4 ∶= "操作数 4")。

上面 SCL 指令就类似于 LAD 中的形式一样，学习时，仅需牢记其指令引脚即可，与如图 6-24 中的 LAD 编程类似。

图 6-24　编程示例

4. LIMIT 设置极限

为一个变量传送时设置一个上下限，这个上下限即为最大值和最小值，当被传送变量在范围内则原值传送，当被传送变量大于最大值则传送最大值，小于最小值则传送最小值，指令引脚分别为 MN（最小值）、IN（输入值）、MX（最大值），传送得结果由赋值语句赋值给一个任意相同类型的变量。例如：

SCL 程序为："结果" ∶= LIMIT(MN ∶= "最小值", IN ∶= "输入值", MX ∶= "最大值")；其中最大值和最小值由读者自行定义。

除了这些常用的函数外，还包括一些不常使用且复杂的初等函数，如平方、平方根、自然对数、指数、正弦函数、余弦函数、正切值、反正弦函数、反余弦函数、反正切函数、返回小数等这些运算，与上面测试步骤一样，但是要注意以上仅支持浮点数类型，不支持整数，得到结果均靠赋值指令进行存储，并且一定要注意是等号右边赋给左边。

6.5.4　移动指令

此处省去了 LAD 常用的 MOVE 指令，因为前面已说明 MOVE 指令被赋值语句取代，这里保留了一些常用的块移动操作，所谓块操作就指的是 DB 数据块，因此这里需要先复习一下前面 LAD 学习中所掌握的 DB 块的建立，再进行编程，具体步骤如下：

1）建立全局 DB，并且建立数据组，这里以 Int 数据为例，以 AA 组为源区域，BB 组为目标区域，如图 6-25 所示。

移动块操作						
		名称	数据类型	起始值	保持	
1	🔷 ▼	Static			☐	
2	🔷 ▪ ▼	AA	Array[0..5] of Int		☐	
3	🔷 ▪	AA[0]	Int	0	☐	
4	🔷 ▪	AA[1]	Int	0	☐	
5	🔷 ▪	AA[2]	Int	0	☐	
6	🔷 ▪	AA[3]	Int	0	☐	
7	🔷 ▪	AA[4]	Int	0	☐	
8	🔷 ▪	AA[5]	Int	0	☐	
9	🔷 ▪ ▼	BB	Array[0..5] of Int		☐	
10	🔷 ▪	BB[0]	Int	0	☐	
11	🔷 ▪	BB[1]	Int	0	☐	
12	🔷 ▪	BB[2]	Int	0	☐	
13	🔷 ▪	BB[3]	Int	0	☐	
14	🔷 ▪	BB[4]	Int	0	☐	
15	🔷 ▪	BB[5]	Int	0	☐	

图 6-25　建立 DB

2) 选择相应程序写入数据，SCL 程序如下：

① 移动块（MOVE_BLK）：

```
MOVE_BLK(IN:= "移动块操作".AA[0],
    COUNT:=4,
    OUT=>"移动块操作".BB[0]);
```

② 填充块（FILL_BLK）：

```
FILL_BLK(IN:= 123,
        COUNT:=4,
        OUT=>"移动块操作".BB[0]);
```

③ 数据交换（SWAP）：

```
"结果" := SWAP("结果");
```

6.5.5　转换指令

（1）转换值指令（CONV）

此指令为从一个数据类型转为另一种数据类型，此指令的意义与前面 LAD 学习的是一模一样的，包括下面的指令也是一样，但是需要注意的是要去理解其引脚参数的意义。

当将指令输入程序编辑器中时会弹出一个对话框，如图 6-26 所示，源类型即为需要被

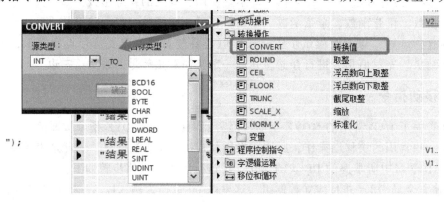

图 6-26　对话框

转换的值,目标类型即为转换的结果。

例如,SCL 程序可写为:"结果" ∶= INT_TO_REAL("输入值"); //意为把 MW14 转为浮点数放入 MD20 中。

(2)取整指令(ROUND)和截取取整指令(TRUNC)

这两个指令是对操作数进行取整和截取操作。

例如,SCL 程序可写为:"操作数 1" ∶= ROUND("结果"); //四舍五入放入 MD2

　　　　　　　　　　　　"操作数 2" ∶= TRUNC("结果"); //截取小数部分放入 MD16

(3)浮点数向上取整指令(CEIL)和浮点数向下取整指令(FLOOR)

SCL 程序可写为:"操作数 1" ∶= CEIL("结果"); //去小数部分进位

　　　　　　　　　"操作数 2" ∶= FLOOR("结果"); //等效于截取

(4)标准化指令(NORM_X)和缩放指令(SCALE_X)

例题,模拟量输入(0~10V 对应 0~100℃)为

由图 6-27 所述的 LAD 梯形图可转化为 SCL 程序,如下:

"比例系数"∶=NORM_X(MIN∶=0,VALUE∶="模拟量采集值",MAX∶=27648);

"工程量"∶=SCALE_X(MIN∶=0.0,VALUE∶="比例系数",MAX ∶= 100.0);

图 6-27　编程示例

6.5.6　字逻辑运算指令

在前面 LAD 的学习中我们了解到,字逻辑运算就是针对 BYTE、WORD、DWORD 等数据,它们都默认为十六进制数进行显示。在做字逻辑运算时,都是需要拆开到位来进行逻辑通和断的运算,但这里的 AND、OR、XOR 在前面语法已经被占用,仍然保留了编码解码以及选择和多路复用,下面分别进行相应 SCL 的演示和分析。

(1)解码指令(DECO)和编码指令(ENCO)

在分析时,需要先了解指令的意义,然后要知道对应引脚的含义作用,比如在图 6-28

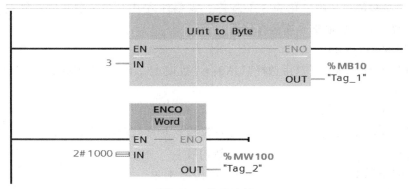

图 6-28　编程示例

中，IN 均为输入，OUT 为结果，转换为 SCL 时，没有直接对应的 OUT，都是靠赋值指令进行连接变量，SCL 程序如下：

解码："Tag_1"：=DECO(3)；　　编码："Tag_2"：=ENCO(2#1000)；

"DEST2"：=DECO_WORD(IN：="DEST3")　　"DEST7"：=ENCO(IN：="DEST6")

（2）选择指令（SEL）

与 LAD 中的用法一样，但是一样需要知道引脚的功能和作用，OUT 需要通过赋值语句进行连接，如图 6-29 所示。

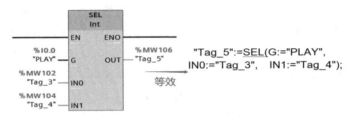

图 6-29　编程示例

（3）多路复用指令（MUX）和多路分用指令（DEMUX）

多路分用指令和多路复用指令的引脚参数对应的 IN 是可以附加的，当需要使用多个时，需要添加 IN 的数量，这可在 LAD 中是单击"黄色的星星"，或在 SCL 语言中直接在括号中手动自行输入，如图 6-30 所示。

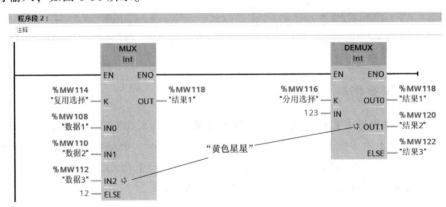

图 6-30　编程示例

由上面的参数值，从中转化为 SCL 程序，需要注意其引脚参数对应存储器，并且没有直接 OUT 参数，需要赋值指令连接存储器。

多路复用的 SCL 程序：

"结果 1"：=MUX(K：="复用选择",IN0：="数据 1",IN1：="数据 2",IN2：="数据 3",INELSE：=12)；

多路分用的 SCL 程序：

```
DEMUX(K：="分用选择",        //K 选择传送对象(OUTn 的 n 值)
IN：=123,                     //传送内容
OUT0=>"结果 1",              //K=0 ;0 号对象
OUT1=>"结果 2",              //K=1 ;1 号对象
```

OUTELSE=>"结果 3"）；　　　　　//K 等于其他值;都不满足的对象

6.5.7　移位和循环指令

移位和循环指令（SHR、SHL、ROR、ROL）与 LAD 中的具有一样的属性，图 6-31 就是引脚到 SCL 的转换，在 SCL 中无须声明数据类型，自动识别，这也是赋值指令的一个属性，但左右类型要相同。

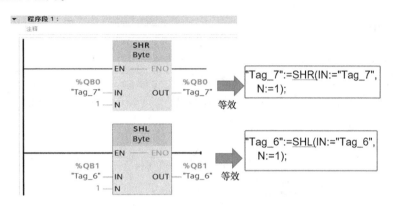

图 6-31　编程示例

6.6　DB 的调用

6.6.1　单一数据

在 LAD 中会常用 DB 来建立中间数据变量和一些 IEC 或者特殊变量，在 SCL 中这些 DB 也是常用的，但是这些数据变量在调用时是有讲究的，比如常规数据、数据组以及 UDT 都是输入 DB1 的符号名称，而输入 DB 号是无效的。在前面的学习中可知，DB 调用时都会在后面引一个小数点，这个小数点叫作引用参数，所谓的参数就是在一个数据中所包含的小数据，也就是包含在 Static 中的静态变量，如图 6-32 所示。

图 6-32　建立变量

在程序框中输入 DB 的符号名称如 "scl 数据块"；由系统识别出关键词并选择后，再输入 "·"，这时就能看到 Static 中的参数了，最后选择如图 6-33 所示。

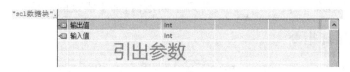

图 6-33 选择变量

上面就是调用过程，调用的完整结构如图 6-34 所示。

6.6.2 数据组

数据组 Array［0..1］of 的前提是将同一类型的变量放入到一个分组中，但是数组中名称无法独立编辑，在调用时，SCL 会进行调用选择数组号，如图 6-35 所示。

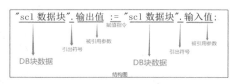

图 6-34 调用结构

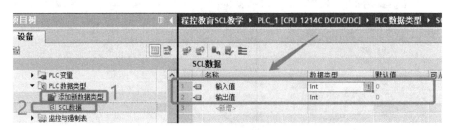

图 6-35 建立变量

SCL 程序为："scl 数据块". 输出值 := "scl 数据块". 数值［0］； //数组中第 0 号传送给输出值

6.6.3 UDT 数据建立及调用

数组作为数据分类来说，符号名称无法统一修改，对于程序分类处理不便，那么 UDT 则能很好地解决这个问题。UDT 也叫"用户数据类型"，它是建立 DB 块的数据类型，在类型下面可以生成各种数据，包含同一类型不同符号名称，这在 HMI、上位机、智能设备通信等来说很便利，很快捷高效，建立过程如下：

1）选择 "PLC 数据类型"→"添加新数据类型"→对新增的 PLC 数据类型进行重命名，最后在这个数据类型中写入要添加的变量，如图 6-36 所示。

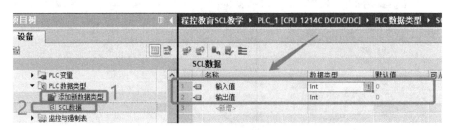

图 6-36 添加变量 1

2）在建立的 DB 块中，单击数据类型，找到刚刚在用户数据类型中更改的名称，然后在 DB 中把 Static 也改为易识别的名称，如图 6-37 所示。

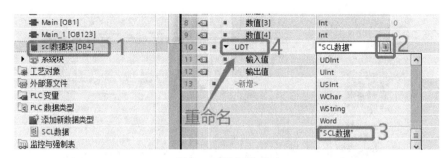

图 6-37　添加变量 2

3）在 SCL 中调用，这里以 UDT 中输入值赋值给输出值为例，如图 6-38 所示。

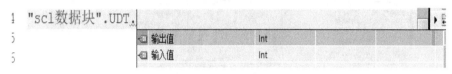

图 6-38　选择变量

SCL 程序为："scl 数据块". UDT. 输出值 := "scl 数据块". UDT. 输入值；

6.6.4　注释注解

程序中有时需要进行注释，在高级语言中，分为单个注释和组合注释。单个注释的符号为"//"，在双斜杠后面写入注解即可，可写入中文注释；组合注释的符号为（* 　*），在星号之间写入注解，如图 6-39 所示。

```
"scl数据块".UDT.输出值 := "scl数据块".UDT.输入值；//程控教育
(*
程控教育程控教育程控教育程控教育程控教
育程控教育程控教育程控教育程控教育程
控教育程控教育程控教育程控教育
*)
```

图 6-39　插入注释

6.7　SCL 程序结构

程序分为主程序、子程序、中断程序，正常运行的是主程序，当要进行中断程序或者子程序时，需要在主程序中定义事件或者调用，下面介绍在 SCL 调用程序的知识。

6.7.1　函数 FC

1）无参数 FC：在使用时，其不带任何形参，格式为程序名加括号，如图 6-40 所示。

在建立时要选择 SCL 或者 LAD 都可以，这里我们均使用 SCL 为例，无形参均为选择全局变量进行程序操作，在调用时，将子程序直接拖入程序框中，括号中体现为无参数，如图 6-41 所示。

2）带参数 FC：带形式参数时，需要先建立形参表，要先了解形参表中的 IN、OUT、

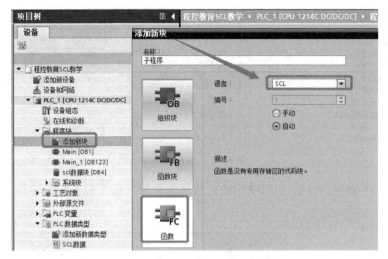

图 6-40　添加函数

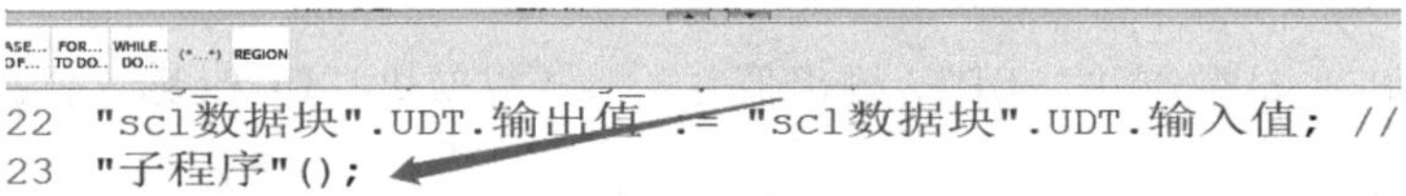

```
22 "scl数据块".UDT.输出值 := "scl数据块".UDT.输入值; //
23 "子程序"();
```

图 6-41　SCL 无形参函数调用

IN/OUT、TEMP 等参数的用途，如写入一个自锁程序，其 SCL 形参如图 6-42 所示。

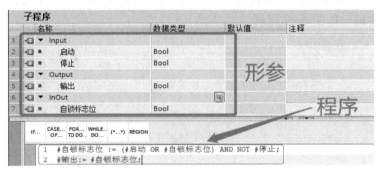

图 6-42　SCL 形参示例

在 SCL 主程序中被调用后参数全部出现在了括号中：

"子程序"(启动:="PLAY",　　　　　　　　　　//PLC 变量中的 I0.0

停止:="STOP",　　　　　　　　　　//PLC 变量中的 I0.1

输出=>"Relay1",　　　　　　　　　　//PLC 变量中的 Q0.0

自锁标志位:="TMEP(1)");　　　　　　//PLC 变量中的 M0.0

6.7.2　函数块 FB

　　FB 函数块一般都是带形参的，因为不管带不带参数，都会生成 DB 块，这个 DB 就是存储 FB 中的所有参数，可建立多重背景，其建立过程和 FC 一样如图 6-43 所示。

　　在主程序中被调用后的效果如图 6-44 所示。

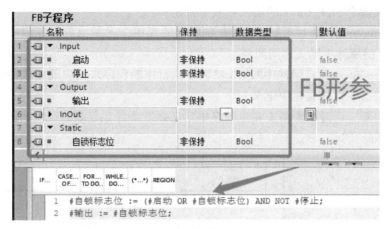

图 6-43　FB 的建立

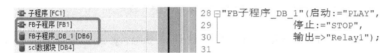

图 6-44　调用 FB

在 FB 中存在多重背景块，使得那些带参数 DB 的指令块能独立生成在 FB 中，无须再生成系统 DB 或者 IN/OUT 类型形参 DB，这样就减少了主程序参数烦琐的建立及调用过程。

6.7.3　中断程序

中断程序在 SCL 和 LAD 中是一样的，都是有特殊的定义事件，只要事件触发以后就会触发中断程序，中断程序高于扫描周期，优先主程序。

除了延时中断需要在主程序中定义条件，其他均为默认条件，其建立过程如图 6-45 所示。

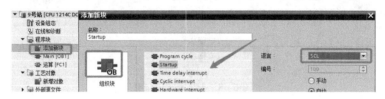

图 6-45　建立中断

这里建立的是以 Startup 启用中断，在中断中写入测试程序，当 PLC 从 STOP 模式，变为 RUN 模式就触发了中断。其编程示例如图 6-46 所示。

图 6-46　编程示例

中断的类型主要有

1）Time delay interrupt：指定的延时时间到达后，延时中断 OB 将中断程序的循环执行。

延时时间在扩展指令 SRT_DINT 的输入参数中指定。

2）Cyclic interrupt：通过循环中断 OB 定期启动程序，无须执行循环程序。可以在本对话框或在该 OB 的属性中定义时间间隔。

3）Hardware interrupt：硬件中断 OB 将循环执行中断程序来响应硬件事件信号。这些事件必须先在所组态硬件的属性中定义。

上述这些中断，延时中断需要在主程序中定义触发条件，复杂的逻辑我们用梯形图来完成，如图 6-47 所示。

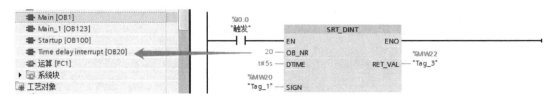

图 6-47　编程示例

【例 6-1】　做一个 100ms 循环中断，实现精确的 2s 计数器，要求用全用 SCL 语言环境编辑编程。

【解】　根据控制要求，该例的 SCL 编程示例如图 6-48 所示。

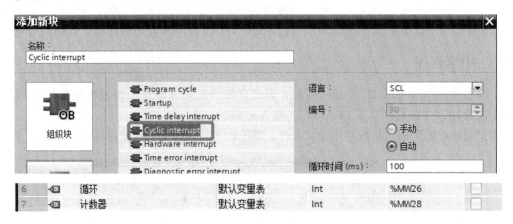

图 6-48　SCL 编程示例

SCL 程序：　　　"循环" := "循环" + 1;　　　　//100ms 计时,2S 周期

　　　　　　　　　IF "循环" = 20 THEN　　　　　//比较到达 20 次

　　　　　　　　　"计数器" := "计数器" + 1;　　//2s 计数器

　　　　　　　　　END_IF;

6.8　SCL 程序案例

SCL 语言不同的运算符，分别可使用以下不同类型的表达式：

1）算术表达式。算术表达式既可以是一个数字值，也可以是由带有算术运算符的两个值或表达式组合而成的。

2）关系表达式。关系表达式是对两个操作数的值进行比较，然后得到一个布尔值。如果比较结果为真，则输出 TRUE，否则输出 FALSE。

3）逻辑表达式。逻辑表达式由两个操作数以及逻辑运算符（AND、OR 或 XOR）或取反操作数（NOT）组成。

【例 6-2】　用 I0.0 做起动按钮，I0.1 做停止按钮，用 IF 条件语句编写一个自锁程序。

【解】　其变量声明表如图 6-49 所示。

PLC 变量					
	名称	变量表	数据类型	地址	保持
1	起动	默认变量表	Bool	%I0.0	
2	停止	默认变量表	Bool	%I0.1	
3	输出	默认变量表	Bool	%Q0.0	

图 6-49　变量声明表

SCL 程序为：

```
IF "起动" = 1 AND "停止" = 0  THEN      //判断 I0.0 导通,且 I0.1 断开
   "输出" : = 1;                        //执行将 Q0.0 置位
END_IF;                                 //结束语句
IF "停止" = 1 THEN                      //判断如果 I0.1 导通
   "输出" : = 0;                        //执行 Q0.0 复位
END_IF;                                 //结束语句
```

【例 6-3】　用 I0.0 做正转起动按钮，I0.1 做反转起动按钮，I0.2 为停止按钮，编写电动机正反转程序，Q0.0 控制正反吸合，Q0.1 控制反转吸合。

【解】　其变量声明表如图 6-50 所示。

PLC 变量								
	名称	变量表	数据类型	地址	保持	可从 ...	从 H...	在 H...
1	正转	默认变量表	Bool	%I0.0		☑	☑	☑
2	反转	默认变量表	Bool	%I0.1		☑	☑	☑
3	正转输出	默认变量表	Bool	%Q0.0		☑	☑	☑
4	停止	默认变量表	Bool	%I0.2		☑	☑	☑
5	反转输出	默认变量表	Bool	%Q0.1		☑	☑	☑

图 6-50　变量声明表

SCL 的程序为：

```
IF "正转" = 1 AND "停止" = 0 AND "反转输出" = 0 THEN
   "反转输出" : = 0; "正转输出" : = 1;
END_IF;
IF "反转" = 1 AND "停止" = 0 AND "正转输出" = 0 THEN
   "正转输出" : = 0; "反转输出" : = 1;
END_IF;
IF "停止" = 1 THEN
   "正转输出" : = 0;
   "反转输出" : = 0;
END_IF;
```

【例 6-4】　用一个 I0.0 的按钮编写一个一键起停输出 Q0.0 的程序，注意一键起停的

性质。

【解】 其变量声明表如图 6-51 所示。

PLC 变量								
	名称	变量表	数据类型	地址	保持	可从 ...	从 H...	在 H...
1	起动	默认变量表	Bool	%I0.0	☐	☑	☑	☑
2	输出	默认变量表	Bool	%Q0.0	☐	☑	☑	☑
3	上升沿标志位	默认变量表	Bool	%M0.0	☐	☑	☑	☑

图 6-51 变量声明表

SCL 程序为:

"R_TRIG_DB"(CLK:="启动",Q=>"上升沿标志位"); //将 I0.0 通过 R_TRIG 指令
                                                转上升沿

IF "上升沿标志位" = 1 THEN   //判断上升沿是否触发,触发
                                                就为 1

"输出" := NOT "输出";   //满足条件执行取反

END_IF;   //结束语句

【例 6-5】 编写一个延时起动,延时停止,按一下 I0.0 后 5s 导通电动机交流接触器 Q0.0,再按下 I0.1 后 4s 后断开交流接触器 Q0.0 的程序。

【解】 其变量声明表如图 6-52 所示。

PLC 变量								
	名称	变量表	数据类型	地址	保持	可从 ...	从 H...	在 H...
1	延时起动	默认变量表	Bool	%I0.0	☐	☑	☑	☑
2	延时停止	默认变量表	Bool	%I0.1	☐	☑	☑	☑
3	输出	默认变量表	Bool	%Q0.0	☐	☑	☑	☑
4	自锁标志位	默认变量表	Bool	%Q0.1	☐	☑	☑	☑

图 6-52 变量声明表

SCL 程序为:

IF "延时起动" = 1 AND "延时停止" = 0 THEN
"自锁标志位":= 1;
END_IF;
IF "延时停止" = 1 THEN
"自锁标志位":= 0;
END_IF;
"IEC_Timer_0_DB".TON(IN:="自锁标志位",
    PT:=t#4s);
"IEC_Timer_0_DB_1".TOF(IN:="自锁标志位",
      PT:=t#4s);
IF "IEC_Timer_0_DB".Q = 1 AND "IEC_Timer_0_DB_1".Q = 1 THEN
"输出":= 1;
END_IF;
IF "IEC_Timer_0_DB_1".Q = 0 THEN
"输出" := 0;
END_IF;

【例 6-6】　用 SCL 编写一个循环运行的流水广告灯程序，要示为 Q0.0→Q0.1→Q0.2→Q0.3→Q0.4→Q0.5→Q0.6→Q0.7 先后起动，然后 Q0.7→Q0.6→Q0.5→Q0.4→Q0.3→Q0.2→Q0.1→Q0.0 之间循环反复，由 I0.0 控制起动，且从第一个灯开始亮，I0.1 停止。在编写时，注意使用 SCL 语言中的 IF 条件判断语句。

【解】　其声明变量表如图 6-53 所示。

		名称	变量表	数据类型	地址	保持	可从	从 H...	在 H...
1		起动	默认变量表	Bool	%I0.0	☐	☑	☑	☑
2		停止	默认变量表	Bool	%I0.1	☐	☑	☑	☑
3		HL组合灯	默认变量表	Byte	%QB0	☐	☑	☑	☑
4		自锁标志位	默认变量表	Bool	%M0.0	☐	☑	☑	☑
5		Clock_10Hz	默认变量表	Bool	%M1000.0	☐	☑	☑	☑
6		脉冲标志位	默认变量表	Bool	%M0.1	☐	☑	☑	☑
7		上电标志	默认变量表	Bool	%M0.2	☐	☑	☑	☑
8		下电标志	默认变量表	Bool	%M0.3	☐	☑	☑	☑
9		左移标志位	默认变量表	Bool	%M0.4	☐	☑	☑	☑
10		右移标志位	默认变量表	Bool	%M0.5	☐	☑	☑	☑

图 6-53　声明变量表

SCL 程序为：

```
IF "起动" = 1 AND "停止" = 0 THEN        //I0.0 起动和 I0.1 停止的自锁
"自锁标志位" : = 1;
END_IF;
IF "停止" = 1 THEN
"自锁标志位" : = 0;
END_IF;
"R_TRIG_DB"(CLK: = "自锁标志位",         //自锁产生上升沿做上电标志位
Q = >"上电标志");
"F_TRIG_DB"(CLK: = "自锁标志位",         //自锁产生下降沿做下电标志位
Q = >"下电标志");
"R_TRIG_DB_1"(CLK: = "Clock_10Hz",      //将 10Hz 转为沿
Q = >"脉冲标志位");
IF "上电标志" = 1 THEN                   //自锁执行,起动首次给 QB0 传 1,停止给 QB0 传 0
"HL 组合灯" : = 1;                       //当 I0.0 自锁产生上升沿以后,首次导通一个 Q0.0
END_IF;
IF  "下电标志" = 1 THEN                  //当 I0.1 触发自锁产生一个下降沿,qb0 状态清 0
"HL 组合灯" :  = 0;
END_IF;
IF "HL 组合灯" = 1 THEN                  //判断左移或者右移标志位,并保持住

"左移标志位" : = 1;                      //当 Q0.0 亮了证明该左移了
"右移标志位" : = 0;
END_IF;
IF "HL 组合灯" = 128 THEN                //当 Q0.7 亮了证明该右移了
"左移标志位" : = 0;
```

"右移标志位" : = 1;
END_IF;
IF "左移标志位" = 1 THEN   //左移标志位触发了,进行左移
IF "脉冲标志位" = 1 THEN   //10Hz脉冲
"HL 组合灯" : = SHL(IN : = "HL 组合灯", N : = 1);//脉冲触发一下,就左移动一下
END_IF;
END_IF;
IF "右移标志位" = 1 THEN   //右移标志位触发了,进行右移
IF "脉冲标志位" = 1 THEN   //10Hz脉冲
"HL 组合灯" : = SHR(IN : = "HL 组合灯", N : = 1);//脉冲触发一下,就右移动一下
END_IF;
END_IF;

【例 6-7】 子程序分为有参和无参,当使用无参数时类似于主程序中的全局变量的自由分配和使用,那么由子程序配合编写一个带参数的自锁程序,要求按下 I0.0 起动,按下 I0.1 停止。

【解】 其局部变量声明如图 6-54 所示。

	自锁			
	名称	数据类型	默认值	注释
1	▼ Input			
2	起动	Bool		
3	停止	Bool		
4	▼ Output			
5	输出	Bool		
6	▼ InOut			
7	自锁标志位	Bool		

图 6-54 局部变量声明

SCL 程序为:
IF #起动 = 1 AND #停止 = 0 THEN
#输出 : = 1;
END_IF;
IF #停止 = 1 THEN
#自锁标志位 : = 0;
END_IF;
#输出 : = #自锁标志位;
在主程序中被调用后,其变量声明表如图 6-55 所示。

	PLC 变量							
	名称	变量表	数据类型	地址	保持	可从…	从 H…	在 H…
1	起动	默认变量表	Bool	%I0.0	☐	☑	☑	☑
2	停止	默认变量表	Bool	%I0.1	☐	☑	☑	☑
3	输出	默认变量表	Bool	%Q0.0	☐	☑	☑	☑
4	自锁标志位	默认变量表	Bool	%M0.0	☐	☑	☑	☑

图 6-55 变量声明表

SCL 程序为：

```
"自锁"(起动:="起动",
停止:="停止",
输出=>"输出",
自锁标志位:="自锁标志位");
```

【例 6-8】 十字路口的交通灯控制，当合上起动按钮时，东西方向亮 4s，闪烁 2s 后灭；黄灯亮 2s；红灯亮 8s 后灭；绿灯亮 4s，如此循环而对应东西方向绿灯、红灯、黄灯亮时、南北方向红灯亮 8s 后灭；接着绿灯亮 4s；闪烁 2s 后灭，红灯又亮，如此循环，请写出 SCL 的 FB 块控制程序，且使用 IF 条件语句。

【解】 首先根据东西和南北方向 3 种灯的亮灭顺序确定控制时序，见表 6-3。

表 6-3　交通灯控制时序

东西路口			南北路口		
路灯名称	PLC 元件	时序	路灯名称	PLC 元件	时序
红灯	Q0.0	0~8s	红灯	Q0.3	8~16s
绿灯	Q0.1	8~14s	绿灯	Q0.4	0~6s
黄灯	Q0.2	14~16s	黄灯	Q0.5	6~8s

在 FB 中建立形参如图 6-56 所示。

子程序

	名称	保持	数据类型	默认值	注释
1	▸ Input				
2	▾ Output				
3	东西红	非保持	Bool	false	
4	东西绿	非保持	Bool	false	
5	东西黄	非保持	Bool	false	
6	南北红	非保持	Bool	false	
7	南北绿	非保持	Bool	false	
8	南北黄	非保持	Bool	false	
9	▸ InOut				
10	▾ Static				
11	▸ 红绿灯定时器	非保持	IEC_TIMER		

图 6-56　建立形参

SCL 程序为：

```
#红绿灯定时器.TON(IN := NOT #红绿灯定时器.Q,
PT := T#16s);                         //定时器 16s 周期循环
//******************************东西路口******************************
IF #红绿灯定时器.ET >= t#0s AND #红绿灯定时器.ET < t#8s THEN
#东西红 := 1;              //0~8s 的东西红灯亮
#东西黄 := 0;
#东西绿 := 0;
END_IF;
```

```
IF #红绿灯定时器 . ET >= t#8s AND #红绿灯定时器 . ET < t#14s THEN
#东西红 : = 0;              //8~14s 的东西绿灯亮
#东西黄 : = 0;
#东西绿 : = 1;
END_IF;
IF #红绿灯定时器 . ET >= t#14s AND #红绿灯定时器 . ET < t#16s THEN
#东西红 : = 0;              //14~16s 的东西黄灯亮
#东西黄 : = 1;
#东西绿 : = 0;
END_IF;
//* * * * * * * * * * * * * * * * * * * * * * * * * * * * * *南北路口* * *
* * * * * * * * * * * * * * * * * * * * * * * * * * * * * * * * * * *
IF #红绿灯定时器 . ET >= t#0s AND #红绿灯定时器 . ET < t#6s THEN
#南北红 : = 0;        //0~6s 的南北绿灯亮
#南北黄 : = 0;
#南北绿 : = 1;
END_IF;
IF #红绿灯定时器 . ET >= t#6s AND #红绿灯定时器 . ET < t#8s THEN
#南北红 : = 0;        //6~8s 的南北黄灯亮
#南北黄 : = 1;
#南北绿 : = 0;
END_IF;
IF #红绿灯定时器 . ET >= t#8s AND #红绿灯定时器 . ET < t#16s THEN
#南北红 : = 1;        //14~16s 的东西红灯亮
#南北黄 : = 0;
#南北绿 : = 0;
END_IF;
```

主程序部分的变量声明表如图 6-57 所示。

19		东西红	默认变量表	Bool	%M1.0	☐	☑	☑	☑
20		东西绿	默认变量表	Bool	%M1.1	☐	☑	☑	☑
21		东西黄	默认变量表	Bool	%M1.2	☐	☑	☑	☑
22		南北红	默认变量表	Bool	%M1.3	☐	☑	☑	☑
23		南北黄	默认变量表	Bool	%M1.4	☐	☑	☑	☑
24		南北绿	默认变量表	Bool	%M1.5	☐	☑	☑	☑
25		东西红输出	默认变量表	Bool	%Q0.0	☐	☑	☑	☑
26		东西绿输出	默认变量表	Bool	%Q0.1	☐	☑	☑	☑
27		东西黄输出	默认变量表	Bool	%Q0.2	☐	☑	☑	☑
28		南北红输出	默认变量表	Bool	%Q0.3	☐	☑	☑	☑
29		南北绿输出	默认变量表	Bool	%Q0.4	☐	☑	☑	☑
30		南北黄输出	默认变量表	Bool	%Q0.5	☐	☑	☑	☑
31		Clock_1Hz	默认变量表	Bool	%M1000.5	☐	☑	☑	☑

图 6-57　变量声明表

SCL 程序为

```
    "子程序_DB"(东西红 =>"东西红",
              东西绿 =>"东西绿",
              东西黄 =>"东西黄",
              南北红 =>"南北红",
              南北绿 =>"南北绿",
              南北黄 =>"南北黄");
//  * * * * * * * * * * * * * * * * * * * * * * * * * * * * * * * * 东西路口 * *
* * * * * * * * * * * * * * * * * * * * * * * * * * * * * * *
    "东西红输出" : = "东西红";
    "东西黄输出" : = "东西黄";
    IF "东西绿" = 1 THEN
    IF "子程序_DB". 红绿灯定时器. ET >= t#8s AND "子程序_DB". 红绿灯定时器. ET < t
#12s THEN
    "东西绿输出" : = 1;
    END_IF;
    IF "子程序_DB". 红绿灯定时器. ET >= t#12s AND "子程序_DB". 红绿灯定时器. ET <
t#14s THEN
    "东西绿输出" : = "Clock_1Hz";
    END_IF;
    ELSIF "东西绿" <> 1 THEN
    "东西绿输出" : = 0;
    END_IF;
//  * * * * * * * * * * * * * * * * * * * * * * * * * * * * * * * * 南北路口
* * * * * * * * * * * * * * * * * * * * * * * * * * * * * * *
    "南北黄输出" : = "南北黄";
    "南北红输出" : = "南北红";
    IF "南北绿" = 1 THEN
    IF "子程序_DB". 红绿灯定时器. ET >= t#0s AND "子程序_DB". 红绿灯定时器. ET < t
#4s THEN
    "南北绿输出" : = 1;
    END_IF;
    IF "子程序_DB". 红绿灯定时器. ET >= t#4s AND "子程序_DB". 红绿灯定时器. ET < t
#6s THEN
    "南北绿输出" : = "Clock_1Hz";
    END_IF;
    ELSIF "南北绿" <> 1 THEN
    "南北绿输出" : = 0;
    END_IF;
```

191

第 7 章

S7-1200 PLC 的工艺功能及应用

本章将介绍 S7-1200 PLC 的工艺功能，主要包括 S7-1200 PLC 高速计数器的应用、运动控制和 PID 控制。

7.1 高速计数器简介

高速计数器能够对超出 CPU 普通计数能力的脉冲信号进行测量。S7-1200 PLC CPU 提供了多个高速计数器（HSC1～HSC6）以响应快速脉冲输入信号。高速计数器的计数速度比 PLC 的扫描速度要快得多，因此高速计数器可独立于用户程序工作，不受扫描时间的限制。用户通过相关指令和硬件组态可控制计数器的工作。高速计数器的典型应用是利用光电编码器测量转速和位移。

7.1.1 高速计数器的工作模式

高速计数器的工作模式见表 7-1。

表 7-1 高速计数器的工作模式

类型	输入 1	输入 2	输入 3	功能
具有内部方向控制的单相计数器	时钟	—	—	计数或频率
			复位	计数
具有外部方向控制的单相计数器	时钟	方向	—	计数或频率
			复位	计数
具有 2 个时钟输入的双相计数器	加时钟	减时钟	—	计数或频率
			复位	计数
A/B 相正交计数器	A 相	B 相	—	计数或频率
			复位	计数

高速计数器有 5 种工作模式，每个计数器都有时钟、方向控制和复位启动等特定输入。对于两个相位计数器，两个时钟都可以运行在最高频率，高速计数器的最高计数频率取决于 CPU 的类型和信号板的类型。在正交模式下，可选择 1 倍速或者 4 倍速输入脉冲频率的内部计数频率。高速计数器 5 种工作模式分别如下：

1）单相计数器，内部方向控制。单相计数器的原理如图 7-1 所示，计数器采集并记录时钟信号的个数，当内部方向信号可更新，为 1 时，计数器的当前值增加；当内部方向信号可更新，为−1 时，计数器的当前数值减小。

2）单相计数器，外部方向控制。单相计数器的原理图如图 7-1 所示，计数器采集并记录时钟信号的个数，当外部方向信号（例如外部按钮信号）为高电平时，计数器的当前值增加；当外部方向信号为低电平时，计数器的当前值减小。

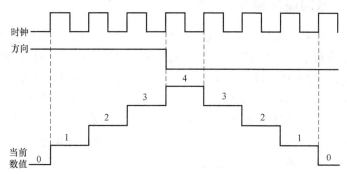

图 7-1　单相计数器原理图

3）两相计数器，两路时钟脉冲输入。加减两相计数器原理图如 7-2 所示，计数器采集并记录时钟信号的个数，加计数信号端子和减信号计数端子分开。当加计数有效时，计数器的当前值增加；当减计数有效时，计数器的当前值减少。

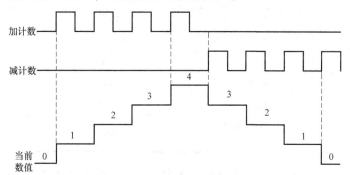

图 7-2　加减两相计数器原理图

4）A/B 相正交计数器。A/B 相正交计数器原理图如图 7-3 所示，计数器采集并记录时钟信号的个数。A 相计数信号端子和 B 相信号计数端子分开，当 A 相计数信号超前时，计数器的当前值增加；当 B 相计数信号超前时，计数器的当前数值减少。利用光电编码器（或者光栅尺）测量位移和速度时，通常采用这种方式。

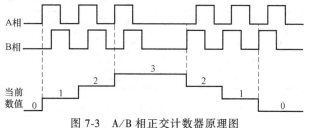

图 7-3　A/B 相正交计数器原理图

S7-1200 PLC 支持 1 倍速 4 倍速输入脉冲频率。

5）监控 PTO 输出。HSC1 和 HSC2 支持此工作模式。S7-1200 PLC 除了提供计数功能外，还提供了频率测量功能，有 3 种不同的频率测量周期：1.0s、0.1s 和 0.01s。频率测量周期是这样定义的：计算并返回新的频率值的时间间隔。返回的频率值为上一个测量周期中所有测量值的平均，无论测量周期如何选择，测量出的频率值总是以 Hz（每秒脉冲数）为单位。在此工作模式，不需要外部接线，用于检测 PTO 功能发出的脉冲。如用 PTO 功能控制步进驱动系统或者伺服驱动系统，可以利用此模式监控步进电动机或者伺服电动机的位置和速度。

7.1.2 高速计数器的硬件输入

S7-1200 PLC CPU 最多提供 6 个高速计数器，其独立于 CPU 的扫描周期进行计数。CPU 1217C 可测量的脉冲频率最高为 1MHz，其他型号的 S7-1200 V4.0 CPU 可测量到的单相脉冲频率最高为 100kHz，A/B 相最高为 80kHz。如果使用信号板还可以测量单相脉冲频率高达 200kHz 的信号，A/B 相最高为 160kHz。S7-1200 V4.0 CPU 和信号板具有可组态的硬件输入地址，因此可测量到的高速计数器频率与高速计数器编号无关，且与所使用的 CPU 和信号板的硬件输入地址有关。CPU 型号不同所支持的高速计数器个数略有差别，例如 CPU1211C 最多支持 4 个。CPU 本体输入通道和最大频率见表 7-2。

表 7-2 CPU 本体输入通道和最大频率

CPU	CPU 输入通道	1 或 2 相位模式	A/B 相正交相位模式
1211C	Ia. 0~Ia. 5	100kHz	80kHz
1212C	Ia. 0~Ia. 5	100kHz	80kHz
	Ia. 6~Ia. 7	30kHz	20kHz
1214C 和 1215C	Ia. 0~Ia. 5	100kHz	80kHz
	Ia. 6~Ib. 5	30kHz	20kHz
1217C	Ia. 0~Ia. 5	100kHz	80kHz
	Ia. 6~Ib. 1	30kHz	20kHz
	Ib. 2~Ib. 5 (. 2+,. 2-~. 5+,. 5-)	1MHz	1MHz

S7-1200 PLC 除了 CPU 本体提供高速输入点之外，同时也提供了支持高速输入的信号板（SB），见表 7-3。

表 7-3 信号板（SB）输入通道和最大频率

SB 信号板	SB 输入通道	1 或 2 相位模式	A/B 相正交相位模式
SB 1221, 200kHz	Ie. 0~Ie. 3	200kHz	160kHz
SB 1223, 200kHz	Ie. 0, Ie. 1	200kHz	160kHz
SB 1223	Ie. 0, Ie. 1	30kHz	20kHz

注意，S7-1200 PLC 本体和扩展信号板共仅支持 6 路高速计数器。CPU1217C 的高速计数功能最为强大，因为这款 CPU 主要针对运动控制设计。

高速计数器的硬件输入接口与普通数字量接口使用相同的地址。已经定义用于高速计数器的输入点不能再用于其他功能。但某些模式下，没有用到的输入点还可以用作数字量输入点。S7-1200 PLC CPU 高速计数器模式和输入分配见表 7-4。

需要注意的是，在不同的工作模式下，同一物理输入点可能有不同的定义，使用时需要查表 7-4；用于高速计数器的物理点，只能使用 CPU 上集成 I/O 或信号板，不能使用扩展模块。

194

表 7-4　S7-1200 PLC CPU 高速计数器模式和输入分配

HSC 计数器模式		数字量输入字节 0(默认值:0.x)								数字量输入字节 1(默认值:1.x)					
		0	1	2	3	4	5	6	7	0	1	2	3	4	5
HSC 1	单相	C	[d]		[R]										
	双相	CU	CD		[R]										
	AB 相	A	B		[R]										
HSC 2	单相		[R]	C	[d]										
	双相		[R]	CU	CD										
	AB 相		[R]	A	B										
HSC 3	单相					C	[d]		[R]						
	双相					CU	CD		[R]						
	AB 相					A	B		[R]						
HSC 4	单相						[R]	C	[d]						
	双相						[R]	CU	CD						
	AB 相						[R]	A	B						
HSC 5	单相									C	[d]	[R]			
	双相									CU	CD	[R]			
	AB 相									A	B	[R]			
HSC 6	单相												C	[d]	[R]
	双相												CU	CD	[R]
	AB 相												A	B	[R]

7.1.3　高速计数器的寻址

S7-1200 PLC CPU 将每个高速计数器的测量值，存储在输入过程映像区内，数据类型为 32 位双整型有符号数，用户可以在设备组态中修改存储地址，并在程序中直接访问，但由于过程映像区受扫描周期影响，读取到的值并不是当前时刻的实际值，在一个扫描周期内，此数值不会发生变化，但计数器中的实际值有可能会在一个周期内变化，用户无法读到此变化。用户可通过读取外设地址的方式，读取到当前时刻的实际值。以 ID1000 为例，其外设地址为 "ID1000：P"。表 7-5 为高速计数器默认寻址列表。

表 7-5　高速计数器默认寻址列表

高速计数器编号	默认地址	高速计数器编号	默认地址
HSC1	ID1000	HSC4	ID1012
HSC2	ID1004	HSC5	ID1016
HSC3	ID1008	HSC6	ID1020

7.1.4 高速计数器的中断功能

S7-1200 PLC 在高速计数器中提供了中断功能，用以处理某些特定条件下触发的程序共有 3 种中断事件：

1) 当前值等于预置值。

2) 使用外部信号复位。

3) 带有外部方向控制时，计数方向发生改变。

7.1.5 高速计数器的应用

与其他小型 PLC 不同，使用 S7-1200 PLC 的高速计数器完成计数功能，主要的工作是硬件配置，而不是程序编写，简单的高速计数甚至不需要编写程序，只需进行硬件配置即可。

1. 高速计数器指令块

如图 7-4 所示，在右边的指令窗口中"工艺"→"计数"→"其它"将"CTRL_HSC"指令拖放到 OB1 中。

高速计数器指令块需要使用指定背景数据块用于存储参数，如图 7-5 所示。其参数含义见表 7-6。

图 7-4 "CTRL_HSC"指令

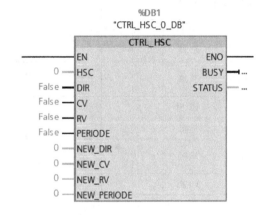

图 7-5 高速计数器指令框

表 7-6 高速计数器指令块参数含义

参数	数据类型	含义
HSC	HW_HSC	高速计数器硬件标识符
DIR	Bool	为"1"表示使能新方向
CV	Bool	为"1"表示使能新初始值
RV	Bool	为"1"表示使能新参考值
PERIODE	Bool	为"1"表示使能新频率测量周期
NEW_DIR	Int	方向选择："1"表示加计数，"−1"表示减计数
NEW_CV	DInt	新初始值
NEW_RV	DInt	新参考值
NEW_PERIODE	Int	新频率测量周期
BUSY	Bool	为"1"表示正处于运行状态
STATUS	Word	指令的执行状态，可查找指令执行期是否出错

使用"控制高速计数器"指令可以对参数进行设置并通过将新值加载到计数器来控制 CPU 支持的高速计数器。指令的执行需要启用待控制的高速计数器。对于指定的高速计数器,无法在程序中同时执行多个"控制高速计数器"指令。

使用"控制高速计数器"指令可以将以下参数值加载到高速计数器:

1)计数方向(NEW_DIR):计数方向定义高速计数器是加计数还是减计数。计数方向通过输入 NEW_DIR 相应的值来定义:1 表示加计数,-1 表示减计数。只有通过程序参数设置方向控制后,才能使用"控制高速计数器"指令更改计数方向。输入 NEW_DIR 指定的计数方向将在置位输入 DIR 位时装载到高速计数器。

2)计数值(NEW_CV):计数值是高速计数器开始计数时使用的初始值。计数值的范围为 -2147483648 ~ 2147483647。输入 NEW_CV 指定的计数值将在置位输入 CV 位时装载到高速计数器。

3)参考值(NEW_RV):可以通过比较参考值和当前计数器的值,触发一个报警。与计数值类似,参考值的范围为 -2147483648 ~ 2147483647。输入 NEW_RV 指定的参考值将在置位输入 RV 位时装载到高速计数器。

4)频率测量周期(NEW_PERIOD):频率测量周期通过输入 NEW_PERIOD 的以下值来指定:10 = 0.01s,100 = 0.1s,1000 = 1s。如果为指定高速计数器组态了"测量频率"功能,那么可以更新该时间段。输入 NEW_PERIOD 中指定的时间段将在置位输入 PERIOD 位时装载到高速计数器。

只有输入 EN 的信号状态为"1"时,才执行"控制高速计数器"指令。

只有使能输入 EN 的信号状态为"1"且执行该操作期间没有出错时,才置位使能输出 ENO。

插入"控制高速计数器"指令时,将创建一个用于保存操作数据的背景数据块。

2. 高速计数器的组态

1)新建项目,添加 CPU。打开 TIA 博途软件,组态添加 PLC,本例为 CPU 1214C。

2)选择项目树中的 PLC,单击巡视窗口的"属性"选项卡左边的"常规"选项,单击"高速计数器(HSC)"下的"HSC1",打开其"常规"参数组,在右边窗口用复选框选中"启用该高速计数器",即激活了"HSC1",如图 7-6 所示。

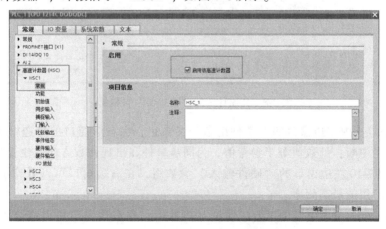

图 7-6　高速计数器的"常规"参数组

3) 单击图 7-6 左边 "功能" 参数组, 在 "功能" 界面可以设置下列参数 (见图 7-7):

① 使用 "计数类型" 下拉列表, 可选计数、周期、频率和运行控制。

② 使用 "工作模式" 下拉列表, 可选单相、两相位、A/B 计数器和 A/B 计数器四倍频。

③ 使用 "计数方向取决于" 下拉列表, 可选用户程序 (内部方向控制)、输入 (外部方向控制)。

④ 使用 "初始计数方向" 下拉列表, 可选增计数、减计数。

⑤ 使用 "频率测量周期" 下拉列表, 可选 1.0s、0.1s、和 0.01s (需要在 "计数类型" 中选择周期或频率选项)。

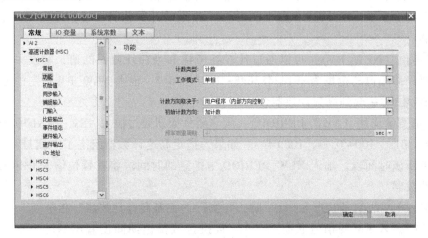

图 7-7 高速计数器 "功能" 参数组

4) 选中图 7-8 左边窗口的 "初始值" 参数组, 设置初始计数器值、初始参考值。

图 7-8 高速计数器 "初始值" 参数组

5) 选中图 7-9 中左边窗口的 "事件组态" 参数组, 在右边窗口的复选框激活下列事件出现时是否产生中断: 计数值等于参考值、为同步事件和出现计数方向发生变化事件。

6) 选中图 7-10 左边窗口的 "硬件输入" 参数组, 在右边窗口可以看到该 HSC 使用的硬件输入点和可用的最高频率。

7) 选中图 7-11 左边窗口的 "I/O 地址" 参数组, 在右边窗口可以修改该 HSC 的起始地址。

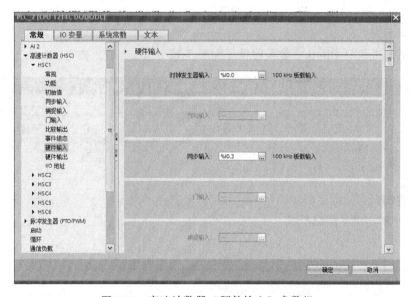

图 7-9　高速计数器"事件组态"参数组

图 7-10　高速计数器"硬件输入"参数组

图 7-11　高速计数器"I/O 地址"参数组

以下用一个例子来说明高速计数器的应用。

【例 7-1】 假设在旋转机械上有增量式编码器作为反馈，并接到 S7-1200 PLC。要求在计数 1000 个脉冲时，计数器复位，并置位 Q0.0，将新预设值设定为 1500 个脉冲。当计满 1500 个脉冲后复位 Q0.0，并将预设值在设为 1000，周而复始执行此功能。

【解】（1）硬件组态

1）在项目视图项目树中打开设备组态对话框，选中 CPU，在"属性"对话框的"高速计数器"选项中，选择高速计数器 HSC1，并勾选"启用该高速计数器"。

2）在"功能"参数组中将"计数器类型"设为"计数"，将"工作模式"设为"单相"，将"计数方向取决于"设为"用户程序（内部控制方向）"，将"初始计数方向"设为"加计数"。

3）在"复位为初始值"参数组中将"初始计数器值"设为"0"，将初始参考值设为"1000"。

4）在"事件组态"参数组中勾选"为计数器值等于参考值这一事件生成中断"复选框，在"硬件中断"下拉式列表中选择新增硬件中断（Hardware interrupt）组织块 OB40。

5）硬件输入和 I/O 地址均使用系统默认。

（2）编写程序

在硬件中断组织块 OB40 中编写的程序如图 7-12 所示。

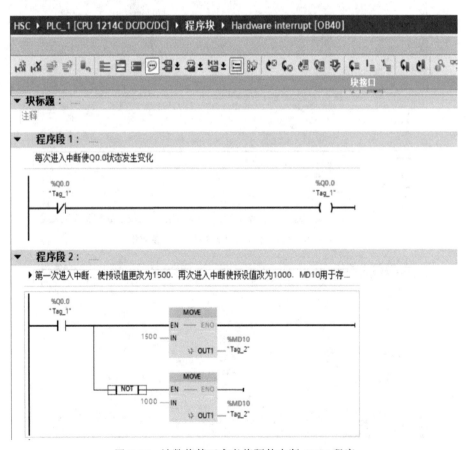

图 7-12　计数值等于参考值硬件中断 OB40 程序

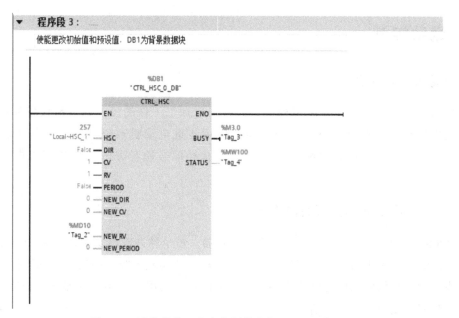

图 7-12　计数值等于参考值硬件中断 OB40 程序（续）

【例 7-2】　测量电动机的转速。

【解】　将旋转增量式编码器（编码器的线数为 400，即编码器转一圈输出 400 个脉冲）安装在电动机的输出轴上，编码器的 A 相接在 PLC 的 I0.0 上。并进行如下组态：

1）在项目视图项目树中打开设备组态对话框，选中 CPU，在"属性"对话框的"高速计数器"选项中，选择高速计数器 HSC1，勾选"启用该高速计数器"。

扫一扫　看视频

2）在"功能"参数组中将"计数类型"设为"频率"，将"工作模式"设为"单相"，将"计数方向取决于"设为"用户程序（内部方向控制）"，将"初始计数方向"设为"加计数"，将"频率测量周期"设为"1s"。

编写程序如图 7-13 所示。

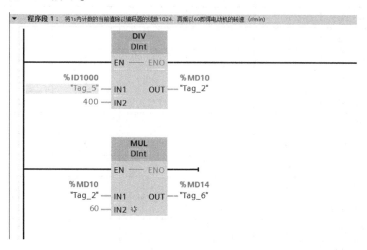

图 7-13　电动机的转速测量程序

7.2 运动控制

7.2.1 运动控制简介

在自动化生产、加工和控制过程中，经常要对加工工件的尺寸或机械设备移动的距离进行准确定位控制。在定位控制系统中经常使用步进电动机或伺服电动机作为驱动或控制元件。定位控制的关键是通过 PLC 发送高速脉冲信号使步进电动机或伺服电动机做精确定位。

7.2.2 S7-1200 PLC 的运动控制功能

S7-1200 PLC CPU 提供了 4 个脉冲输出发生器。每个脉冲输出发生器提供一个脉冲输出和一个方向输出，用于通过脉冲接口对步进电动机驱动器或伺服电动机驱动器进行控制。脉冲输出为驱动器提供电动机运动所需的脉冲，方向输出则用于控制驱动器的行进方向，PTO 输出生成频率可变的方波脉冲信号。

DC/DC/DC 型 S7-1200 PLC CPU 上配有用于直接控制驱动器的板载输出。继电器型 CPU 需要具有用来控制驱动器的 DC 输出信号板。信号板（SB，Signal Board）可将板载 I/O 扩展多个附加 I/O 点。具有 2 个数字量输出的 SB 可用作控制一台电动机的脉冲输出和方向输出。具有 4 个数字量输出的 SB 可用作控制两台电动机的脉冲输出和方向输出。不能将内置继电器输出用作控制电动机的脉冲输出。不论是使用板载 I/O、SB I/O 还是两者的组合，最多可以拥有 4 个脉冲发生器。S7-1200 PLC 可控制驱动器最大数目见表 7-7。

表 7-7　S7-1200 PLC 可控制驱动器最大数目

CPU 型号		板载 I/O, 未安装任何 SB		带 SB(2×DC 输出)		带 SB(4×DC 输出)	
		带方向	不带方向	带方向	不带方向	带方向	不带方向
1211C	DC/DC/DC	2	4	3	4	4	4
	AC/DC/RLY	0	0	1	2	2	4
	DC/DC/RLY	0	0	1	2	2	4
1212C	DC/DC/DC	3	4	3	4	4	4
	AC/DC/RLY	0	0	1	2	2	4
	DC/DC/RLY	0	0	1	2	2	4
1214C	DC/DC/DC	4	4	4	4	4	4
	AC/DC/RLY	0	0	1	2	2	4
	DC/DC/RLY	0	0	1	2	2	4
1215C	DC/DC/DC	4	4	4	4	4	4
	AC/DC/RLY	0	0	1	2	2	4
	DC/DC/RLY	0	0	1	2	2	4
1217C	DC/DC/DC	4	4	4	4	4	4

在 CPU 处于 RUN 模式下时，根据用户的选择，将由存储在映像寄存器中的值或者脉冲发生器的输出来驱动数字量输出；在 STOP 模式下，PTO 发生器不控制输出。板载 CPU 输出和信号板的输出可用作脉冲和方向输出。在设备组态期间，可以在"属性（Properties）"选项卡的脉冲发生器（PTO/PWM）中，选择板载 CPU 输出或信号板输出。只有 PTO（Pulse Train Output）适用于运动控制。S7-1200 PLC 板载脉冲输出的最大频率见表 7-8；信号板的脉冲输出最大频率见表 7-9。

表 7-8　S7-1200 PLC 板载脉冲输出最大频率

CPU	CPU 输出通道	脉冲和方向输出	A/B，正交，上/下和脉冲/方向
1211C	Qa. 0～Qa. 3	100kHz	100kHz
1212C	Qa. 0～Qa. 3	100kHz	100kHz
	Qa. 4、Qa. 5	20kHz	20kHz
1214C 和 1215C	Qa. 0～Qa. 3	100kHz	100kHz
	Qa. 4～Qb. 1	20kHz	20kHz
1217C	DQa. 0～DQa. 3 （. 0+,. 0-～. 3+,. 3-）	1MHz	1MHz
	DQa. 4～DQb. 1	100kHz	100kHz

表 7-9　SB 脉冲输出最大频率（可选信号板）

SB 信号板	SB 输出通道	脉冲和方向输出	A/B，正交，上/下和脉冲/方向
SB 1222，200kHz	DQe. 0～DQe. 3	200kHz	200kHz
SB 1223，200kHz	DQe. 0，DQe. 1	200kHz	200kHz
SB 1223	DQe. 0，DQe. 1	20kHz	20kHz

S7-1200 PLC 运动控制根据连接驱动方式不同，有 3 种控制方式，如图 7-14 所示。

1) PROFIdrive：S7-1200 PLC 通过基于 PRO-FIBUS/PROFINET 的 PROFIdrive 方式与支持 PROFIdrive 的驱动器连接，进行运动控制。

2) PTO：S7-1200 PLC 通过发送 PTO 脉冲的方式控制驱动器，可以是脉冲+方向、A/B 正交，也可以是正/反脉冲的方式。

3) 模拟量：S7-1200 PLC 通过输出模拟量来控制驱动器。

7.2.3　步进电动机和交流伺服电动机性能比较

步进电动机是一种离散运动的装置，它和现代数字控制技术有着本质的联系。在目前国内的

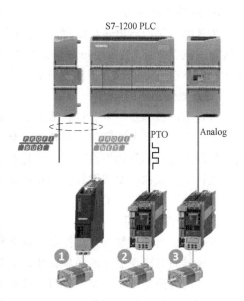

图 7-14　S7-1200 PLC 运动控制方式

数字控制系统中，步进电动机的应用十分广泛。随着全数字式交流伺服系统的出现，交流伺服电动机也越来越多地应用于数字控制系统中。为了适应数字控制的发展趋势，运动控制系统中大多采用步进电动机或全数字式交流伺服电动机作为执行电动机。虽然两者在控制方式上相似（脉冲串和方向信号），但在使用性能和应用场合上存在着较大的差异。现就两者的使用性能进行比较。

1. 控制精度不同

两相混合式步进电动机步距角一般为3.6°、1.8°，五相混合式步进电动机步距角一般为0.72°、0.36°。也有一些高性能的步进电动机步距角更小，如四通公司生产的一种用于慢走丝机床的步进电动机，其步距角为0.09°；德国百格拉公司（BERGER LAHR）生产的三相混合式步进电动机步距角可通过拨码开关设置为1.8°、0.9°、0.72°、0.36°、0.18°、0.09°、0.072°、0.036°，兼容了两相和五相混合式步进电动机的步距角。

交流伺服电动机的控制精度由电动机轴后端的旋转编码器保证。以松下全数字式交流伺服电动机为例，对于带有标准2500线编码器的电动机而言，由于驱动器内部采用了四倍频技术，其脉冲当量为360°/10000 = 0.036°；对于带有17位编码器的电动机而言，驱动器每接收 2^{17} = 131072 个脉冲电动机转一圈，即其脉冲当量为360°/131072 = 0.00275°，是步距角为1.8°的步进电动机的脉冲当量的1/655。

2. 低频特性不同

步进电动机在低速时易出现低频振动现象。振动频率与负载情况和驱动器性能有关，一般认为振动频率为电动机空载起跳频率的一半。这种由步进电动机的工作原理所决定的低频振动现象对于机器的正常运转非常不利。当步进电动机工作在低速时，一般应采用阻尼技术来克服低频振动现象，比如在电动机上加阻尼器或驱动器上采用细分技术等。

交流伺服电动机运转非常平稳，即使在低速时也不会出现振动现象。交流伺服系统具有共振抑制功能，可弥补机械的刚性不足，并且系统内部具有频率解析机能（FFT），可检测出机械的共振点，便于系统调整。

3. 矩频特性不同

步进电动机的输出转矩随转速升高而下降，且在较高转速时会急剧下降，所以其最高工作转速一般在300～600r/min。交流伺服电动机为恒转矩输出，即在其额定转速（一般为2000r/min或3000r/min）以内都能输出额定转矩，在额定转速以上为恒功率输出。

4. 过载能力不同

步进电动机一般不具有过载能力。交流伺服电动机具有较强的过载能力。以松下交流伺服系统为例，它具有速度过载和转矩过载能力。其最大转矩为额定转矩的三倍，可用于克服惯性负载在起动瞬间的惯性转矩。步进电动机因为没有这种过载能力，在选型时为了克服这种惯性转矩，往往需要选取较大转矩的电动机，而机器在正常工作期间又不需要那么大的转矩，便出现了转矩浪费的现象。

5. 运行性能不同

步进电动机的控制为开环控制，起动频率过高或负载过大易出现丢步或堵转的现象，停止时转速过高易出现过冲的现象，所以为保证其控制精度，应处理好升、降速问题。交流伺服驱动系统为闭环控制，驱动器可直接对电动机编码器反馈信号进行采样，内部构成位置环和速度环，一般不会出现步进电动机的丢步或过冲的现象，控制性能更为可靠。

6. 速度响应性能不同

步进电动机从静止加速到工作转速（一般为每分钟几百转）一般需要 200~400ms。交流伺服系统的加速性能较好，以松下 MSMA 400W 交流伺服电动机为例，从静止加速到其额定转速 3000r/min 仅需几毫秒，可用于要求快速起停的控制场合。

综上所述，交流伺服系统在许多性能方面都优于步进电动机。但在一些要求不高的场合也经常用步进电动机来做执行电动机。所以，在控制系统的设计过程中要综合考虑控制要求、成本等多方面的因素，选用适当的控制电动机。

7.2.4　步进电动机简介

步进电动机是将电脉冲信号转变为角位移或线位移的开环控制电动机，是现代数字程序控制系统中的主要执行元件，应用极为广泛。在非超载的情况下，电动机的转速、停止的位置只取决于脉冲信号的频率和脉冲数，而不受负载变化的影响。当步进驱动器接收到一个脉冲信号，它就驱动步进电动机按设定的方向转动一个固定的角度，称为"步距角"，步进电动机旋转是以固定的角度一步一步运行的，可以通过控制脉冲个数来控制角位移量，从而达到准确定位的目的；同时可以通过控制脉冲频率来控制电动机转动的速度和加速度，从而达到调速的目的。

步进电动机是一种将电脉冲转化为角位移的执行机构。一般电动机是连续旋转的，而步进电动机的转动是一步一步进行的。每输入一个脉冲电信号，步进电动机就转动一个角度。通过改变脉冲频率和数量，即可实现调速和控制转动的角位移大小，具有较高的定位精度，其最小步距角可达 0.75°，转动、停止、反转反应灵敏、可靠，在开环数控系统中得到了广泛的应用。

步进电动机作为执行元件，是机电一体化的关键产品之一，广泛应用在各种家电产品中，例如打印机、磁盘驱动器、电动玩具、机械手臂和录像机等。另外，步进电动机也广泛应用于各种工业自动化系统中。由于通过控制脉冲个数可以很方便地控制步进电动机转过的角位移，且步进电动机的误差不积累，可以达到准确定位的目的。此外，还可以通过控制频率很方便地改变步进电动机的转速和加速度，达到任意调速的目的，因此步进电动机可以广泛地应用于各种开环控制系统中。步进电动机和驱动器如图 7-15 所示。

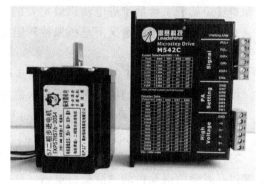

图 7-15　步进电动机和驱动器

选择步进电动机和驱动器时，可从以下几个方面入手：

①判断需多大转矩：静转矩是选择步进电动机的主要参数之一。负载大时，需采用大转矩电动机。转矩大时，电动机外形也大；②判断电动机运转速度：转速要求高时，应选相电流较大、电感较小的电动机，以增加功率输入，且在选择驱动器时采用较高供电电压；③选择电动机的安装规格（如 57、86、110 等），主要与转矩要求有关；④确定定位精度和振动方面的要求情况：判断是否需细分，需多少细分；⑤根据电动机的电流、细分和供电电压选择驱动器。

1. 步进电动机的分类

步进电动机可分为永磁式步进电动机、反应式步进电动机、混合式步进电动机。

1）永磁式步进电动机一般为两相，转矩和体积较小，步距角一般为 7.5° 或 15°。

2）反应式步进电动机一般为三相，可实现大转矩输出，步距角一般为 1.5°，但噪声和振动都很大。

3）混合式步进电动机是指混合了永磁式和反应式的优点。它又分为两相和五相。两相步距角一般为 1.8°，而五相步进角一般为 0.72°。

2. 步进电动机的重要参数

（1）步距角

它表示控制系统每发一个步进脉冲信号，电动机所转动的角度。电动机出厂时给出了一个步距角的值，这个步距角可以称为"电动机固有步距角"，它不一定是电动机实际工作时的真正步距角，真正的步距角和驱动器有关。

（2）相数

步进电动机的相数是指电动机内部的线圈组数，目前常用的有二相、三相、四相、五相步进电动机。电动机相数不同，其步距角也不同，一般二相电动机的步距角为 0.9°/1.8°、三相的为 0.75°/1.5°、五相的为 0.36°/0.72°。在没有使用细分驱动器时，用户主要靠选择不同相数的步进电动机来满足自己步距角的要求。如果使用细分驱动器，则"相数"将变得没有意义，用户只需在驱动器上改变细分数，就可以改变步距角。

（3）保持转矩

保持转矩（HOLDING TORQUE）是指步进电动机通电但没有转动时，定子锁住转子的转矩。它是步进电动机最重要的参数之一，通常步进电动机在低速时的转矩接近保持转矩。由于步进电动机的输出转矩随速度的增大而不断衰减，输出功率也随速度的增大而变化，所以保持转矩就成了衡量步进电动机最重要的参数之一。比如，当人们说 2N·m 的步进电动机，在没有特殊说明的情况下是指保持转矩为 2N·m 的步进电动机。

（4）钳制转矩

钳制转矩（DETENT TORQUE）是指步进电动机没有通电的情况下，定子锁住转子的转矩。由于反应式步进电动机的转子不是永磁材料，所以它没有钳制转矩。

3. 步进电动机的主要特点

1）一般步进电动机的精度为步距角的 3%~5%，且不累积。

2）步进电动机外表允许的最高温度取决于不同电动机磁性材料的退磁点。步进电动机温度过高时会使电动机的磁性材料退磁，从而导致转矩下降乃至失步，因此电动机外表允许的最高温度取决于不同电动机磁性材料的退磁点；一般来讲，磁性材料的退磁点都在 130℃以上，有的甚至超过 200℃，所以步进电动机外表温度在 80~90℃ 完全正常。

3）步进电动机的转矩会随转速的升高而下降。当步进电动机转动时，电动机各相绕组的电感将形成一个反向电动势；频率越高，反向电动势越大。在它的作用下，电动机随频率（或速度）的增大而相电流减小，从而导致转矩下降。

4）步进电动机低速时可以正常运转，但若高于一定速度就无法起动，并伴有啸叫声。步进电动机有一个技术参数，即空载起动频率，它是指步进电动机在空载情况下能够正常起动的脉冲频率，如果脉冲频率高于该值，电动机不能正常起动，可能发生丢步或堵转。在有负载的情况下，起动频率应更低。如果要使电动机达到高速转动，脉冲频率应该有加速过程，即起动频率较低，然后按一定加速度升到所希望的高频（电动机转速从低速升到高速）。

4. PLC 与步进驱动器控制步进电动机及驱动器接线方式

在对步进电动机进行控制时，常会采用步进电动机驱动器对其进行控制。步进电动机驱动器采用超大规模的集成电路，具有高度的抗干扰性以及快速的响应性，不易出现死机或丢步现象。使用步进电动机驱动器控制步进电动机，可以不考虑各相的时序问题（由驱动器处理），只要考虑输出脉冲的频率（控制驱动器 PUL 端），以及步进电动机的方向（控制驱动器的 DIR 端）。同时也使 PLC 的控制程序也简单很多。但是，在使用步进电动机驱动器时，往往需要较高频率的脉冲。因此 PLC 是否能产生高频脉冲成为能否成功控制步进电动机驱动器以及步进电动机的关键。西门子一些紧凑型 CPU 集成有用于高速计数以及高频脉冲输出的通道，可用于高速计数或高频脉冲输出。

步进电动机驱动器与 PLC 连接，步进电动机驱动器的输入信号为 PUL+、PUL-和 DIR+、DIR-，其连接方式有三种：①共阳极方式：把 PUL+和 DIR+接在一起作为共阳端 OPTO（接外部系统的+5V），脉冲信号接入 PUL-端，方向信号接入 DIR-端；②共阴极方式：把 PUL-和 DIR-接在一起作为共阴端（接外部系统的 GND），脉冲信号接入 PUL+端，方向信号接入 DIR+端；③差分方式：直接连接，如图 7-16 所示。

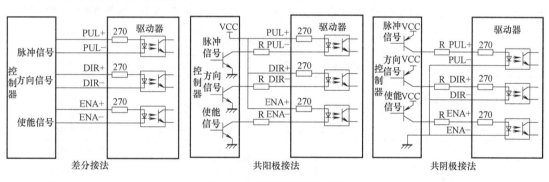

图 7-16　步进驱动器的接线

注：图中，采用共阳极接法时，如果控制信号 VCC = 5V，无需串电阻（即 R = 0）；VCC = 12V 时，R 阻值选取为 1kΩ 左右；VCC = 24V 时，R 阻值选取为 2kΩ 左右。

7.2.5　伺服控制系统

1. 伺服系统简介

伺服驱动器是现代运动控制的重要组成部分，广泛应用于工业机器人及数控加工中心等自动化设备中。尤其是用于控制交流永磁同步电动机的伺服驱动器已经成为国内外研究热点。当前交流伺服驱动器设计中普遍采用基于矢量控制的电流、速度、位置闭环控制算法。该算法中速度闭环设计合理与否，对于整个伺服控制系统，特别是速度控制性能的发挥起到关键作用。在伺服驱动器速度闭环中，电动机转子实时速度测量精度对于改善速度环的转速控制动静态特性至关重要。为寻求测量精度与系统成本的平衡，一般采用增量式光电编码器作为测速传感器。

2. 伺服控制系统的优点

1）调速范围宽。

2）定位精度高。

3）有足够的传动刚性和高的速度稳定性。

4）快速响应，无超调。为了保证生产率和加工质量，除了要求有较高的定位精度外，还要求有良好的快速响应特性，即要求跟踪指令信号的响应要快，因为数控系统在起动、制动时，要求加、减加速度足够大，缩短进给系统的过渡过程时间，减小轮廓过渡误差。

5）低速大转矩，过载能力强。一般来说，伺服驱动器具有数分钟甚至 0.5h 内 1.5 倍以上的过载能力，在短时间内可以过载 4~6 倍而不损坏。

6）可靠性高。要求数控机床的进给驱动系统可靠性高、工作稳定性好，具有较强的温度、湿度、振动等环境适应能力和很强的抗干扰的能力。

3. 安川伺服驱动系统

安川伺服电动机又称 YASKAWA 安川伺服马达。安川是运动控制领域专业的生产厂商，其产品以稳定、快速、性价比高著称。在我国，安川的产品多年来占据了较大的市场份额。安川伺服驱动器和伺服电动机如图 7-17 所示。其主回路接线端子说明见表 7-10。

图 7-17　安川伺服驱动器和伺服电动机

表 7-10　主回路接线端子说明

端子	名称	型号 SGDV-□□□□	规格
L1、L2	主回路电源输入端子	□□□F	单相 100~115V、+10%~-15%（50/60Hz）
L1、L2、L3		□□□A	三相 200~230V、+10%~-15%（50/60Hz）
		□□□D	三相 380~480V、+10%~-15%（50/60Hz）
L1C、L2C	控制电源输入端子	□□□F	单相 100~115V、+10%~-15%（50/60Hz）
		□□□A	单相 200~230V、+10%~-15%（50/60Hz）
24V、0V		□□□D	DC24V、±15%
B1/⊕、B2[①]	外置再生电阻连接端子	R70F、R90F、2R1F、2R8F、R70A、R90A、1R6A、2R8A	再生处理能力不足时，在 B1/⊕-B2 之间连接外置再生电阻器。请另行购买外置再生电阻器
		3R8A、5R5A、7R6A、120A、180A、200A、330A、1R9D、3R5D、5R4D、8R4D、120D、170D	仅在再生处理能力不足时，拆下 B2-B3 间的短接线或短接片，在 B1/⊕-B2 之间连接外接再生电阻器。请另行购买外置再生电阻器
		470A、550A、590A、780A、210D、260D、280D、370D	在 B1/⊕-B2 间连接再生电阻单元。请另行购买再生电阻单元
⊖1、⊖2[②]	连接电源高次谐波抑制用 DC 电抗器的端子	□□□A □□□D	需要对电源高次谐波进行抑制时，在 ⊖1-⊖2 之间连接 DC 电抗器
B1/⊕	主回路正侧端子	□□□A □□□D	用于 DC 电源输入时
⊖2 或 ⊖	主回路负侧端子	□□□A □□□D	

（续）

端子	名称	型号 SGDV-□□□□	规格
U、V、W	伺服电动机连接端子	—	用于与伺服电机的连接
⏚	接地端子(2处)	—	与电源接地端子以及伺服电机接地端子连接,进行接地处理

① 请勿使 B1/⊕-B2 间短接，否则可能损坏伺服单元。

② 出厂时，⊖1-⊖2 间呈短接状态。

本章中的控制对象以安川 AC 伺服驱动器 Σ-V 系列的 SGD7S-R90A00A002 伺服单元为例进行介绍。Σ-V 系列主要用于需要高速、高频度、高定位精度的场合，该伺服单元可以在最短的时间内最大限度地发挥机器性能，有助于提高生产效率。

安川伺服单元型号的判别方法如图 7-18 所示。安川伺服单元的基本连接图如图 7-19 所示。

图 7-18　安川伺服单元型号判别方法

209

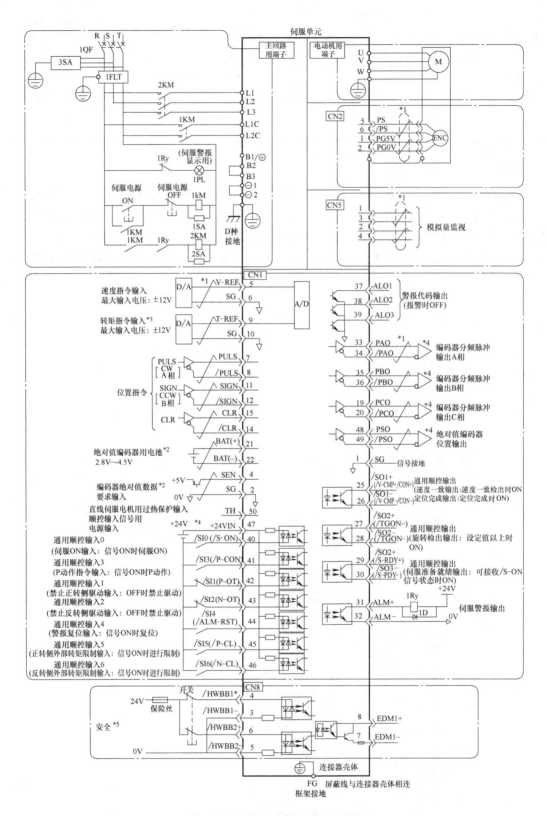

图 7-19　安川伺服单元基本连接图

4．伺服驱动器的参数

伺服驱动器的参数见表 7-11。

表 7-11　伺服驱动器的参数

分类		设定值	说明
Pn000	电动机旋转方式选择	Pn000 的第 0 位 0~1	0：正转　1：逆转
	控制模式选择	Pn000 的第 1 位 0~B	0：速度控制（模拟量指令） 1：位置控制（脉冲序列指令） 2：转矩控制（模拟量指令） 3：内部设定速度控制（接点指令）
Pn200	指令脉冲形态	Pn200 的第 0 位 0~6	0：符号+脉冲，正逻辑 1：CW+CCW 脉冲序列，正逻辑 2：90°相位差二相脉冲（A 相+B 相）1 倍，正逻辑 3：90°相位差二相脉冲（A 相+B 相）2 倍，正逻辑 4：90°相位差二相脉冲（A 相+B 相）4 倍，正逻辑 5：符号+脉冲序列，负逻辑 6：CW+CCW 脉冲序列，负逻辑
	清除信号形态	Pn200 的第 1 位 0~3	0：信号 H 电平时清除位置偏差 1：信号增强时清除位置偏差 2：信号 L 电平时清除位置偏差 3：信号衰减时清除位置偏差
Pn20E	电子齿轮比（分子）	1 ~ 1073741824	电子齿轮的设定
Pn210	电子齿轮比（分母）	1 ~ 1073741824	电子齿轮的设定

5．电子齿轮比的设定

（1）指令单位的概念

"指令单位"是指使负载移动的位置数据的最小单位，是将移动量转换成易懂的距离等物理量单位（例如 μm 及°等），而不是转换成脉冲。电子齿轮是将按照指令单位指定的移动量转换成实际移动所需脉冲数的功能单元。根据该电子齿轮功能，对伺服单元的输入指令每 1 个脉冲的工件移动量为 1 个指令单位。如果使用伺服单元的电子齿轮，可将脉冲转换成指令单位进行读取。当使用旋转型伺服电动机时按照图 7-20 所示的机械构成进行设置，以使

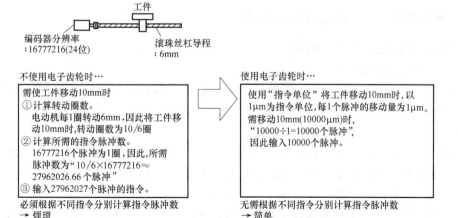

图 7-20　使用电子齿轮比的优势

工件移动 10mm 为例。

（2）电子齿轮比的设定

电子齿轮比通过 Pn20E 和 Pn210 进行设定。电子齿轮比的设定范围如下：0.001≤电子齿轮比（B/A）≤64000 超出该设定范围时，将发生 A.040（参数设定异常警报）。

电子齿轮比设定值的计算方法为：当使用旋转型伺服电动机时，电动机轴和负载侧的机器减速比为 n/m（电动机旋转 m 圈时负载轴旋转 n 圈）时，电子齿轮比的设定值可通过下式求得：

$$\text{电子齿轮比}\frac{B}{A}=\frac{\text{Pn20E}}{\text{Pn210}}=\frac{\text{编码器分辨率}}{\text{负载轴旋转 1 圈的移动量（指令单位）}}\times\frac{m}{n}$$

（3）电子齿轮比的设定示例（见图 7-21）

步骤	内容	机械构成		
		滚珠丝杠	圆台	皮带+带轮
		指令单位：0.001mm 负载轴 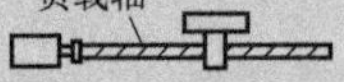 编码器 滚珠丝杠 24位 导程：6mm	指令单位：0.01° 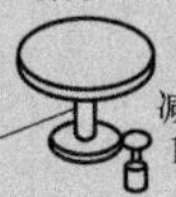 减速比 1/100 负载轴 编码器24位	指令单位：0.005mm 负载轴  减速比 带轮直径 1/50 φ100mm 编码器24位
1	机械规格	• 滚珠丝杠导程：6mm • 减速比：1/1	• 1圈的旋转角：360° • 减速比：1/100	• 带轮直径：100mm （带轮周长：314mm） • 减速比：1/50
2	编码器分辨率	16777216(24位)	16777216(24位)	16777216(24位)
3	指令单位	0.001mm(1μm)	0.01°	0.005mm(5μm)
4	负载轴旋转1圈的移动量 (指令单位)	6mm/0.001mm=6000	360°/0.01°=36000	314mm/0.005mm= 62800
5	电子齿轮比	$\frac{B}{A}=\frac{16777216}{6000}\times\frac{1}{1}$	$\frac{B}{A}=\frac{16777216}{36000}\times\frac{100}{1}$	$\frac{B}{A}=\frac{16777216}{62800}\times\frac{50}{1}$
6	参数	Pn20E：16777216 Pn210：6000	Pn20E：1677721600 Pn210：36000	Pn20E：838860800 Pn210：62800

图 7-21　电子齿轮比的设定示例

7.2.6　S7-1200 PLC 的运动控制指令

1. 启动/禁用轴指令 MC_Power

功能：使能轴或禁用轴。

使用要点：在程序里一直调用，并且在其他运动控制指令之前调用并使能。参数说明如图 7-22 所示。

引脚介绍：

① EN：该输入端是 MC_Power 指令的使能端，不是轴的使能端。MC_Power 指令必须在程序里一直调用，并保证 MC_Power 指令在其他 Motion Control 指令的前面调用。

② Axis：轴名称。可以有几种方式输入轴名称：

a. 用鼠标直接从 TIA 博途软件左侧项目树中拖拽轴的工艺对象，如图 7-23 所示。

b. 用键盘输入字符，则 TIA 博途软件会自动显示出可以添加的轴对象，如图 7-24 所示。

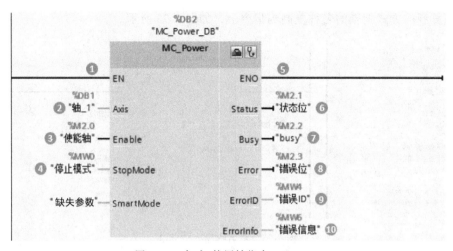

图 7-22　启动/禁用轴指令 MC_Power

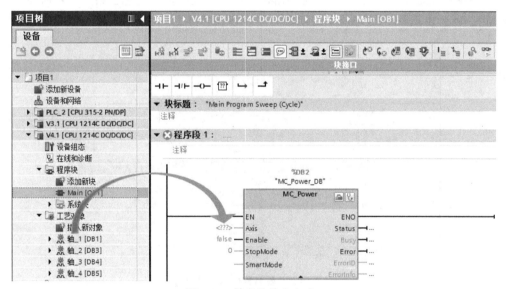

图 7-23　轴名称输入方式 1

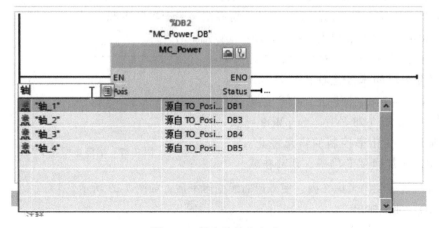

图 7-24　轴名称输入方式 2

c. 用复制的方式把轴的名称复制到指令上，如图 7-25 所示。

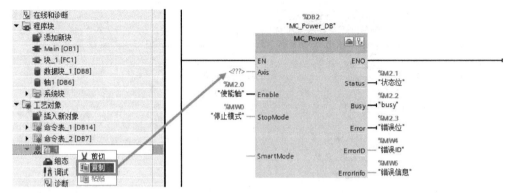

图 7-25　轴名称输入方式 3

d. 用鼠标左键双击 "Axis"，系统会出现右边带可选按钮的白色长条框，这时单击 "选择按钮"，就会出现图 7-26 中所示的列表。

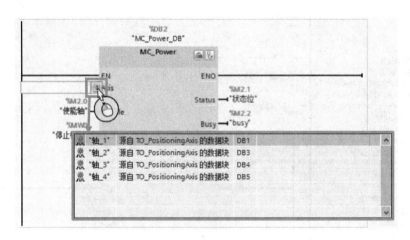

图 7-26　轴名称输入方式 4

③ Enable：轴使能端。Enable = 0 时，根据 StopMode 设置的模式来停止当前轴的运行；Enable = 1 时，如果组态了轴的驱动信号，则将接通驱动器的电源。

④ StopMode：轴停止模式。StopMode = 0 时紧急停止，按照轴工艺对象参数中的 "急停" 速度或时间来停止轴，如图 7-27 所示；StopMode = 1 时立即停止，PLC 立即停止发脉冲，如图 7-28 所示。StopMode = 2 时带有加速度变化率控制的紧急停止。如果用户组态了加速度变化率，则轴在减

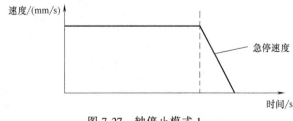

图 7-27　轴停止模式 1

速时会把加速度变化率考虑在内，使减速曲线变得平滑，如图 7-29 所示。

⑤ ENO：使能输出。

⑥ Status：轴的使能状态。

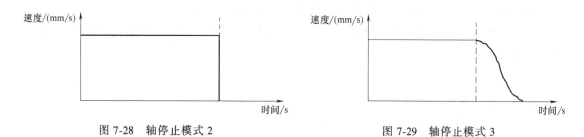

图 7-28　轴停止模式 2　　　　　　　　　图 7-29　轴停止模式 3

⑦ Busy：标记 MC_Power 指令是否处于活动状态。

⑧ Error：标记 MC_Power 指令是否产生错误。

⑨ ErrorID：当 MC_Power 指令产生错误时，用 ErrorID 表示错误号。

⑩ ErrorInfo：当 MC_Power 指令产生错误时，用 ErrorInfo 表示错误信息 。结合 ErrorID 和 ErrorInfo 数值，查看手册或是 TIA 博途软件的帮助信息中的说明，可得到错误原因。

2. 错误确认，重新启动工艺对象指令 MC_Reset

功能：用来确认"伴随轴停止出现的运行错误"和"组态错误"。

使用要点：Execute 用上升沿触发。

注意，部分输入/输出引脚没有具体介绍，请用户参考 MC_Power 指令中的说明，参数说明如图 7-30 所示。

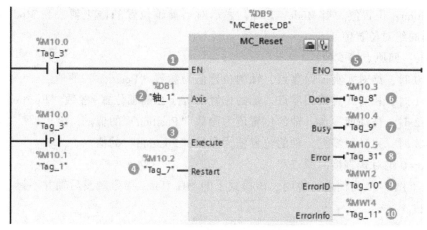

图 7-30　错误确认，重新启动工艺对象指令 MC_Reset

引脚介绍：

① EN：该输入端是 MC_ Reset 指令的使能端。

② Axis：轴名称。

③ Execute：MC_Reset 指令的启动位，用上升沿触发。

④ Restart：Restart＝0 时，用来确认错误；Restart＝1 时，将轴的组态从装载存储器下载到工作存储器（只有在禁用轴的时候才能执行该命令）。

⑤ 输出端：除了 Done 指令，其他输出引脚同 MC_Power 指令，这里不再赘述。Done：表示轴的错误已确认。

3. 轴归位，设置起始位置指令 MC_Home

功能：使轴归位，设置参考点，用来将轴坐标与实际的参考点位置进行匹配。

使用要点：轴做绝对位置定位前一定要触发 MC_Home 指令。

注意，部分输入/输出引脚没有具体介绍，请用户参考 MC_Power 指令中的说明，参数说明如图 7-31 所示。

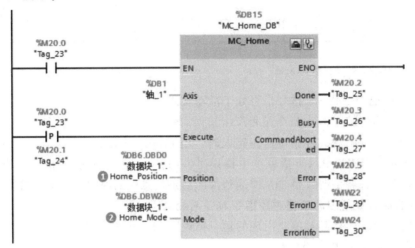

图 7-31　轴归位设置起始位置指令 MC_Home

引脚介绍：

① Position：位置值。当 Mode = 1 时，表示对当前轴位置的修正值；当 Mode = 0，2，3 时，表示轴的绝对位置值。

② Mode：回原点模式值。

Mode = 0 时，绝对式直接回零点，轴的位置值为参数 "Position" 的值。

Mode = 1 时，相对式直接回零点，轴的位置值等于当前轴位置 + 参数 "Position" 的值。

Mode = 2 时，被动回零点，轴的位置值为参数 "Position" 的值。

Mode = 3 时，主动回零点，轴的位置值为参数 "Position" 的值。

• Mode = 0 绝对式直接回原点

下面以下图 7-32 为例进行说明。该模式下的 MC_Home 指令触发后轴并不运行，也不会

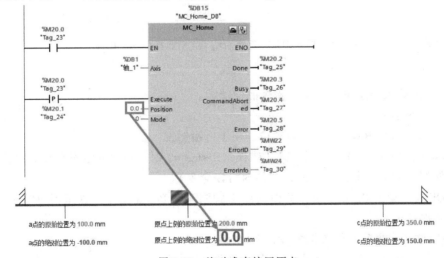

图 7-32　绝对式直接回原点

去寻找原点开关。指令执行后的结果是：轴的坐标值直接更新成新的坐标，新的坐标值就是 MC_Home 指令的"Position"引脚的数值。例中，"Position"= 0.0mm，则轴的当前坐标值也就更新成了 0.0mm。该坐标值属于"绝对"坐标值，也就是相当于轴已经建立了绝对坐标系，可以进行绝对运动。MC_Home 该模式的优点是可以让用户在没有原点开关的情况下，进行绝对运动操作。

- Mode = 1 相对式直接回原点

与 Mode = 0 相同，以该模式触发 MC_Home 指令后轴并不运行，只是更新轴的当前位置值。更新的方式与 Mode = 0 不同，而是在轴原来坐标值的基础上加上"Position"数值后得到的坐标值作为轴当前位置的新值。如图 7-33 所示，指令 MC_Home 指令后，轴的位置值变成了 210mm.，相应的 a 和 c 点的坐标位置值也相应更新为新值。

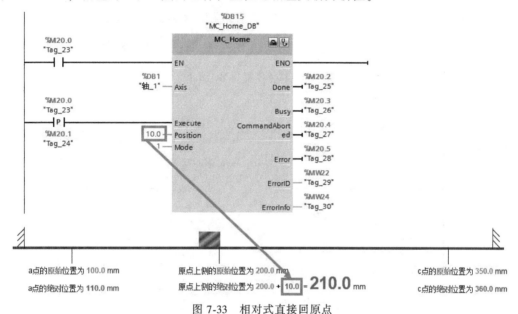

图 7-33　相对式直接回原点

- Mode = 2 和 Mode = 3 已在前文介绍过，这里不再赘述。

注意，用户可以通过对变量 <轴名称>. StatusBits. HomingDone = TRUE 与运动控制指令 "MC_Home"的输出参数 Done = TRUE 进行与运算，来检查轴是否已回原点。

4. 轴暂停指令 MC_Halt

功能：停止所有运动并以组态的减速度停止轴。

使用技巧：常用 MC_Halt 指令来停止通过 MC_MoveVelocity 指令触发的轴的运行。

注意，输入/输出引脚没有具体介绍，请用户参考 MC_Power 指令中的说明，参数说明如图 7-34 所示。

5. 以绝对方式定位轴指令 MC_MoveAbsolute

功能：使轴以某一速度进行绝对位置定位。

使用技巧：在使能绝对位置指令之前，轴必须回原点。因此 MC_MoveAbsolute 指令之前必须先执行 MC_Home 指令。

注意，部分输入/输出引脚没有具体介绍，请参考 MC_Power 指令中的说明，参数说明如图 7-35 所示。

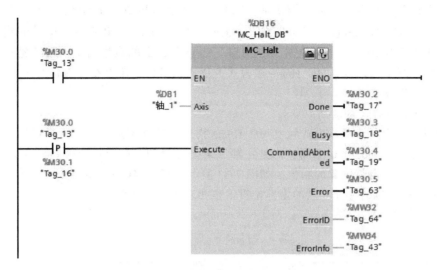

图 7-34　轴暂停指令 MC_Halt

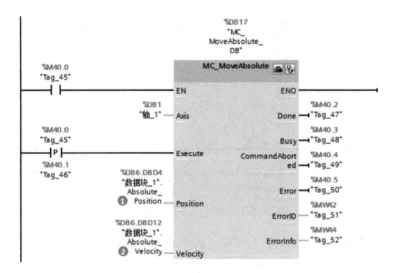

图 7-35　以绝对方式定位轴指令 MC_MoveAbsolute

指令输入端：

① Position：绝对目标位置值。

② Velocity：绝对运动的速度。

6. 以相对方式定位轴指令 MC_MoveRelative

功能：使轴以某一速度在轴当前位置的基础上移动一个相对距离。

使用技巧：不需要轴执行回原点命令。

注意，部分输入/输出引脚没有具体介绍，请用户参考 MC_Power 指令中的说明，参数说明如图 7-36 所示。

指令输入端：

① Distance：相对对轴当前位置移动的距离，该值通过正/负数值来表示距离和方向。

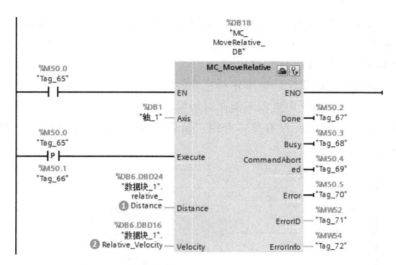

图 7-36　以相对方式定位轴指令 MC_MoveRelative

② Velocity：相对运动的速度。

7. 以预定义方式定位轴指令 MC_MoveVelocity

功能：使轴以预设的速度运行。

注意，部分输入/输出引脚没有具体介绍，请用户参考 MC_Power 指令中的说明，参数说明如图 7-37 所示。

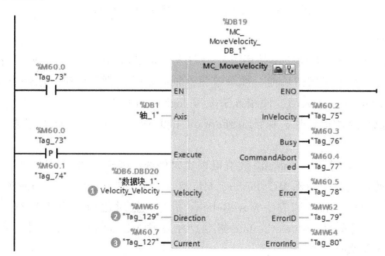

图 7-37　以预定义方式定位轴指令 MC_MoveVelocity

指令输入端：

① Velocity：轴的速度。

② Direction：方向数值。Direction＝0：旋转方向取决于参数 "Velocity" 值的符号；Direction＝1：正方向旋转，忽略参数 "Velocity" 值的符号；Direction＝2：负方向旋转，忽略参数 "Velocity" 值的符号。

③ Current：Current＝0：轴按照参数 "Velocity" 和 "Direction" 值运行；Current＝1：轴忽略参数 "Velocity" 和 "Direction" 值，轴以当前速度运行。

注意，可以设定"Velocity"数值为 0.0，触发指令后轴会以组态的减速度停止运行，相当于 MC_Halt 指令。

8. 以点动模式定位轴指令 MC_MoveJog

功能：在点动模式下以指定的速度连续移动轴。

使用技巧：正向点动和反向点动不能同时触发。

注意，部分输入/输出引脚没有具体介绍，请用户参考 MC_Power 指令中的说明，参数说明如图 7-38 所示。

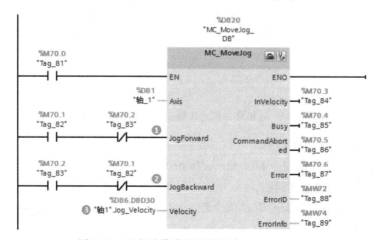

图 7-38　以点动模式定位轴指令 MC_MoveJog

指令输入端：

① JogForward：正向点动，不是用上升沿触发，JogForward 为 1 时，轴运行；JogForward 为 0 时，轴停止。类似于按钮功能，按下按钮，轴就运行，松开按钮，轴停止运行。

② JogBackward：反向点动，使用方法参考 JogForward。

注意，在执行点动指令时，保证 JogForward 和 JogBackward 不会同时触发，可以用逻辑进行互锁。

③ Velocity：点动速度。Velocity 数值可以实时修改，实时生效。

总结：点动功能至少需要 MC_Power、MC_Reset 和 MC_Jog 指令；相对速度控制功能，需要 MC_Power、MC_Reset 和 MC_MoveRelative 指令；绝对运动功能需要 MC_Power、MC_Reset MC_Home，以及 MC_MoveAbsolute 指令。在触发 MC_MoveAbsolute 指令前需要轴有回原点完成信号才能执行。

7.2.7　S7-1200 PLC 的运动控制实例

S7-1200 PLC 运动任务的完成，正确配置运动控制参数是非常关键的，下面用例子介绍一个完整的运动控制实施过程，其中包含配置运动控制参数内容。

【例 7-3】　设备上有一套伺服控制系统，用联轴器连接丝杆，丝杆螺距为 4mm，减速比为 1：1，设备上装有常闭型（NC）限位开关；上限位接在 S7-1200 PLC 的 I1.3，下限位接在 I1.1，原点开关接在 PLC 的 I1.2。

控制要求如下：①能实现手动控制轴回原点、手动正转/反转、手动绝对

扫一扫　看视频

方式定位轴、手动相对方式定位轴、手动复位轴等功能。②自动运行：按下起动按钮，轴先自动回原点，完成后延时 1s，1s 时间到轴以相对位移方式移动 +130mm 速度为 30mm/s，到达后延时 3s，3s 时间到再以相对位移移动 −230mm，速度为 20mm/s，到达后延时 3s，延时完成后以绝对位移方式移动 100mm，速度为 34mm/s，绝对位移完成后延时 3s 后再以相对方式移动 −120，速度为 28mm/s。

【解】　1. 硬件组态

1）新建项目，添加 CPU，本例使用的为 S7-1200 PLC CPU 1214C DC/DC/DC。

2）用鼠标右击项目树中新添加的设备，选中"属性"→"常规"→"脉冲发生器（PTO/PWM）"→"PTO1/PWM1"勾选"启用该脉冲发生器"选项，如图 7-39 所示。

3）在脉冲选项的信号类型选项中选择信号类型，本例为"PTO（脉冲 A 和方向 B）"，如图 7-39 所示。

4）配置硬件输出，本例选择的脉冲输出点为"%Q0.0"，选择方向输出为"%Q0.1"，如图 7-39 所示。

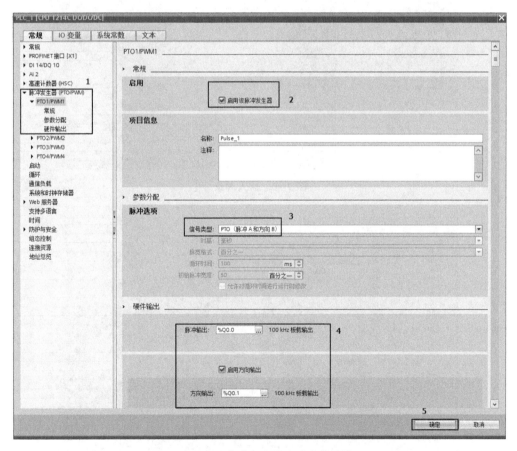

图 7-39　启用脉冲发生器和选中信号类型

2. 工艺对象"轴"配置

工艺对象"轴"配置是硬件配置的一部分，"轴"表示驱动的工艺对象，"轴"工艺对象是用户程序与驱动的接口。工艺对象从用户程序收到运动控制命令，在运行时执行并监视执行状态。"驱动"表示步进电动机和电源部分或者伺服驱动和脉冲接口的机电单元。在运动控制中，必须要对工艺对象进行配置才能应用控制指令块。工艺配置包括 3 部分：工艺参数配置、轴控制面板和诊断面板。

（1）工艺参数配置

工艺参数配置主要定义了轴的工程单位、软/硬件限位、起动/停止速度和参考点的定义等。工艺参数的配置如下：

1）插入新对象。在 TIA 博途软件项目视图的项目树中，选中新添加的 PLC 设备下的"工艺对象"→"新增对象"，双击"新增对象"，在弹出的界面中选择"运动控制"→"TO_PositioningAxis"，如图 7-40 所示，单击"确定"按钮将弹出 7-41 所示界面。

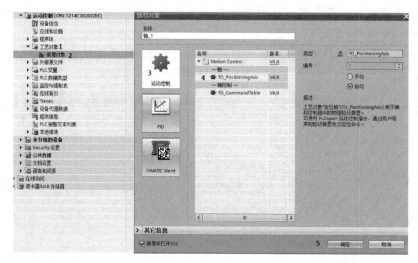

图 7-40　插入对象

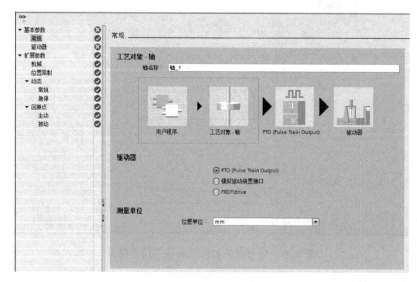

图 7-41　配置常规参数

2）配置常规参数。在"功能图"选项卡中，选择"基本参数"→"常规"，其中"驱动器"项目中有三个选项：PTO（表示运动控制由脉冲控制）、模拟驱动装置接口（表示运动控制由模拟量控制）和 PROFIdrive（表示运动控制由通信控制），本例选择"PTO"选项，测量单位可以根据实际情况选择，本例选择默认设置（mm），如图 7-41 所示。

3）配置驱动器参数。在"功能图"选项卡中，选择"基本参数"→"驱动器"，选择脉冲发生器为"Pulse_1"，其对应的脉冲输出点和信号类型及方向输出，都已经在硬件配置时定义了，在此不做修改，如图 7-42 所示。

"驱动器的使能和反馈"项在工程中经常用到，当 PLC 准备就绪，输出一个信号到伺服驱动器的使能端子上，通知伺服驱动器，PLC 已准备就绪。当伺服驱动器准备就绪后发出一个信号到 PLC 的输入端，通知 PLC，伺服驱动器已准备就绪。本例中没有使用此功能。

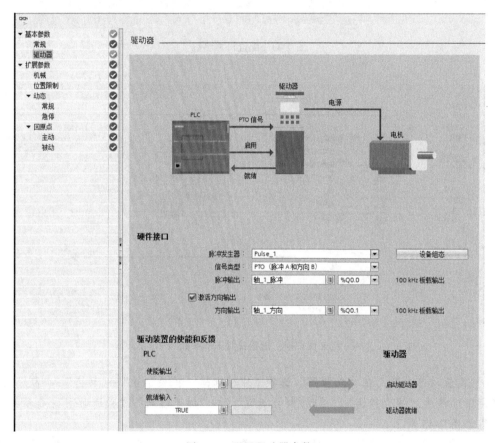

图 7-42　配置驱动器参数

4）配置机械参数。在"功能图"选项卡中，选择"扩展参数"→"机械"，设置"电机每转的脉冲数"为"4000"，此参数取决于伺服电动机自带编码器的参数。"电机每转的负载位移"取决于机械结构，如伺服电动机与丝杆直接相连接，此参数就是丝杆的螺距，本例为"4"，如图 7-43 所示。

5）配置位置限制参数。在"功能图"选项卡中，选择"扩展参数"→"位置限制"，勾选"启用硬限位开关"和"启用软限位开关"。在"硬件下限位开关输入"中选择"%I1.1"，在"硬件上限位开关输入"中选择"%I1.3"，选择电平为"低电平"，这些设置必须与实际硬件配置相同。由于本例使用的限位开关是常闭型（NC），而且是 PNP 输入接法，当限位开关起作用时为"低电平"。如果硬限位开关为常开型，那么此处应选择"高电平"。参数配置如图 7-44 所示。

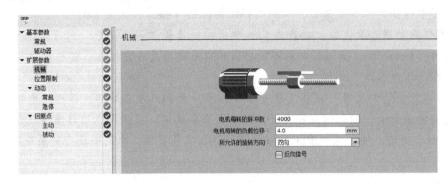

图 7-43 配置机械参数

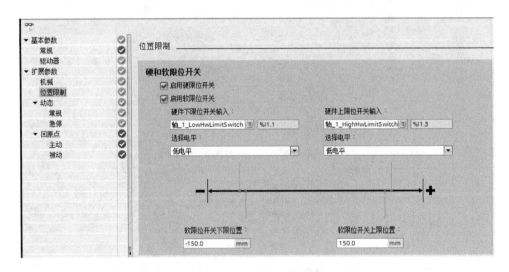

图 7-44 配置位置限制参数

6）配置动态参数。在"功能图"选项卡中，选择"扩展参数"→"动态"→"常规"，根据实际情况修改"最大转速""启动/停止速度"和"加速时间""减速时间"等参数，本例设置如图 7-45 所示。

在"功能图"选项卡中，选择"扩展参数"→"动态"→"急停"，根据实际情况修改"急停减速时间"等参数（此处的减速时间是急停时的数值），本例设置如图 7-46 所示。

7）配置回原点参数。"原点"也可以叫作"参考点"，"回原点"或是"寻找参考点"的作用是把轴实际的机械位置和 S7-1200 PLC 程序中轴的位置坐标统一，以进行绝对位置定位。一般情况下，西门子 PLC 的运动控制在使能绝对位置定位之前必须执行"回原点"或是"寻找参考点"。"扩展参数-回原点"分成"主动"和"被动"两部分参数。

① 主动回原点。在这里的"扩展参数-回原点-主动"中"主动"就是传统意义上的回原点或是寻找参考点。当轴触发了主动回参考点操作，则轴就会按照组态的速度去寻找原点开关信号，并完成回原点命令。

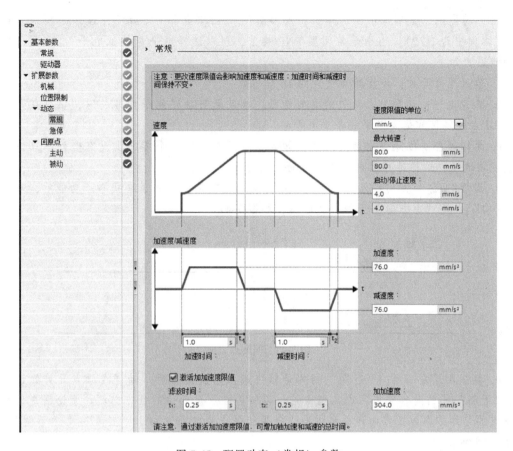

图 7-45　配置动态（常规）参数

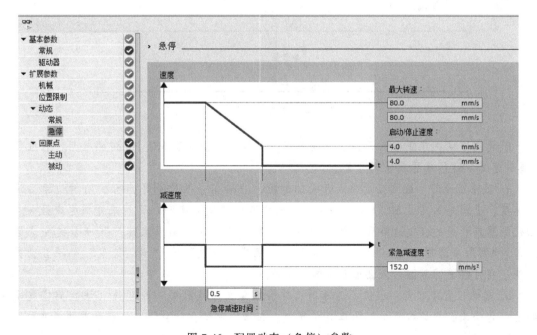

图 7-46　配置动态（急停）参数

在“功能图”选项卡中，选择“扩展参数”→“回原点”→“主动”，选择“输入原点开关”（本例中为 I1.2）。由于是常闭型 PNP 接法，所以选择电平是“低电平”。选项卡中各项功能说明如下：

a. 输入原点开关：设置原点开关的 DI 输入点。

b. 选择电平：选择原点开关的有效电平，也就是当轴碰到原点开关时，该原点开关对应的 DI 点触发信号是高电平还是低电平。

c. 允许硬件限位开关处自动反转：如果轴在回原点的一个方向上没有碰到原点，则需要使能该选项，这样轴可以自动调头，向反方向寻找原点。

d. 逼近/回原点方向：寻找原点的起始方向。也就是说触发了寻找原点功能后，轴是向“正方向”或是“负方向”开始寻找原点，如图 7-47 所示。

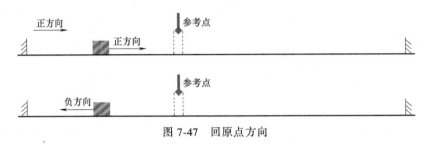

图 7-47　回原点方向

e. 参考点开关一侧：“上侧”指的是轴完成回原点指令后，轴停在原点开关的正方向侧；“下侧”指的是轴完成回原点指令后，以轴停在原点开关的负方向侧。无论用户设置寻找原点的起始方向为正方向还是负方向，轴最终停止的位置取决于“上侧”或“下侧”，如图 7-48 所示。

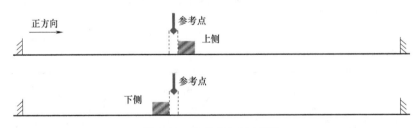

图 7-48　参考点上侧/下侧

f. 逼近速度：寻找原点开关的起始速度，当程序中触发了 MC_Home 指令后，轴立即以“逼近速度”运行来寻找原点开关。

g. 回原点速度：最终接近原点开关的速度，当轴第一次碰到原点开关有效边沿后运行的速度，也就是触发了 MC_Home 指令后，轴立即以“逼近速度”运行来寻找原点开关。当轴碰到原点开关的有效边沿后，轴从“逼近速度”切换到“回原点速度”来最终完成原点定位。“回原点速度”要小于“逼近速度”，“回原点速度”和“逼近速度”都不宜设置得过快。在可接受的范围内，设置较慢的速度值。

h. 起始位置偏移量：该值不为零时，轴会在距离原点开关一段距离（该距离值就是偏移量）停下来，把该位置标记为原点位置值。该值为零时，轴会停在原点开关边沿儿处。

i. 参考点位置：该值就是 MC_Home 指令中“Position”参数确定的位置。

本例的具体设置如图 7-49 所示。

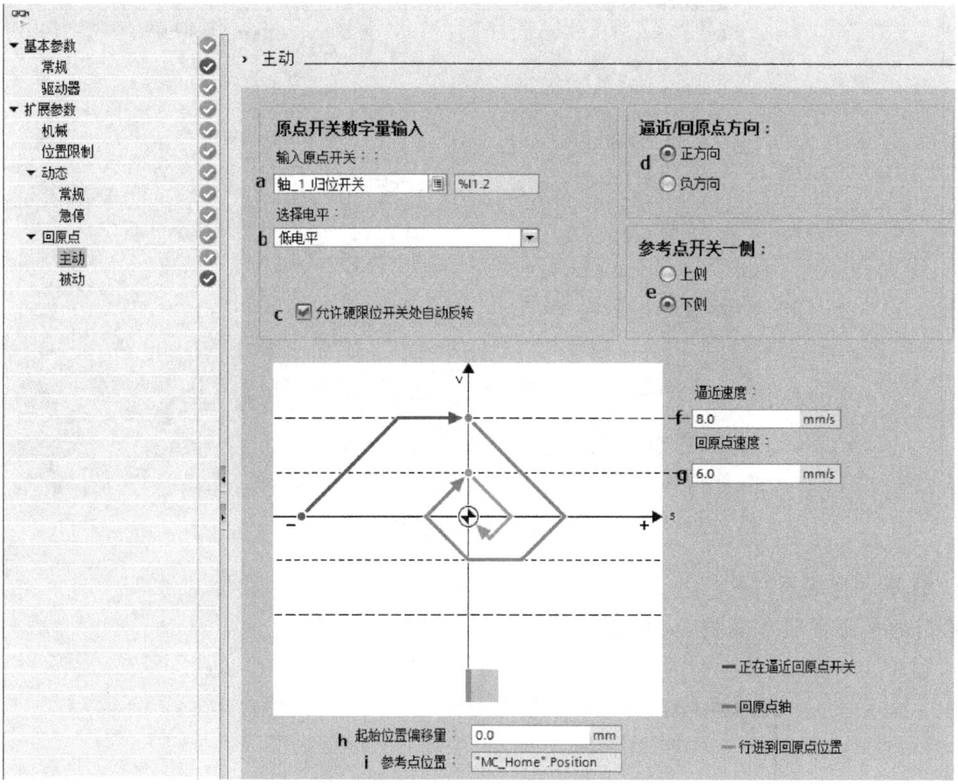

图 7-49　配置回原点（主动）

② 被动回原点。其指的是轴在运行过程中碰到原点开关，轴的当前位置将设置为回原点位置值。本例没有启用被动回原点。

a. 被动回原点功能的实现需要 MC_Home 指令与 MC_MoveRelative 指令，或 MC_Move-Absolute 指令，或是 MC_MoveVelocity 指令，或是 MC_MoveJog 指令联合使用。

b. 被动回原点需要原点开关。

c. 被动回原点不需要轴打断其他指令而专门执行回原点指令，而是轴在执行其他运动的过程中完成回原点的功能。

（2）轴控制面板

用户可以使用轴控制面板调试驱动设备、测试轴和驱动的功能。轴控制面板允许用户在手动方式下实现参考点定位、绝对位置移动、相对位置移动和点动等功能。轴控制面板如图 7-50 所示。

先单击"监控"按钮启用"监控"→"激活"→"启用"，在启用状态下控制轴点动、定位和回原点。在控制面板中实时显示轴的当前位置和速度。

（3）诊断面板

诊断面板用于显示轴的关键状态和错误消息。双击项目树中"工艺对象"→"诊断"选项，即可打开诊断面板。

图 7-50   轴控制面板

3. 程序示例编写

本例的梯形图程序如图 7-51 所示。

扫一扫   看视频

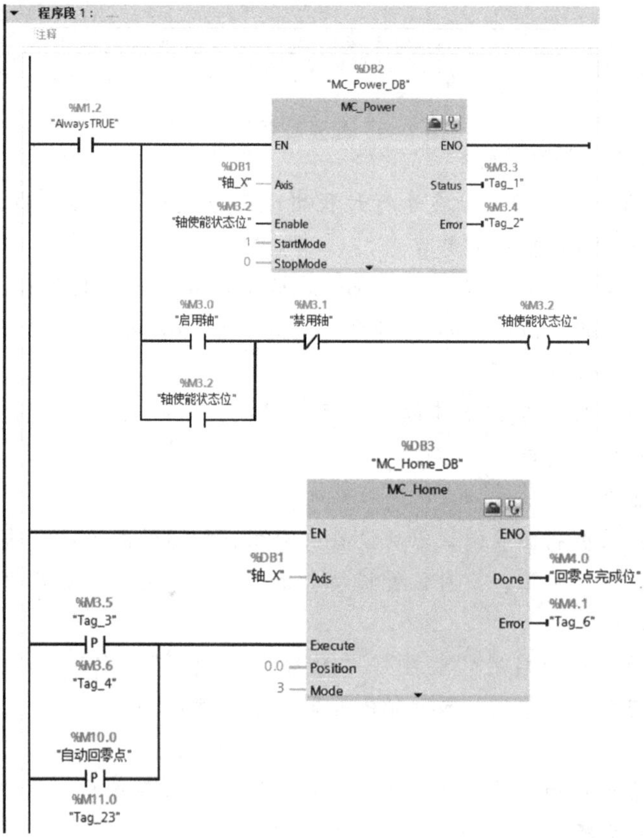

图 7-51   运动控制实例

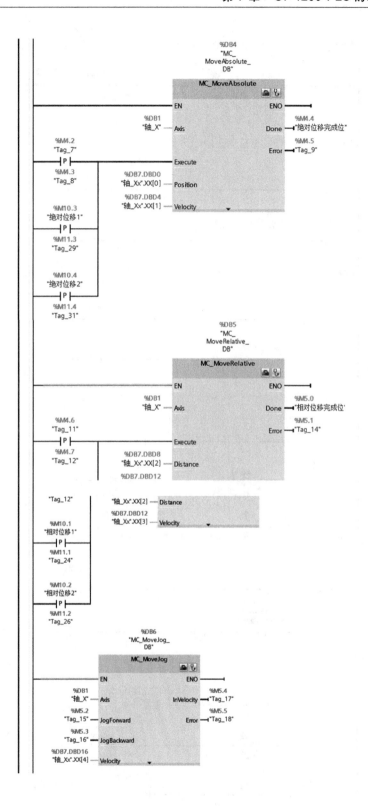

图 7-51　运动控制实例（续）

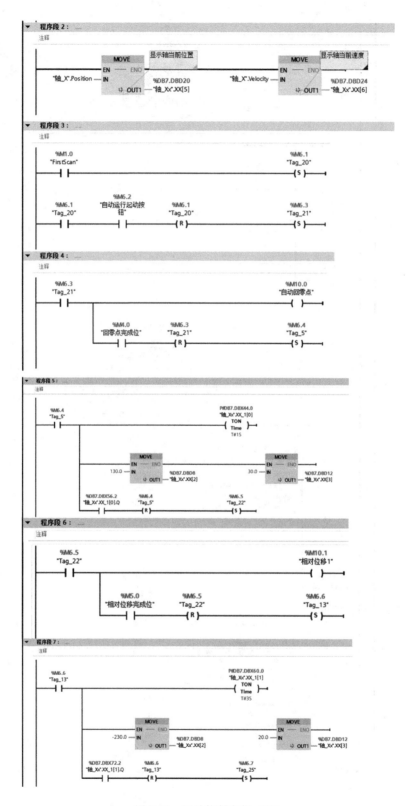

图 7-51 运动控制实例（续）

程序段 8：
注释

```
%M6.7                                                    %M10.2
"Tag_25"                                                 "相对位移2"
  ┤├                                                        ( )

            %M5.0          %M6.7                          %M7.0
          "相对位移完成位"  "Tag_25"                        "Tag_27"
            ┤├             (R)                             (S)
```

程序段 10：
注释

```
%M7.0                                                    %M10.3
"Tag_28"                                                 "绝对位移1"
  ┤├                                                        ( )

            %M4.4          %M7.0                          %M7.2
          "绝对位移完成位"  "Tag_28"                        "Tag_10"
            ┤├             (R)                             (S)
```

程序段 11：
注释

```
%M7.2                                          %DB7.DBX92.0
"Tag_10"                                        "轴_Xx".XX_1[3]
  ┤├                                               TON
                                                   Time
                                                   T#3S

                    MOVE                                 MOVE
                  EN   ENO                             EN   ENO
        -120.0 ── IN                          28.0 ── IN
                   ⇒ OUT1 ── %DB7.DBD0                   ⇒ OUT1 ── %DB7.DBD4
                            "轴_Xx".XX[0]                         "轴_Xx".XX[1]

%DB7.DBX104.2       %M7.2                     %M7.3
"轴_Xx".XX_1[3].Q   "Tag_10"                  "Tag_30"
  ┤├                (R)                        (S)
```

程序段 12：
注释

```
%M7.3                                                    %M10.4
"Tag_30"                                                 "绝对位移2"
  ┤├                                                        ( )

            %M4.4          %M7.3                          %M6.4
          "绝对位移完成位"  "Tag_30"                        "Tag_5"
            ┤├             (R)                             (S)
```

图 7-51　运动控制实例（续）

7.3　S7-1200 PLC 的模拟量及 PID 闭环控制

7.3.1　模拟量简介

　　模拟量是区别于数字量的一个连续变化的电压或电流信号。模拟量可作为 PLC 的输入或输出，通过传感器或控制设备对控制系统的温度、压力、流量等模拟量进行检测或控制。通过模拟量转换模块或变送器可将传感器提供的电量或非电量信号转换为标准的直流电流（0~20mA、4~20mA、±20mA 等）信号或直流电压信号（0~5V、0~10V、±10V 等）。

7.3.2　模拟量模块

　　S7-1200 PLC 的模拟量信号模块包括 SM1231 模拟输入模块、SM1232 模拟量输出模块、

SM1234 模拟量输入/输出模块。

1. 模拟量输入模块

模拟量输入模块 SM1231 用于将现场各种模拟量测量传感器输出的直流电压或电流信号转换为 S7-1200 PLC 内部处理用的数字信号。模拟量输入模块 SM1231 可选择输入信号类型有电压型、电流型、电阻型、热电阻型和热电偶型等。目前，模拟量输入模块主要有 SM1231 AI4×13/16bit、AI4×13bit、AI4/8×RTD、AI4/8×TC，直流信号主要有 ±1.25V、±5V、±10V、0~20mA、4~20mA。至于模块有几路输入、分辨率多少位、信号类型及大小是多少，要根据每个模拟量输入模块的订货号而确定。

下面以 SM1231 AI4×13bit 为例进行介绍。该模块的输入量范围可选 ±2.5V、±5V、±10V 或 0~20mA，分辨率为 12 位加上符号位，电压输入的输入电阻大于或等于 9MΩ，电流输入的输入电阻为 250Ω。模块有中断和诊断功能，可监视电源电压和断线故障。所有通道的最大循环时间为 625μs。额定范围的电压转换后对应的数字为 −27648~+27648。25℃ 或 0~55℃ 满量程的最大误差为 ±0.1% 或 ±0.2%。

可按无、弱、中、强 4 个级别对模拟量信号作平滑（滤波）处理，"无"级别即为不做平滑处理。模拟量模块的电源电压均为 DC 24V。

S7-1200 PLC 的紧凑型 CPU 模块已集成 2 通道模拟信号输入，其中 CPU1215C 和 CPU1217C 还集成有 2 通道模拟信号输出。

2. 模拟量输出模块

模拟量输出模块 SM1232 用于将 S7-1200 PLC 的数字量信号转换成系统所需要的模拟量信号，从而控制模拟量调节器或执行机械。目前，模拟量输出模块主要有 SM1232 AQ2×14bit、AQ4×14bit 两种，其输出电压为 ±10V 或输出电流 0~20mA。

下面以模拟量输出模块 SM1232 AQ2×14bit 为例进行介绍。该模块的输出电压为 −10~+10V，分辨率为 14 位，最小负载阻抗 1000MΩ。输出电流为 0~20mA 时，分辨率为 13 位，最大负载阻抗 600Ω。其带有中断和诊断功能，可监视电源电压短路和断线故障。数字信号 −27648~+27648 被转换为 −10V~+10V 的电压，数字信号 0~27648 被转换为 0~20mA 的电流。

电压输出负载为电阻转换时间为 300μs，负载为 1μF 电容时转换时间为 750μs。

电流输出负载为 1mH 电感时转换时间为 600μs，负载为 10mH 电感时转换时间为 2ms。

3. 模拟量输入/输出模块

模拟量输入/输出模块目前只有 4AI/2AQ 模块，模块 SM1234 的模拟量输入和模拟量输出通道的性能指标分别与 SM1231 AI4×13bit 和 SM1232 AQ2×14bit 的相同，相当于这两种模块的组合。

在控制系统需要模拟量通道较少的情况下，为不增加设备，占用空间，可通过信号板来增加模拟量通道。目前，主要有 AI1×12bit、AI1×RTD、AI1×TC 和 AQ1×12bit 等几种信号板。

7.3.3 模拟量模块的地址分配

模拟量模块以通道为单位，一个通道占一个字（2byte）的地址，所以在模拟量地址中只有偶数。S7-1200 PLC 的模拟量模块的系统默认地址为 I/QW96~I/QW222。一个模拟量模块最多有 8 个通道，从 96 号字节开始，S7-1200 PLC 给每一个模拟量模块分配 16B（8 个字）的地址。N 号槽的模拟量模块的起始地址为（N-2）×16+96，其中 N 大于等于 2。集成的模拟量输入/输出系统默认地址是 I/QW64、I/QW66；信号板上的模拟量输入/输出系统默认地址是 I/QW80。

对信号模块组态时，CPU 会根据模块所在的槽号，按上述原则自动地分配模块的默认地址。双击设备组态窗口中相应模块，在其"常规"属性中会列出每个通道的输入和输出起始地址。

在模块的属性对话框的"地址"选项卡中，用户可以通过编程软件修改系统自动分配的地址，一般采用系统分配的地址，因此没必要死记上述的地址分配原则。但是必须根据组态时确定的 I/O 点的地址来编程。

模拟量输入地址的标识符是 IW，模拟量输出地址的标识符是 QW。

7.3.4　模拟量的处理流程

CPU 是以二进制格式来处理模拟量的。模拟量输入模块的功能是将模拟过程信号转换为数字信号；模拟量输出模块的功能是将数字输出值转换为模拟信号。模拟量处理流程如图 7-52 所示。

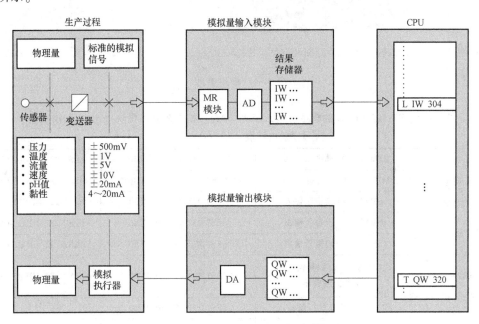

图 7-52　模拟量处理流程

模拟量输入流程是：通过传感器把物理量转变为电信号，这个电信号可能是离散性的电信号，需要通过变送器转换为标准的模拟量电压或电流信号，模拟量模块接收到标准的电信号后通过 A/D 转换，转换为与模拟量成正比例的数字量信号，存放在缓冲器里，CPU 通过"IWx"指令读取模拟量模块缓存区的内容，传送到指定的存储区中等待处理。

模拟量输出流程是：CPU 通过"QWx"指令把指定的数字量信号传送到模拟量模块的缓存区中，模拟量模块通过 D/A 转换器，把缓冲器的内容转变为成比例的标准电压或电流信号，标准电压或电流驱动相应的执行器动作，完成模拟量控制。

7.3.5 模拟量模块的类型及接线

1. 模拟量模块类型

在 S7-1200 PLC 中 CPU1211C、CPU1212C、CPU1214C 集成了两路模拟量输入（2AI）通道，无模拟量输出通道；CPU1215C 和 CPU1217C 本体集成有两路模拟量输入通道（2AI）和两路模拟量输出通道（2AQ）。用户可以在 PLC 的右侧扩展模拟量输入输出模块来满足实际应用的需求，模块扩展如图 7-53 所示。模块类型见表 7-12。

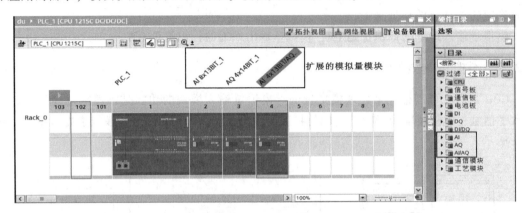

图 7-53　模块组态

表 7-12　S7-1200 PLC 的模拟量输入模块（AI）、模拟量输出模块（AQ）和模拟量输入/输出模块（AI/AQ）类型

模拟量输入	SM1231 4×模拟量输入	6ES7 231-4HD30-0XB0	6ES7 231-4HD32-0XB0
	SM1231 4×模拟量输入 16 位	6ES7 231-5HD30-0XB0	6ES7 231-5HD32-0XB0
	SM1231 8×模拟量输入	6ES7 231-4HF30-0XB0	6ES7 231-4HF32-0XB0
模拟量输出	SM1232 2×模拟量输出	6ES7 232-4HB30-0XB0	6ES7 232-4HB32-0XB0
	SM1232 4×模拟量输出	6ES7 232-4HD30-0XB0	6ES7 232-4HD32-0XB0
模拟量输入/输出	SM1234 4×模拟量输入/2×模拟量输出	6ES7 234-4HE30-0XB0	6ES7 234-4HE32-0XB0
RTD 和 TC(热电偶)	SM1231 4×TC 模拟量输入	6ES7 231-5QD30-0XB0	
	SM1231 8×TC 模拟量输入	6ES7 231-5QD30-0XB0	
	SM1231 4×RTD 模拟量输入	6ES7 231-5QD30-0XB0	
	SM1231 8×RTD 模拟量输入	6ES7 231-5QD30-0XB0	

2. 模拟量模块的接线

模拟量输入模块的接线如图 7-54 所示。模拟量输出模块的接线如图 7-55 所示。模拟量输入/输出模块的接线如图 7-56 所示。模拟量信号板（SB）输入/输出模块的接线如图 7-57 所示。模拟量输入连接传感器接线如图 7-58 所示。RTD 信号模块接线如图 7-59 所示。

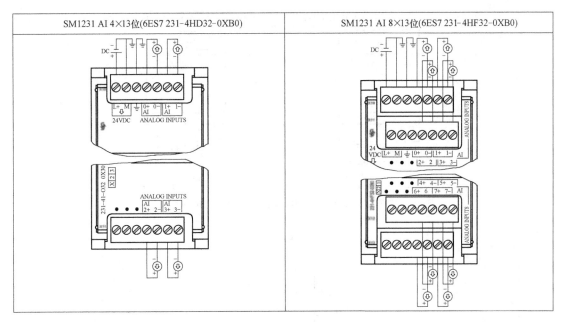

图 7-54 模拟量输入模块接线

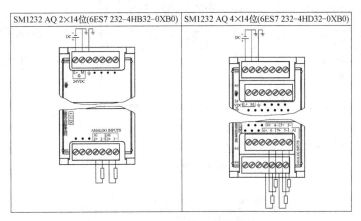

图 7-55 模拟量输出模块接线

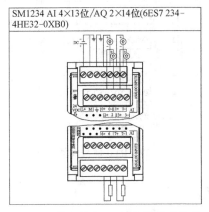

图 7-56 模拟量输入/输出模块的接线

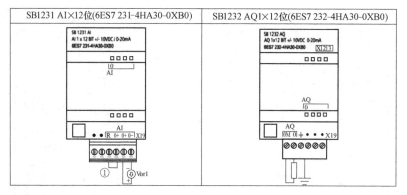

图 7-57 信号板（SB）输入/输出模块的接线

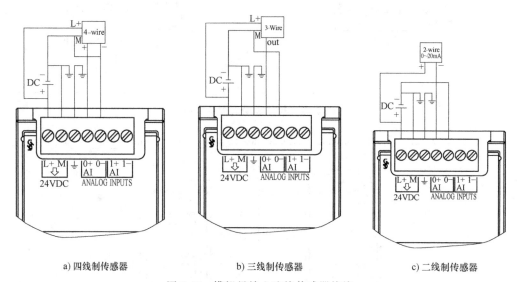

a) 四线制传感器   b) 三线制传感器   c) 二线制传感器

图 7-58 模拟量输入连接传感器接线

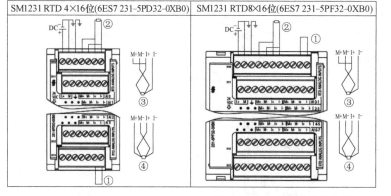

①环接未使用的RTD输入
②二线制RTD③三线制RTD④四线制RTD

图 7-59 RTD 信号模块接线

7.3.6 模拟量模块的组态

由于模拟量输入或输出模块提供不止一种类型信号的输入或输出，每种信号的测量范围又有多种选择，因此必须对信号模块类型和测量范围进行设定。

　　CPU 上集成的模拟量通道，均为模拟量输入电压（0～10V）通道，模拟量输出电流通道（0～20mA），无法对其更改。通常每个模拟量信号模块都可以更改其测量信号的类型和范围。

　　需要注意的是，必须在 CPU 为"STOP"模式时才能设置参数，且需要将参数进行下载。当 CPU 从"STOP"模式切换到"RUN"模式后，CPU 即将设定的参数传送到每个模拟量模块中。

　　下面以第 1 槽上的 SM1234 AI4×13bit/AQ2×14bit 为例进行介绍。

　　在项目视图中打开"设备组态"，单击选中第 1 号槽上的模拟量模块，再单击巡视窗口上方最右边的 ▲ 按钮，便可展开其模拟量模块的属性窗口（或双击第一号槽上的模拟量模块，便可直接打开其属性窗口），如图 7-60 所示。其"常规"属性中包括"常规"和"AI4/AQ2"两个选项。"常规"项给出了该模块的名称、描述、注释、订货号及固件版本等。在"AI4/AQ2"选项下的"模拟量输入"项中可设置信号的测量类型、测量范围及滤波级别（一般选择"弱"级，可以抑制工频信号对模拟量信号的干扰），单击"测量类型"后面的 ▼ 按钮，可以看到测量类型有电压和电流两种；单击"测量范围"后面的 ▼ 按钮，若测量类型选为电压，则电压范围为 ±2.5V、±5V、±10V；若测量类型选为电流，则电流范围为 0～20mA 和 4～20mA。在此对话框中可以激活输入信号的"启用断路诊断、启用溢出诊断、启用下溢出诊断"等功能。在"模拟量输出"项中可设置输出模拟量的信号类型（电

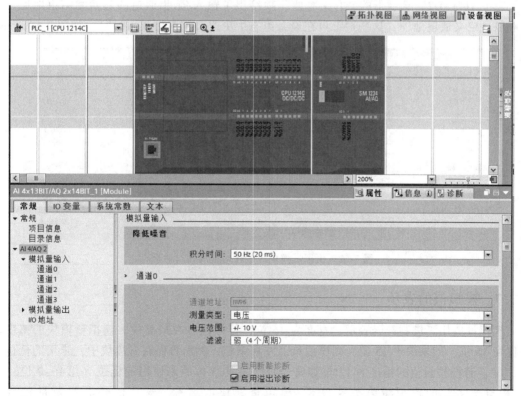

图 7-60　模拟量输入模块的输入通道设置对话框

流和电压）及范围（若输出为电压信号，则范围为 0~10V；若输出为电流信号，则范围为 0~20mA），还可以设置 CPU 进入"STOP"模式后，各个输出点保持最后的值，或使用替代值，如图 7-61 所示。选中后者时，可以设置各点的替换值，可以激活电压输出的短路诊断功能，电流输出的断路诊断功能，以及超出上界值 32511 或低于下界值 −32512 的诊断功能（模拟量的超上限值为 32767，超下限值为 −32768）。

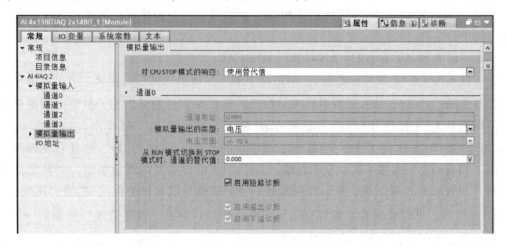

图 7-61　模拟量模块的输出通道设置对话框

在"AI4/AQ2"选项下的"I/O 地址"项给出了输入/输出通道的起始和结束地址，用户可以自定义通道地址（这些地址可在设备组态中更改，范围为 0~1022），如图 7-62 所示。

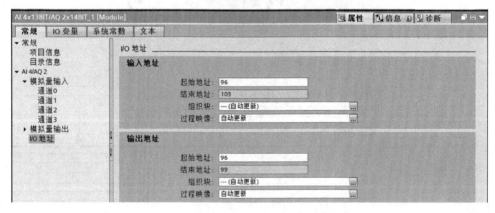

图 7-62　模拟量模块的 I/O 地址属性对话框

7.3.7　模拟值的表示

模拟量值用二进制补码表示，宽度为 16 位，符号位总在最高位。模拟量模块的精度最高位为 15 位，如果少于 15 位，则模拟量值左移调整，然后再保存到模块中，未用的低位填入"0"。若模拟量值的精度为 12 位加符号位，左移 3 位后未使用的低位（第 0~2 位）为 0，相当于实际的模拟量值被乘以 8。模拟量模块的名称、支持信号类型及量程范围见表 7-13。

表 7-13　模板型号、分辨率、负载信号类型及量程范围

模板型号	订货号	分辨率	负载信号类型	量程范围
模拟量输入				
CPU 集成模拟量输入		10 位	0~10V	0~27648
SM12314 4×模拟量输入	6ES7 231-4HD32-0XB0	12 位+符号位	±10V,±5V,±2.5V	−27648~27648
			0~20mA,4~20mA	0~27648
SM1231 4×模拟量输入	6ES7 231-5ND32-0XB0	15 位+符号位	±10V,±5V,±2.5V,±1.25V	−27648~27648
			0~20mA,4~20mA	0~27648
SM1231 8×模拟量输入	6ES7 231-4HF32-0XB0	12 位+符号位	±10V,±5V,±2.5V	−27648~27648
			0~20mA,4~20mA	0~27648
SM1234 4×模拟量输入/2×模拟量输出	6ES7 234-4HE32-0XB0	12 位+符号位	±10V,±5V,±2.5V	−27648~27648
			0~20mA,4~20mA	0~27648
SB1231 1×模拟量输入	6ES7 231-4HA30-0XB0	11 位+符号位	±10V,±5V,±2.5V	−27648~27648
			0~20mA	0~27648
模拟量输出				
SM1232 2×模拟量输出	6ES7 232-4HB32-0XB0	14 位	±10V	−27648~27648
		13 位	0~20mA,4~20mA	0~27648
SM1232 4×模拟量输出	6ES7 232-4HD32-0XB0	14 位	±10V	−27648~27648
		13 位	0~2mA,4~20mA	0~27648
SM1234 4×模拟量输入/2×模拟量输出	6ES7 234-4HE32-0XB0	14 位	±10V	−27648~27648
		13 位	0~20mA,4~20mA	0~27648
SB1232 1×模拟量输出	6ES7 232-4HA30-0XB0	12 位	±10V	−27648~27648
		11 位	0~20mA	0~27648

7.4 PID 控制

在工程应用中，PID 控制系统是应用最广泛的闭环控制系统。PID 控制的原理是给被控对象一个设定值，然后通过测量元件将过程值测量出来，并与设定值比较，将其差值送入 PID 控制器，PID 控制器通过计算，计算出输出值，送到执行器进行调节，其中的 P、I、D 指的是比例、积分、微分运算。通过这些运算，可以使被控对象追随给定值变化并使系统达到稳定，自动消除各种干扰对控制过程的影响。

7.4.1　S7-1200 PLC 的 PID 控制器

S7-1200 PLC CPU 提供了 PID 控制器回路数量受到 CPU 的工作内存及支持 DB 块数量限制。严格来说，并没有限制具体数量，但实际应用中推荐不要超过 16 路 PID 回路。可同时进行回路控制，用户可手动调试参数，也可使用自整定功能，提供了两种自整定方式由 PID 控制器自动调试参数。另外，STEP7 Basic 还提供了调试面板，用户可以直观地了解控制器

7.4.2 PID 控制器的结构

PID 控制器功能主要依靠三部分实现，循环中断组织块、PID 功能块、PID 工艺对象背景数据块。用户在调用 PID 指令块时需要定义其背景数据块，而此背景数据块需要在工艺对象中添加，称为工艺对象背景数据块。PID 指令块与其相对应的工艺对象背景数据块组合使用，形成完整的 PID 控制器。PID 控制器结构如图 7-63 所示。

循环中断组织块可按一定周期产生中断，并执行其中的程序。PID 功能块定义了控制器的控制算法，随着循环中断块产生中断而周期性执行，其背景数据块用于定义

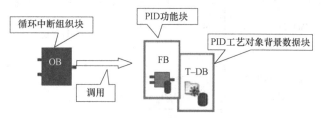

图 7-63 PID 控制器结构

输入输出参数，调试参数以及监控参数。此背景数据块并非普通数据块，需要在目录树视图的工艺对象中才能找到并定义。

表 7-14 显示了 PID_Compact 的每个版本可用于哪种 CPU。

表 7-14 PID_Compact 的每个版本可用于哪种 CPU

CPU	FW	PID_Compact
S7-1200	≥ V4.x	V1.2、V2.2
S7-1200	≥ V3.x	V1.1、V1.2
S7-1200	≥ V2.x	V1.1、V1.2
S7-1200	≥ V1.x	V1.0

7.4.3 S7-1200 PLC PID Compact V2.2 指令介绍

PID 指令块的参数分为两部分：输入参数与输出参数。其指令块的视图分为扩展视图与集成视图，在不同的视图下所能看到的参数是不一样的，在集成视图中可看到的参数为最基本的默认参数，如给定值，反馈值，输出值等，定义这些参数可实现控制器最基本的控制功能；在扩展视图中，可看到更多的相关参数，如手自动切换、模式切换等，使用这些参数可使控制器实现更丰富的功能，如图 7-64 所示。

1. PID Compact 输入参数

PID_Compact V2 的输入参数包括 PID 的设定值、过程值、手自动切换、故障确认、模式切换和 PID 重启参数等，见表 7-15。

表 7-15 PID_Compact V2 的输入参数

参数	数据类型	说明
Setpoint	Real	PID 控制器在自动模式下的设定值
Input	Real	PID 控制器的反馈值(工程量)
Input_PER	Int	PID 控制器的反馈值(模拟量)
Disturbance	Real	扰动变量或预控制值。(直接叠加在原有的输出上)

（续）

参数	数据类型	说明
ManualEnable	Bool	出现 FALSE→TRUE 上升沿时会激活"手动模式"，与当前 Mode 的数值无关。当 ManualEnable=TRUE，无法通过 ModeActivate 的上升沿或使用调试对话框来更改工作模式。出现 TRUE→FALSE 下降沿时会激活由 Mode 指定的工作模式
ManualValue	Real	用作手动模式下的 PID 输出值，须满足 Config. OutputLowerLimit < ManualValue < Config. OutputUpperLimit
ErrorAck	Bool	FALSE→TRUE 上升沿时，错误确认，清除已经离开的错误信息
Reset	Bool	重新启动控制器：FALSE→TRUE 上升沿，切换到"未激活"模式，同时复位 ErrorBits 和 Warnings，清除积分作用（保留 PID 参数）。只要 Reset = TRUE，PID_Compact 便会保持在"未激活"模式下（State = 0）。TRUE→FALSE 下降沿，PID_Compact 将切换到保存在 Mode 参数中的工作模式
ModeActivate	Bool	FALSE→TRUE 上升沿，PID_Compact 将切换到保存在 Mode 参数中的工作模式

注：如果使用 Reset 复位错误会重启 PID 控制器，建议使用 ErrorAck 来复位错误代码。

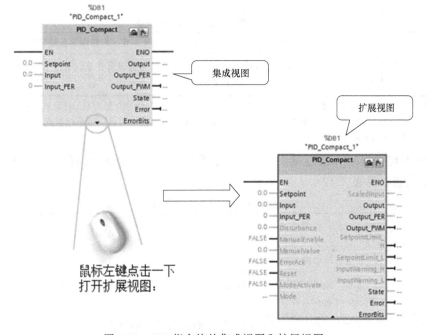

图 7-64　PID 指令块的集成视图和扩展视图

2. PID_Compact V2 的输出参数

PID_Compact V2 的输出参数包括 PID 的输出值（REAL、模拟量、PWM）、标定的过程值、限位报警（设定值、过程值）、PID 的当前工作模式、错误状态及错误代码等，见表 7-16。

表 7-16　PID_Compact V2 的输出参数

参数	数据类型	说明
ScaledInput	Real	标定的过程值
Output	Real	PID 的输出值（REAL 形式）

（续）

参数	数据类型	说明
Output_PER	Int	PID 的输出值（模拟量）
Output_PWM	Bool	PID 的输出值（脉宽调制）
SetpointLimit_H	Bool	如果 SetpointLimit_H = TRUE，则说明达到了设定值的绝对上限（Setpoint ≥ Config. SetpointUpperLimit）
SetpointLimit_L	Bool	如果 SetpointLimit_L = TRUE，则说明已达到设定值的绝对下限（Setpoint ≤ Config. SetpointLowerLimit）
InputWarning_H	Bool	如果 InputWarning_H = TRUE，则说明过程值已达到或超出警告上限
InputWarning_L	Bool	如果 InputWarning_L = TRUE，则说明过程值已达到或低于警告下限
State	Int	State 参数显示了 PID 控制器的当前工作模式。可使用输入参数 Mode 和 ModeActivate 处的上升沿更改工作模式： State = 0：未激活 State = 1：预调节 State = 2：精确调节 State = 3：自动模式 State = 4：手动模式 State = 5：带错误监视的替代输出值
Error	Bool	如果 Error = TRUE，则此周期内至少有一条错误消息处于未决状态
ErrorBits	DWord	ErrorBits 参数显示了处于未决状态的错误消息。通过 Reset 或 ErrorAck 的上升沿来保持并复位 ErrorBits

注：1. 若 PID 控制器未正常工作，请先检查 PID 的输出状态 State 来判断 PID 的当前工作模式，并检查错误信息。

2. 当错误出现时 Error = 1，错误离开后 Error = 0，ErrorBits 会保留错误信息。可通过编程清除错误离开后 ErrorBits 保留的错误信息。

当 PID 出现错误时，通过捕捉 Error 的上升沿，将 ErrorBits 传送至全局地址，可获得 PID 的错误信息，见表 7-17。

表 7-17 PID 的错误信息

错误代码 （DW#16#----）	说明
0000	没有任何错误
0001	参数 "Input" 超出了过程值限值的范围，正常范围应为 Config. InputLowerLimit < Input < Config. InputUpperLimit
0002	参数 "Input_PER" 的值无效。请检查模拟量输入是否有处于未决状态的错误
0004	精确调节期间出错。过程值无法保持振荡状态
0008	预调节启动时出错。过程值过于接近设定值。启动精确调节
0010	调节期间设定值发生更改。可在 CancelTuningLevel 变量中设置允许的设定值波动
0020	精确调节期间不允许预调节
0080	预调节期间出错。输出值限值的组态不正确，请检查输出值的限值是否已正确组态及其是否匹配控制逻辑
0100	精确调节期间的错误导致生成无效参数
0200	参数 "Input" 的值无效：值的数字格式无效

(续)

错误代码 （DW#16#----）	说明
0400	输出值计算失败。请检查 PID 参数
0800	采样时间错误：循环中断 OB 的采样时间内没有调用 PID_Compact
1000	参数 "Setpoint" 的值无效，值的数字格式无效
10000	ManualValue 参数的值无效，值的数字格式无效
20000	变量 SubstituteOutput 的值无效，值的数字格式无效。这时，PID_Compact 使用输出值下限作为输出值
40000	Disturbance 参数的值无效，值的数字格式无效

注：如果多个错误同时处于待决状态，将通过二进制加法显示 ErrorBits 的值。例如，显示 ErrorBits = 0003h 表示错误
0001h 和 0002h 同时处于待决状态。

7.4.4　S7-1200 PLC PID Compact V2 组态步骤

S7-1200 PLC PID Compact V2 组态步骤如下：

1）使用 PID 功能，必须先添加循环中断，如图 7-65 所示。需要在循环中断中添加
PID_Compact 指令。在循环中断的属性中，可以修改其循环时间。因为执行 PID Compact 输
入需要进行 PID 运算才有输出，而运算需要一定时，所以才需要把 PIDCompact 指令写到循
环中断。另外，程序执行的扫描周期不相同，一定要在循环中断里调用 PID 指令。注意，
为保证以恒定的采样时间间隔执行 PID 指令，必须在循环 OB 中调用。

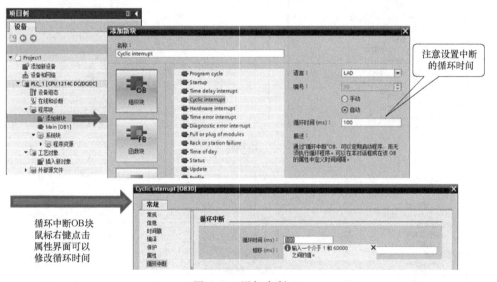

图 7-65　添加中断 OB

2）在 "指令→工艺→PID 控制→CompactPID（注意版本选择）→PID_Compact" 下，将
PID_Compact 指令添加至循环中断，如图 7-66 所示。

3）当添加完 PID_Compact 指令后，在 "项目树"→"工艺对象" 文件夹中，会自动关联
出 "PID_Compact_x[DBx]"，包含其组态界面和调试功能，如图 7-67 所示。

4）使用 PID 控制器前，需要对其进行组态设置，分为基本设置、过程值设置、高级设
置等，如图 7-68 所示。

图 7-66　添加指令块 1

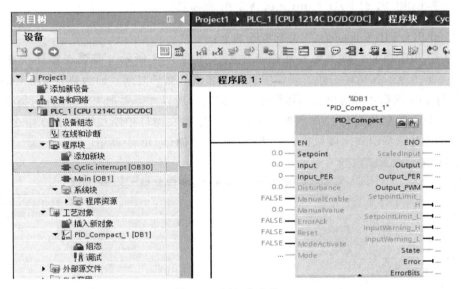

图 7-67　添加指令块 2

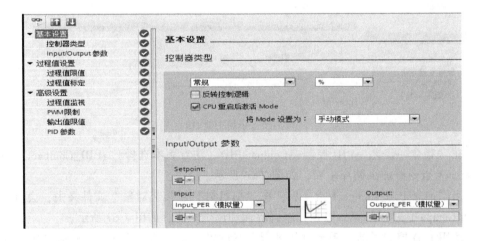

图 7-68　基本设置

① 基本设置：主要设置控制器类型，如图 7-69 所示。

a. 为设定值、过程值和扰动变量选择物理量和测量单位。

b. 设置正作用和反作用。正作用是随着 PID 控制器的偏差增大，输出值增大；反作用是随着 PID 控制器的偏差增大，输出值减小。PID_Compact 反作用时，可以勾选 "反转控制逻辑"，或者使用负比例增益。

c. 要在 CPU 重启后切换到 "模式（Mode）" 参数中保存的工作模式，应勾选 "在 CPU 重启后激活 Mode"。

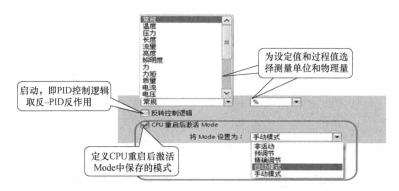

图 7-69 控制类型选择

② 基本设置：定义 Input/Output 参数，如图 7-70 所示。

定义 PID 过程值和输出值的选项内，选择 PID_Compact 输入、输出变量的引脚和数据类型。

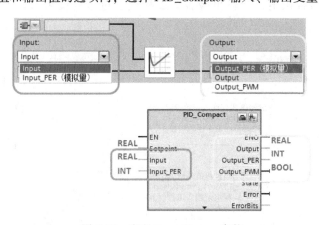

图 7-70 定义 Input/Output 参数

③ 过程值设置，如图 7-71 所示。

必须满足过程值下限小于过程值上限。如果过程值超出限值，就会出现错误（ErrorBits = 0001h）。过程值的设置如图 7-72 所示。

a. 当且仅当在 Input/Output 中输入选择为 "Input_PER" 时，才可组态过程值标定。

b. 如果过程值与模拟量输入值成正比，则将使用上下限值对来标定 Input_PER。

c. 必须满足范围的下限小于上限。

④ 高级设置

● 过程值监视设置如图 7-73 所示。

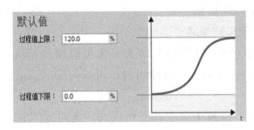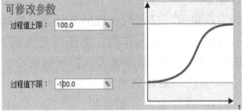

图 7-71　过程值上下限设置

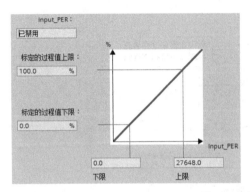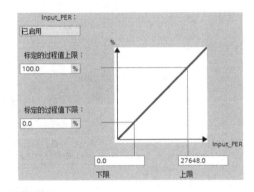

图 7-72　标定值上下限设置

a. 过程值的监视限值范围需要在过程值限值范围之内。

b. 过程值超过监视限值，会输出警告。过程值超过过程值限值，PID 输出会报错，切换工作模式。

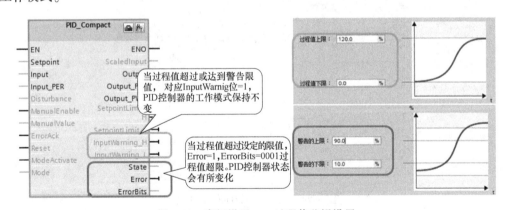

图 7-73　高级设置——过程值监视设置

- 接通时间设置，如图 7-74 所示。

a. 为最大限度地减小工作频率并节省执行器，可延长最短开/关时间。

b. 如果要使用"Output"或"Output_PER"，则必须分别为最短开关时间组态值 0.0。

c. 脉冲或中断时间永远不会小于最短开关时间。例如，在当前 PID 算法采样周期中，如果输出小于最短接通时间将不输出脉冲，如果输出大于 PID 算法采样时间-最短关闭时间，则整个周期输出高电平。

d. 在当前 PID 算法采样周期中，因小于最短接通时间未能输出脉冲的，会在下一个

PID 算法采样周期中累加和补偿由此引起的误差。

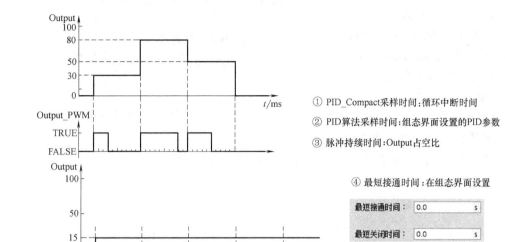

① PID_Compact采样时间:循环中断时间

② PID算法采样时间:组态界面设置的PID参数

③ 脉冲持续时间:Output占空比

④ 最短接通时间:在组态界面设置

| 最短接通时间: | 0.0 | s |
| 最短关闭时间: | 0.0 | s |

在一个PID的采样时间中:
脉冲的持续时间不能小于最短接通时间
脉冲的关断时间不能小于最短关闭时间

图 7-74　接通时间设置

● 输出值限值设置如图 7-75 所示。

a. 在"输出值的限值"窗口中,以百分比形式组态输出值的限值。无论是在手动模式还是自动模式下,都不要超过输出值的限值。

b. 手动模式下的设定值 ManualValue 必须是介于输出值的下限 (Config. OutputLowerLimit) 与输出值的上限 (Config. OutputUpperLimit) 之间的值。

c. 如果在手动模式下指定了一个超出限值范围的输出值,则 CPU 会将有效值限制为组态的限值。

d. PID_Compact 可以通过组态界面中输出值的上限和下限修改限值。最大范围为 -100.0 ~ 100.0,如果采用 Output_PWM 输出时限制为 0.0 ~ 100.0。

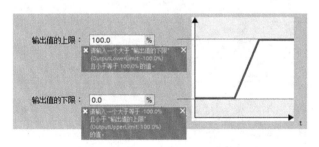

参数设置规则

1.下限 <上限
2.可设置的输出值范围

Output	−100.0～100.0
Output_PER	−100.0～100.0
Output_PWM	0.0～100.0

图 7-75　输出限值设置

● 对错误的响应设置,如图 7-76 所示。

a. 在 PID_Compact V1 时,如果 PID 控制器出现错误,PID 会自动切换到"未激活"模式。在 PID_Compact V2 时,可以预先设置错误响应时 PID 的输出状态,如图 7-76 所示。以便在发生错误时,控制器在大多数情况下均可保持激活状态。

b. 如果控制器频繁发生错误，建议检查 Errorbits 参数并消除错误。

- 手动输入 PID 参数，如图 7-77 所示。

a. 在 PID Compact 组态界面可以修改 PID 参数，通过此处修改的参数对应"工艺对象背景数据块"→"Static"→"Retain"→"PID 参数"。

b. 通过组态界面修改参数需要重新下载组态并重启 PLC。建议直接对工艺对象背景数据块进行操作。

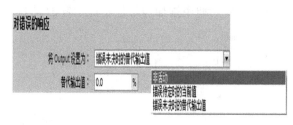

图 7-76　错误响应方式

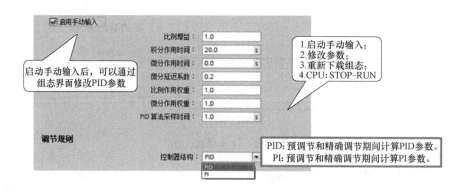

图 7-77　启用手动输入

7.4.5　工艺对象背景数据块

工艺对象背景数据块打开方式如图 7-78 所示。

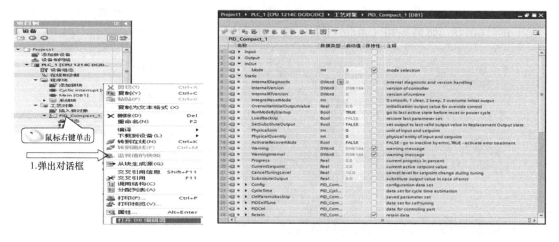

图 7-78　工艺对象背景数据块

常用的 PID 参数有比例增益、积分时间、微分时间，如图 7-79 所示。

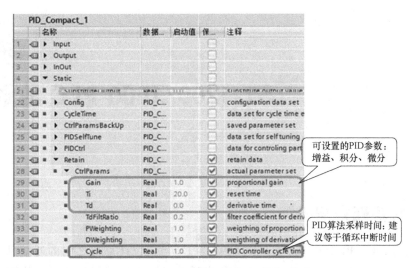

图 7-79　常用的 PID 参数

7.4.6　工艺对象背景数据块的常见问题

通过触摸屏或第三方设备，如何设置 PIDCompact 的参数，如比例增益、积分时间、微分时间？

第三方上位机或触摸屏，多数不能直接访问 S7-1200 PLC 中符号寻址的变量。在这种情况下，可以使用绝对地址的变量与 PID_Compact 工艺对象数据块中的增益、积分、微分的变量之间进行数据传送。只需要在第三方设备的用户画面中，访问对应的绝对地址变量即可。PID 参数修改后实时生效，不需要重启 PID 控制器和 PLC。

在进行操作时应注意以下几点：

1）触摸屏访问的变量是绝对地址寻址，工艺对象背景数据块里对应变量是符号寻址。

2）设置绝对地址变量的保持性，实现断电数据保持。

3）通过指令实现绝对地址与符号地址变量的数据传送。

第8章

S7-1200/1500 PLC 的通信

8.1 通信基础知识

PLC 的通信包括 PLC 与 PLC 之间的通信、PLC 与上位计算机之间的通信以及和其他智能设备之间的通信。PLC 与 PLC 之间通信的实质就是计算机之间的通信，从而使众多独立的控制任务构成一个工程整体，形成模块控制体系。PLC 与计算机连接组成网络，将 PLC 用于控制工业现场，计算机用于编程、显示和管理等任务，构成"集中管理，分散控制"的分布式控制体系。

8.1.1 工业以太网概述

工业以太网是基于 IEEE 802.3（Ethernet）的强大的区域和单元网络。工业以太网提供了一个无缝集成到多媒体世界的途径。企业内部互联网（Intranet）、外部互联网（Extranet），以及国际互联网（Internet）提供的广泛应用不但已经进入今天的办公室领域，而且还可以应用于生产和过程自动化。继 10Mbit/s 以太网成功运行之后，具有交换功能、全双工和自适应的 100Mbit/s 快速以太网（Fast Ethernet，符合 IEEE 802.3u 的标准）也已成功运行多年。采用何种性能的以太网取决于用户的需要，而其通用的兼容性允许用户无缝升级到新技术。

工业以太网技术具有价格低廉、稳定可靠、通信速率高、软硬件产品丰富、应用广泛以及技术成熟等优点，已成为最受欢迎的通信网络之一。工业以太网是面向工业生产控制的，对数据的实时性、确定性和可靠性等有极高的要求。

西门子工业以太网可应用于单元级、管理级网络，其通信数据量大、传输距离长。西门子工业以太网可同时运行多种通信服务，例如 PG/OP 通信、S7 通信、开放式用户通信（Open User Communication，OUC）和 PROFINET 通信。S7 通信和开放式用户通信为非实时性通信，它们主要应用于站点间数据通信。基于工业以太网开发的 PROFINET 通信具有很好的实时性，主要用于连接现场分布式站点。

8.1.2 通信介质和网络连接

1. 通信介质

西门子工业以太网可以使用双绞线、光纤和无线进行数据传输。

（1）IE FC TP

工业以太网快速连接双绞线（Industry Ethernet Fast Connection Twisted Pair，IEFCTP）需要配合西门子 IE FC RJ45 插头使用，如图 8-1 所示。将双绞线按照 IE FC RJ45 插头标识的颜色插入到连接孔中，可快捷、方便地将 DTE（数据终端设备）连接到工业以太网。IE FC 2×2 电缆可用于 DTE 到 DTE、DTE 到交换机、交换机之间的网络连接，单根电缆最长通信距离为 100m，通信速率可达 100Mbit/s。IE FC 4×2 电缆可用于主干网连接，其通信速率最大可达到 1000Mbit/s。使用普通双绞线，因其不带有信号屏蔽，可保证的最长通信距离仅为 10m。

图 8-1 IE FC TP 电缆和 IE FC RJ45 插头

（2）光纤

光纤适合用于长距离通信。光纤的传输距离则与交换机和光纤类型有关。

（3）无线以太网

无线以太网需要使用无线交换机进行网络互连，通信距离与通信标准和天线有关。

2. 网络连接

S7-1200 PLC CPU 本体上集成了一个 PROFINET 通信接口（其中 CPU1215C 和 CPU1217C 则内置了一个双 RJ45 端口的以太网交换机），支持以太网和基于 TCP/IP 的通信。使用这个通信口可以实现 S7-1200 PLC CPU 与编程设备的通信，与 HMI 触摸屏的通信，以及与其他 CPU 之间的通信。PROFINET 物理接口支持 10M/100Mbit/s 的 RJ45 接口，支持电缆交叉自适应。因此一个标准的或是交叉的以太网线都可以用于该接口。

（1）直接连接

当一个 S7-1200 PLC CPU 与一个编程设备、一个 HMI 或一个 PLC 通信时，也就是说只有两个通信设备时，实现的是直接通信。直接连接不需要使用交换机，用网线直接连接两个设备即可，如图 8-2 所示。

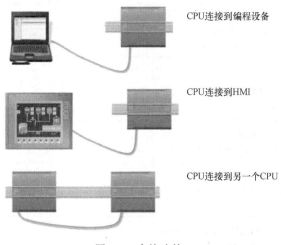

图 8-2 直接连接

（2）交换机连接

当两个以上的设备进行通信时，需要使用交换机来实现网络连接。CPU1215C 和 CPU1217C 内置双端口以太网交换机可连接 2 个通信设备。当然，也可以使用导轨安装的西门子 CSM1277 四端口交换机来连接多个 PLC 和 HMI 设备，如图 8-3 所示。

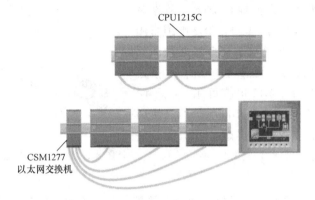

图 8-3　多个通信设备的交换机连接

8.1.3　S7-1200 PLC CPU 支持的通信服务和可连接的资源

1. S7-1200 PLC CPU 支持的通信服务（见表 8-1）

表 8-1　S7-1200 PLC CPU 支持的通信服务

通信服务	功能	使用 PROFIBUS-DP		使用以太网
		CM1243-5DP 主站模块	CM1242-5DP 从站模块	
PG 通信	调试、测试、诊断	✓	×	✓
HMI 通信	操作员控制和监视	✓	×	✓
S7 通信	使用已组态连接交换数据	✓	×	✓
路由 PG 功能	例如，跨网络边界进行测试和诊断	×	×	×
PROFIBUS-DP	在主站与从站之间交换数据	✓	✓	×
PROFINET IO	I/O 控制器和 I/O 设备之间的数据交换	×	×	✓
Web 服务器	诊断	×	×	✓
SNMP（简单网络管理协议）	用于网络诊断和参数化的标准协议	×	×	✓
通过 TCP/IP 的开放式通信	使用 TCP/IP 协议通过工业以太网交换数据（使用可装载 FB）	×	×	✓
通过 ISO-on-TCP 的开放式通信	使用 ISO-on-TCP 协议通过工业以太网交换数据（使用可加载 FB）	×	×	✓
通过 UDP 的开放式通信	使用 UDP 协议通过工业以太网交换数据（使用可装载 FB）	×	×	✓

2. 连接资源

S7-1200 PLC CPU 集成的以太网接口支持非实时通信和实时通信等多种通信服务，CPU 除了预先为这些通信服务分配了固定的连接资源外，还额外提供了 6 个可组态的连接。S7-1200 PLC CPU 集成的以太网接口连接资源见表 8-2。

表 8-2　S7-1200 PLC CPU 集成的以太网接口连接资源

	编程 终端(PG)	人机 界面(HMI)	GET/PUT 客户端/服务器	开放式用户 通信	Web 浏览器
连接资源的 最大数量	3(保证支持 1 个 PG 设备)	12(保证支持 4 个 HMI 设备)	8	8	30(保证支持 3 个 Web 浏览器)

8.1.4　以太网通信的常见问题

1. 以太网通信常用介质的传输距离

西门子 IE FC 2×2 电缆配合西门子 IE FC RJ45 使用时，单根电缆最长通信距离为 100m；使用普通双绞线，因其不带有信号屏蔽，可保证的最长通信距离仅为 10m；采用光纤传输时，传输距离则取决于光纤交换机和光纤类型。

2. S7-1200 PLC 通过添加 CM/CP 模块扩展系统的连接资源

S7-1200 PLC 站点最多可支持 68 个特定的连接资源，其中 62 个连接资源预留给特定类别的通信，6 个动态通信连接资源可根据应用需要扩展 S7、OUC，及 OPC 等通信等。由于 CPU 模块的连接资源已多达 68 个，即使再添加 CM/CP 模块，S7-1200 PLC 的连接资源总数也不会增加。

3. S7-1200 PLC CPU 与第三方 HMI 连接的注意事项

在 S7-1200 PLC CPU 与第三方 HMI 连接时，需要对 CPU 做以下设置：

1）在 CPU 属性的"防护与安全"设置中激活"允许来自远程对象的 PUT/GET 通信访问"。

2）如果第三方 HMI 不支持优化访问的数据块，则需要在数据块的"属性"中取消激活"优化的块访问"。

8.2　S7 通信

8.2.1　S7 通信概述

S7-1200 PLC CPU 与 S7-300/400/1200/1500 PLC CPU 通信可采用多种通信方式，但最常用的、最简单的还是 S7 通信。

S7-1200 PLC CPU 进行 S7 通信时，需要在客户端侧调用 PUT/GET 指令。"PUT"指令用于将数据写入到伙伴 CPU，"GET"指令用于从伙伴 CPU 读取数据。

进行 S7 通信需要使用组态的 S7 连接进行数据交换，S7 连接可分为单端组态或双端组态：

1）单端组态。单端组态的 S7 连接，只需要在通信发起方（S7 通信客户端）组态一个连接到伙伴方的 S7 连接未指定的 S7 连接。伙伴方（S7 通信服务器）无须组态 S7 连接。

2）双端组态。双端组态的 S7 连接，需要在通信双方都进行连接组态。

8.2.2 PUT 指令和 GET 指令

可以使用 PUT 和 GET 指令通过 PROFINET 和 PROFIBUS 连接与 S7 CPU 通信。仅当在本地 CPU 的"保护（Protection）"属性中为伙伴 CPU 激活了"允许使用 PUT/GET 通信进行访问（Permit access with PUT/GET communication）"功能后，才可进行此操作，并应注意：

- 访问远程 CPU 中的数据：S7-1200 PLC CPU 在 ADDR_x 输入字段中只能使用绝对地址对远程 CPU（S7-200/300/400/1200/1500）的变量寻址。

- 访问标准 DB 中的数据：S7-1200 PLC CPU 在 ADDR_x 输入字段中只能使用绝对地址对远程 S7 CPU 标准 DB 中的 DB 变量寻址。

- 访问优化 DB 中的数据：S7-1200 PLC CPU 不能访问远程 S7-1200 PLC CPU 优化 DB 中的 DB 变量。

- 访问本地 CPU 中的数据：S7-1200 PLC CPU 可使用绝对地址或符号地址分别作为 GET 或 PUT 指令的 RD_x 或 SD_x 输入字段的输入。

1. PUT 指令

S7-1200 PLC CPU 可使用 PUT 指令将数据写入到伙伴 CPU，伙伴 CPU 处于"STOP"运行模式时，S7 通信依然可以正常进行。PUT 指令的调用如图 8-4 所示。

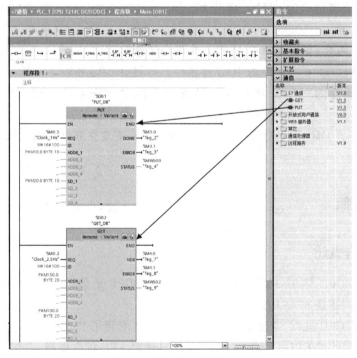

图 8-4 调用 PUT/GET 指令

2. GET 指令

S7-1200 PLC CPU 可使用 GET 指令从伙伴 CPU 读取数据，伙伴 CPU 处于"STOP"运

行模式时，S7 通信依然可以正常运行。"GET"指令的调用如图 8-4 所示。

必须确保 ADDR_x（远程 CPU）与 RD_x 或 SD_x（本地 CPU）参数的长度（字节数）和数据类型相匹配。标识符"Byte"之后的数字是 ADDR_x、RD_x 或 SD_x 参数引用的字节数。

通过 GET 指令可接收的字节总数或者通过 PUT 指令可发送的字节总数有一定的限制。具体限制取决于使用了 4 个可用地址和存储区中的多少：如果仅使用 ADDR_1 和 RD_1/SD_1，则一个 GET 指令可获取 222 个字节，一个 PUT 指令可发送 212 个字节；如果使用 ADDR_1、RD_1/SD_1、ADDR_2 和 RD_2/SD_2，则一个 GET 指令总共可获取 218 个字节，一个 PUT 指令总共可发送 196 个字节；如果使用 ADDR_1、RD_1/SD_1、ADDR_2、RD_2/SD_2、ADDR_3 和 RD_3/SD_3，则一个 GET 指令总共可获取 214 个字节，一个 PUT 指令一共可获取 180 个字节；如果使用 ADDR_1、RD_1/SD_1、ADDR_2、RD_2/SD_2、ADDR_3、RD_3/SD_3、ADDR_4、RD_4/SD_4，则一个 GET 指令总共可获取 210 个字节，一个 PUT 指令总共可发送 164 个字节。各个地址和存储区参数的字节数之和必须小于等于定义的限值。如果超出这些限值，则 GET 或 PUT 指令将返回错误。在 REQ 参数的上升沿出现时，读操作（GET）或写操作（PUT）将装载 ID、ADDR_1 和 RD_1（GET）或 SD_1（PUT）参数。

对于 GET 指令，从下次扫描开始，远程 CPU 会将请求的数据返回接收区（RD_x）。当读操作顺利完成时，NDR 参数设置为 1。只有在完成前一个操作后，才能开始新的操作。

对于 PUT 指令，本地 CPU 开始将数据发送（SD_x）到远程 CPU 中的存储位置（ADDR_x）。当写操作顺利完成后，远程 CPU 返回执行确认。然后，PUT 指令的 DONE 参数设置为 1。只有在完成前一个操作后，才能开始新的写操作。

PUT/GET 指令的参数说明见表 8-3。

表 8-3　PUT/GET 指令的参数说明

参数和类型		数据类型	说明
REQ	Input	Bool	通过由低到高的(上升沿)信号启动操作
ID	Input	CONN_PRG(Word)	S7 连接 ID(十六进制)
NDR(GET)	Output	Bool	新数据就绪： • 0：请求尚未启动或仍在运行 • 1：已成功完成任务
DONE(PUT)	Output	Bool	DONE： • 0：请求尚未启动或仍在运行 • 1：已成功完成任务
ERROR STATUS	Output Output	Bool Word	• ERROR＝0 STATUS 值： - 0000H：既没有警告也没有错误 -<>0000H：警告，STATUS 提供详细信息 • ERROR＝1 出现错误。STATUS 提供有关错误性质的详细信息
ADDR_1	InOut	远程	指向远程 CPU 中存储待读取(GET)或待发送(PUT)数据的存储区
ADDR_2	InOut	远程	
ADDR_3	InOut	远程	
ADDR_4	InOut	远程	

（续）

参数和类型		数据类型	说明
RD_1（GET） SD_1（PUT）	InOut	Variant	指向本地 CPU 中存储待读取（GET）或待发送（PUT）数据的存储区 允许的数据类型： BOOL（只允许单个位）、Byte、Char、Word、Int、DWord、DInt 或 Real 如果该指针访问 DB，则必须指定绝对地址，如 P # DB10. DBX5. 0 Byte 10，在此情况下，10 代表 GET 或 PUT 指令的字节数
RD_2（GET） SD_2（PUT）	InOut	Variant	
RD_3（GET） SD_3（PUT）	InOut	Variant	
RD_4（GET） SD_4（PUT）	InOut	Variant	

3. PUT 和 GET 指令的使用注意事项

S7-1200 PLC 使用 PUT 和 GET 指令读取伙伴 CPU 数据时，要注意以下几点：

1）如果伙伴 CPU 为 S7-1200/1500 PLC 系列，则需要在伙伴 CPU 属性的 "防护与安全" 设置中激活 "允许来自远程对象的 PUT/GET 通信访问"。

2）伙伴 CPU 待读写区域不支持优化访问的数据区。

3）确保参数 ADDR_i 与 SD_i/RD_i 定义的数据区在数量、长度和数据类型等方面都是匹配的。

4）PUT/GET 指令最大可以传送数据长度为 212/222 字节，通信区域数量的增加并不能增加通信数据长度。PUT/GET 指令在使用不同数量的通信区域下最大通信长度见表 8-4。

表 8-4　PUT/GET 指令最大通信长度

指令	所使用的 ADDR_i、SD_i/RD_i 数据区域的数量			
	1	2	3	4
PUT	212	196	180	164
GET	222	218	214	210

8.3　S7 通信示例

S7-1200 PLC CPU 进行 S7 通信需要使用组态的 S7 连接进行数据交换，S7 连接可为单端或双端组态。S7 单端组态常用于不同项目中 CPU 之间相互通信，S7 双端组态则常用于同一项目中 CPU 之间通信。

扫一扫　看视频

8.3.1　不同项目中的 S7 通信

本示例中使用了两个 S7-1200 PLC CPU，CPU 之间采用 S7 通信。CPU1 为 CPU1214C，其 IP 地址为 192. 168. 0. 1；CPU2 为 CPU1215C，其 IP 地址为 192. 168. 0. 2。通信任务是 CPU 1 作为 S7 通信客户端，调用 PUT/GET 指令读写 CPU2 的数据，其中 GET 指令用于读取 CPU 2 MB100～MB110 共 11 个字节的数据，PUT 指令用于将 11 个字节的数据写入到 CPU2 MB200～MB210。CPU2 作为 S7 通信的服务器，其不需要组态 S7

连接，也无须调用 PUT/GET 指令，只需在 CPU 属性的"防护与安全"设置中激活"允许来自远程对象的 PUT/GET 通信访问"。

1. CPU1 编程组态

1）设备组态。使用 TIA 博途软件创建新项目，并将 CPU1（CPU1214C）作为新设备添加到项目中。在设备视图的巡视窗口中，将 CPU 属性做如下修改：

① 在"PROFINET 接口"属性中，为 CPU"添加新子网"，并设置 IP 地址（192.168.0.1）和子网掩码（255.255.255.0）。

② 在"系统和时钟存储器"属性中，激活"启用时钟储存器字节"，并设置"时钟存储器字节的地址（MBx）"。

2）添加 S7 连接。在网络视图中为 CPU 添加未指定的 S7 连接，创建 S7 连接的操作如图 8-5 所示。在弹出"创建新连接"对话框中，选择"未指定"，单击"添加"后，将会创建一条"未指定"的 S7 连接，如图 8-6 所示。创建的 S7 连接将显示在网络视图右侧"连接"表中。在巡视窗口中，需要在新创建的 S7 连接属性中设置伙伴 CPU 的 IP 地址，如图 8-7 所示。在 S7 连接属性"本地 ID"中，可以查询到本地连接 ID（十六进制数值），如图 8-8 所示。该 ID 用于表示网络连接，需要与 PUT/GET 指令中"ID"参数保持一致。

图 8-5　选择 S7 连接

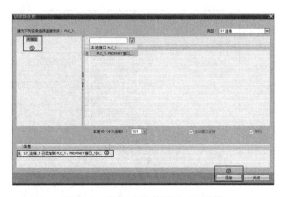

图 8-6　添加"未指定"S7 连接

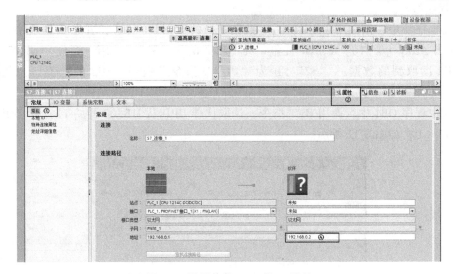

图 8-7　设置伙伴 CPU 的 IP 地址

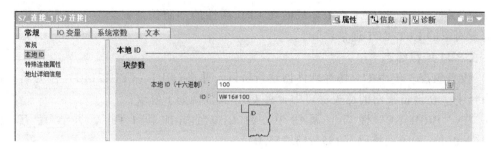

图 8-8　S7 连接 ID

在 S7 连接属性"地址详细信息"属性中，需要配置伙伴方 TSAP。伙伴 TSAP 设置值与伙伴 CPU 类型有关，伙伴 CPU 侧 TSAP 可能设置值如下：

① 伙伴为 S7-1200/1500 PLC CPU：03.00 或 03.01。

② 伙伴为 S7-300 PLC CPU：03.02。

③ 伙伴为 S7-400 PLC CPU：03.XY，X 和 Y 取决于 CPU 的机架和插槽号。

本例中，伙伴 CPU 为 CPU 1215C，因此伙伴方 TSAP 可以设置为 03.00 或 03.01，设置如图 8-9 所示。

图 8-9　设置伙伴 TSAP

3）程序编写。

① 在程序块中，添加用于 PUT/GET 数据交换的数据块"S7"，并在数据块中定义两个数据类型为 Array [0..10] of Byte 变量"A"和"B"，"S7"．A 用于存储"GET"指令从伙伴 CPU2 读取到的数据，"S7"．B 为"PUT"指令发送到 CPU2 的数据区，如图 8-10 所示。

② 在主程序 OB1 中，调用 GET 指令，读取伙伴 CPU 从 MB200 开始 11 个字节数据并保存到"S7"．B，如图 8-11 所示。

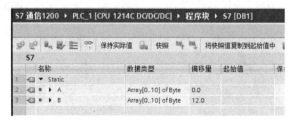

图 8-10　创建用于数据交换的数据块

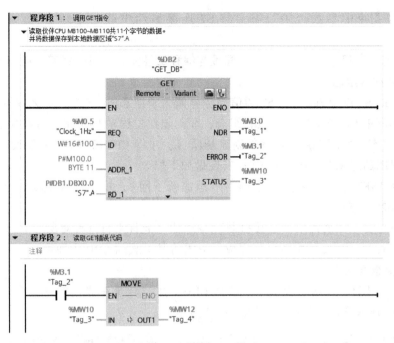

图 8-11　调用 GET 指令

③ 在主程序 OB1 中，调用 PUT 指令，将本地数据 "S7". B 写入到伙伴从 MB200 开始 11 个字节区域，如图 8-12 所示。

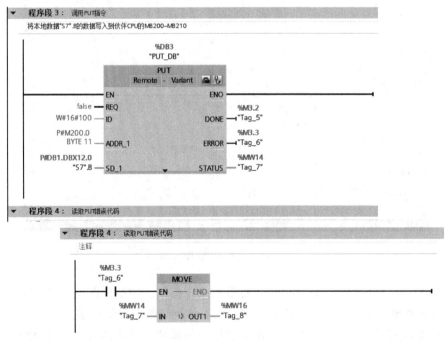

图 8-12　调用 PUT 指令

需要注意的是，使用 PUT/GET 通信时，伙伴 CPU 待读写区域不支持优化访问的数据区域。

PUT/GET 指令中参数 "ID" 需要与 S7 连接属性中的 "本地 ID" （参考图 8-8）一致。

4）下载组态和程序。CPU1 的组态配置与编程已经完成，只需将其下载到 CPU 即可。

2. CPU2 编程组态

单端组态的 S7 连接通信中，S7 通信服务器侧无须组态 S7 连接，也无须调用 PUT/GET 指令，所以本例中 CPU2 只需进行设备组态，而无须在主程序 OB1 中进行相关通信编程。

1）设备组态。使用 TIA 博途软件创建新项目，并将 CPU1215C 作为新设备添加到项目中。在设备视图的巡视窗口中，将 CPU 属性做如下修改：

① "PROFINET 接口" 属性中为 CPU "添加新子网"，并设置 IP 地址（192.168.0.2）和子网掩码（255.255.255.0）。

② "防护与安全" 属性中 "连接机制" 中激活 "允许来自远程对象的 PUT/GET 访问"。

2）下载组态。CPU2 的配置已经完成，只需将其下载到 CPU 中即可。

3. 通信状态测试

打开 CPU1 项目，在网络视图中，选择 CPU，并 "转至在线" 模式，在 "连接" 选项卡中可以对 S7 通信连接进行诊断，如图 8-13 所示。

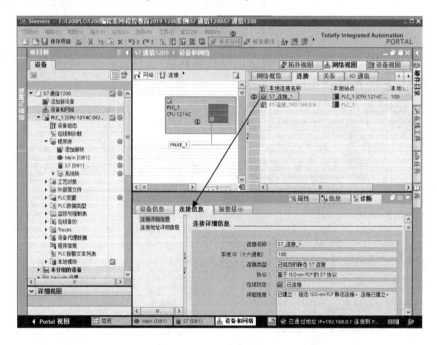

图 8-13 监控 S7 连接状态

具体步骤为：①选择 CPU。②单击 "转至在线" 按钮，切换到在线模式。③在 "连接" 选项卡中选择本地连接，在 "连接信息" 中即可查询到连接的详细信息。

成功建立的 S7 连接，是 PUT/GET 指令数据访问成功的先决条件。连接建立后，就可以通过 GET 指令获取伙伴 CPU 数据，调用 PUT 指令发送数据给伙伴 CPU。客户机 CPU1214C 读取/写入到服务器 CPU2（CPU1215C）的数据如图 8-14 所示；服务器 CPU2（CPU1215C）接收的数据和客户机读取的数据如图 8-15 所示。

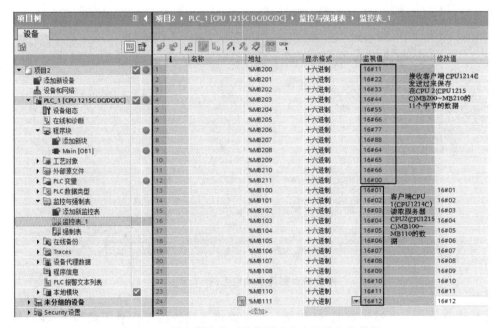

图 8-14　客户机读取/写入的数据

图 8-15　服务器接收到的数据和客户机读取的数据

8.3.2　相同项目中的 S7 通信

在同一个 TIA 项目中使用了两个 S7-1200 PLC CPU，CPU 之间通过双端组态方式创建 S7 连接。CPU1 为 CPU1215C，其 IP 地址为 192.168.0.1；CPU2 为 CPU 1214C，其 IP 地址为 192.168.0.2。通信任务与上一节"不同项目中 S7 通信"相同。

1. S7 双端组态编程步骤

1) 设备组态。使用 TIA 博途软件创建新项目，分别将 CPU 1215C 和 CPU 1214C 作为新设备添加到项目中。在设备视图中为 CPU1215C 和 CPU1214C 的以太网接口添加子网并设置 IP 地址和子网掩码。本例中需要将 CPU1215C 和 CPU1214C 设置在同一子网，其中 CPU1215C 的 IP 地址为 192.168.0.1，CPU1214C IP 的 IP 地址为 192.168.0.2。

2) 组态 S7 连接。在网络视图中，单击"连接"按钮，按钮右侧的下拉选项中选择"S7 连接"，选择 CPU1 图标，用鼠标右击菜单中选择"添加新连接"，如图 8-16 所示。在弹出"创建新连接"对话框中，选择指定伙伴（本例为 CPU2），单击"添加"后，即可创建双组态的 S7 连接，如图 8-17 所示。

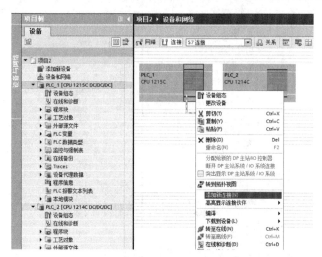

图 8-16 "添加新连接"

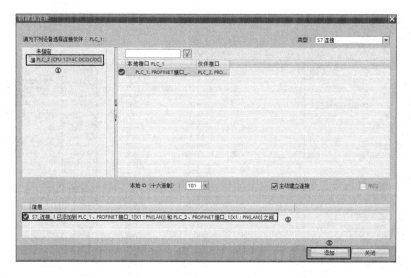

图 8-17 创建双端组态的 S7 连接

需要注意的是，单端组态的 S7 连接，只需要将连接的组态信息下载到 S7 客户端 CPU 即可，服务器端无须下载。双端组态的 S7 连接，则需要将组态的信息下载到通信双方 CPU。

3) 对 CPU1 的编程如图 8-18 所示。

4) 下载组态和程序：两个 CPU 的组态配置与编程已完成，分别将其下载到两个 CPU 中即可。

2. 通信状态测试

数据发送/读取状态如图 8-19 所示。

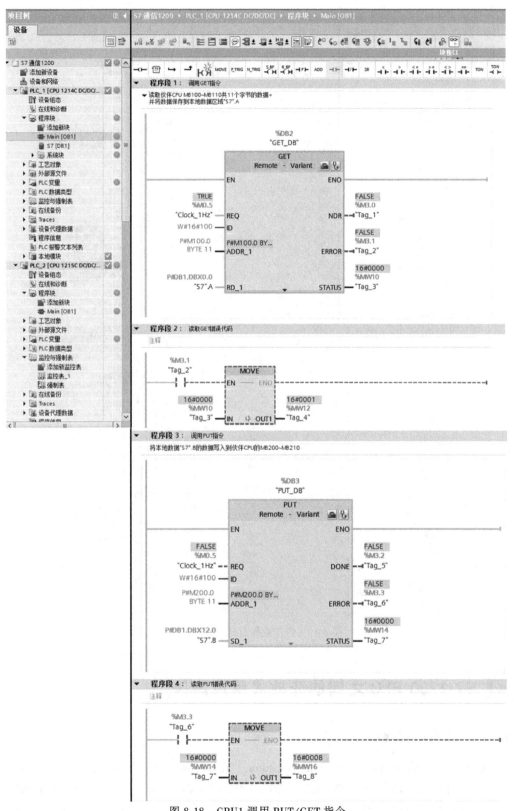

图 8-18　CPU1 调用 PUT/GET 指令

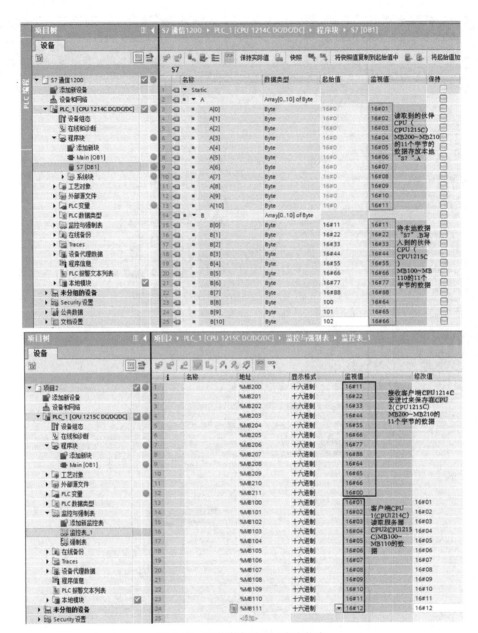

图 8-19　监控数据发送/读取状态

8.4　S7-1200 PLC 之间的开放式用户通信

8.4.1　开放式用户通信

开放式用户通信（Open User Communication，OUC）采用开放式标准，可与第三方设备或 PC 进行通信，也适用于 S7-300/400/1200/1500 PLC CPU 之间通信。S7-1200 PLC CPU 支持 TCP（遵循 RFC793）、ISO-on-TCP（遵循 RFC1006）和 UDP（遵循 RFC768）等开放式用

户通信。这是一种程序控制的通信方式，主要特点是传输的数据结构非常灵活。这种通信只受用户程序控制，可以建立和断开事件通信的通信连接，在运行期间也可以修改连接。

通过调用通信指令并配置两个 CPU 之间的连接参数，即可定义数据发送或接收信息的参数。软件内提供了两套通信指令：

（1）不带连接管理的通信指令

1）TCON 建立以太网连接指令。

2）TDISCON 断开以太网连接指令。

3）TSEND 发送数据指令。

4）TRCV 接收数据指令。

（2）带连接管理的通信指令

1）TSEND_C 建立以太网连接并发送数据指令。

2）TRCV_C 建立以太网连接并接收收据指令。

实际上 TSEND_C 指令实现的是 TCON、TDISCON 和 TSEND 三个指令综合的功能。而 TRCV_C 指令是 TCON、TDISCON 和 TRCV 指令的集合。

在开放式用户通信中，一台 PLC 调用 TSEND_C 或 TSEND 指令发送数据，另一台 PLC 调用 TRCV_C 或 TRCV 指令接收收据，只能在程序循环 OB 中调用这些指令。

8.4.2　S7-1200 PLC CPU 之间通过 TCP 通信协议通信实例

1. 所需硬件

1）S7-1200 CPU（两套，CPU 1214C DC/DC/DC）。

2）PC（带以太网卡）。

3）以太网电缆。

扫一扫　看视频

2. 所需软件

TIA 博途软件 v15。

3. 通信任务要求

1）将 PLC_1 的通信数据区 DB3 块中的 10 个字节的数据发送到 PLC_2 的接收数据区 DB3 块中。

2）将 PLC_2 的通信数据区 DB4 块中的 10 个字节的数据发送到 PLC_1 的接收数据区 DB4 块中。

8.4.3　通信的编程、连接参数及通信参数的配置

1. 打开 TIA 博途软件并新建项目

在 TIA 博途软件新建项目，并建立两个站点如图 8-20 所示。

2. 为 PLC 的 PROFINET 通信接口分配以太网地址

为 PLC_1 的 PROFINET 通信接口分配以太网地址为 192.168.0.1，如图 8-21 所示。使用同样的

图 8-20　新建项目

方法为 PLC_2 分配 IP 地址为 192.168.0.2，如图 8-22 所示。

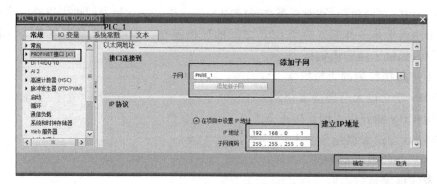

图 8-21　PLC_1 PROFINET 接口设置

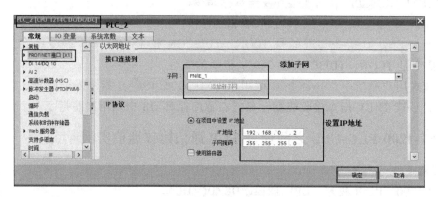

图 8-22　PLC_2 PROFINET 接口设置

3. 激活启用系统存储器字节和时钟存储器字节

为了编程方便，在 PLC 属性中激活"启用系统存储器字节"和"启用时钟存储器字节"，如图 8-23 所示。

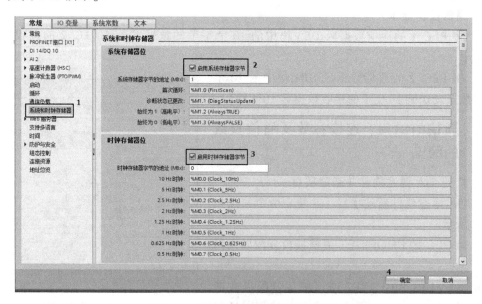

图 8-23　启用系统和时钟存储器字节

4. 创建 CPU 之间的逻辑网络连接

在网络视图中创建两个网络的连接。用鼠标右键单击选中 PLC_1 的 PROFINET 通信口的绿色小方框，然后拖拽出一条线，到 PLC_2 的 PROFINET 通信口上，松开鼠标，连接就建立起来了，如图 8-24 所示。

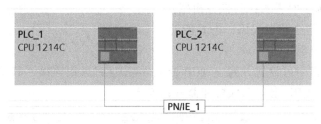

图 8-24　建立网络连接

5. 在 PLC 上调用并配置 TSEND_C 和 TRCV_C 通信指令

（1）TSEND_C 指令的使用说明

使用 TSEND_C 指令可建立与另一个通信伙伴站 TCP 或 ISO-on-TCP 连接，同时可以发送数据并控制结束连接，其调用如图 8-25 所示。

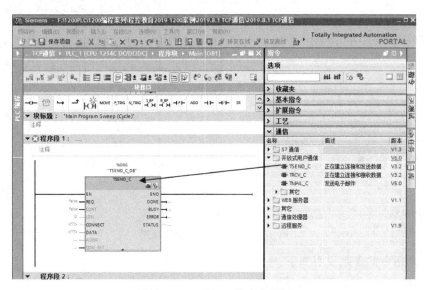

图 8-25　TSEND_C 指令的调用

TSEND_C 指令的参数说明如下：

1）REQ：启动数据发送任务，上升沿激活。

2）CONT：发送数据（在参数 REQ 的上升沿）时，参数 CONT 的值，必须为 TRUE 才能建立或保持连接。为 0 时断开连接；为 1 时建立和保持连接。

3）LEN：要发送的数据的最大字节数。如果在参数 DATA 中使用纯符号值，则 LEN 参数的值必须为 0；如果 LEN 默认值为 0 时，将发送用参数 DATA 定义的所有数据。

4）CONNECT：指向连接描述的指针。

5）DATA：是指向发送区的指针，该发送区包含待发送数据的地址和长度（最大长度为 8192 字节）。

6) COM_RST: 为 1 时表示断开现有的通信连接, 新的连接被建立。如果此时数据正在传送, 可能会导致数据丢失。

7) DONE: 为 0 时表示作业未启动或正在运行, 为 1 时表示作业已经成功完成。

8) BUSY: 为 0 时表示任务完成或启动, 为 1 时表示任务尚未完成。

9) ERROR: 为 1 时表示执行任务出错。

10) STATUS: 指令状态代码, 查看帮助。

(2) TRCV_C 指令的使用

使用 TRCV_C 指令可设置并建立 TCP 或 ISO-on-TCP 通信连接, 其调用如图 8-26 所示。设置并建立连接后, CPU 会自动保持和监视该连接。

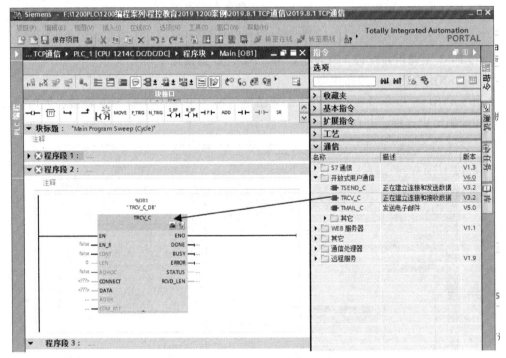

图 8-26 TRCV_C 指令的调用

TRCV_C 指令的参数说明如下:

1) EN_R: 为 1 时, 准备好接收数据。

2) CONT: 控制通信连接, 接收数据 (在参数 EN_R 的上升沿) 时, 参数 CONT 的值必须为 1, 才能建立或保持连接, 而为 0 时将断开通信连接。

3) LEN: 接收区的字节长度, 为 0 时用参数 DATA 的长度信息来指定接收的字节长度。

4) CONNECT: 指向连接描述的指针。

5) DATA: 指向接收区的指针。

6) RCVD_LEN: 实际接收的数据的字节数。

7) 其余的参数与 TSEND_C 相同。

6. 建立数据发送区和接收区

分别在 PLC_1 和 PLC_2 中建立数据发送区和接收区, 并将优化的块访问取消, 其方法如下:

1）建立 PLC_1 的数据发送区如图 8-27 所示。

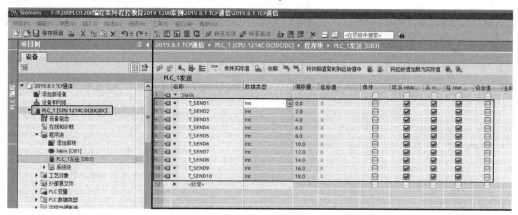

图 8-27　PLC_1 的数据发送区

2）建立 PLC_1 的数据接收区如图 8-28 所示。

图 8-28　PLC_1 的数据接收区

3）建立 PLC_2 的数据发送区如图 8-29 所示。

图 8-29　PLC_2 的数据发送区

4）建立 PLC_2 的数据接收区如图 8-30 所示。

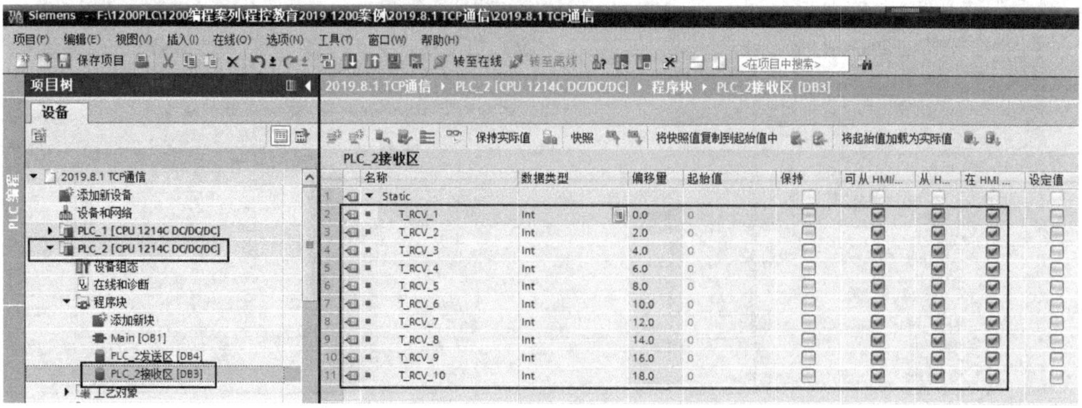

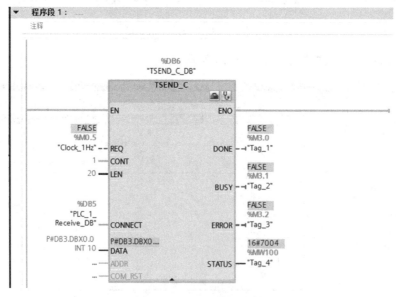

图 8-30　PLC_2 的数据接收区

7. 分别调用 TSEND_C 和 TRCV_C 指令

在 PLC 程序段分别调用 TSEND_C 和 TRCV_C 指令。双击项目树的"程序块"打开主程序 OB1，打开程序编辑器，分别将 TSEND_C 和 TRCV_C 指令拖放到工作区，将自动生成背景数据块，并填写各引脚参数，如图 8-31 所示。

8. 编写示例程序

打开 PLC_2 的 OB1，用上述方法分别调用 TSEND_C 和 TRCV_C 指令，两台 PLC 的用户程序基本相同，如图 8-32 所示。

9. 开放式用户通信组态

打开 PLC 的 OB1，选中 TSEND_C 指令，单击开始组态 按钮，将弹出通信组态界面如图 8-33 所示。

图 8-31　PLC_1 编程示例

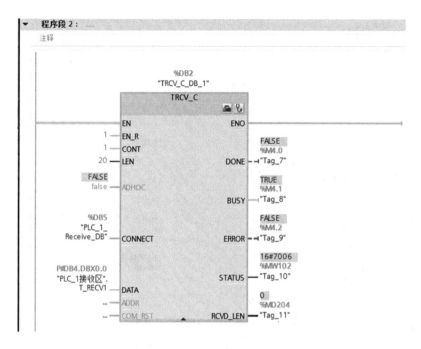

图 8-31　PLC_1 编程示例（续）

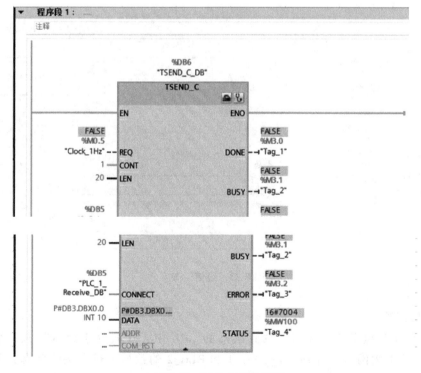

图 8-32　PLC_2 编程示例

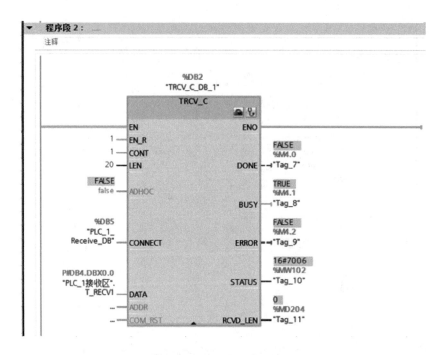

图 8-32　PLC_2 编程示例（续）

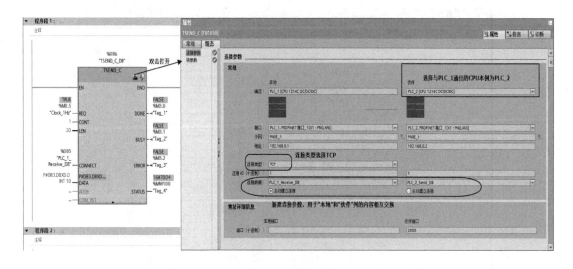

图 8-33　通信组态

10. 通信实验

将用户程序和组态信息分别下载到组态的 CPU 中，让其处于运行模式，用网线连接两个 CPU 的以太网口，分别监控 PLC_1 和 PLC_2 的数据发送和接收状态，如图 8-34所示。

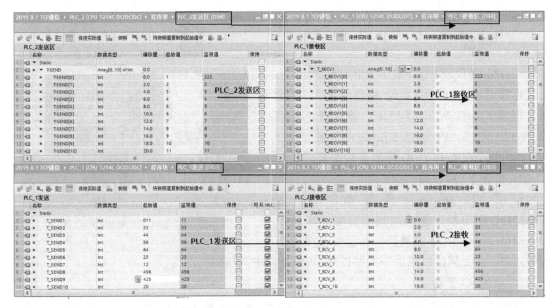

图 8-34　PLC_1 和 PLC_2 的数据发送和接收状态

8.5 PROFINET IO 通信

8.5.1 PROFINET IO 通信简介

PROFINET IO 通信环境中各个通信设备根据组件功能划分为 IO 控制器、IO 设备和 IO 监视器。IO 控制器用于对连接 IO 设备进行寻址，需要与现场设备交换输入和输出信号，功能类似 PROFIBUS 网络中 DP 主站。IO 设备是分配给其中一个 IO 控制器的分布式现场设备，功能类似 PROFIBUS 网络中 DP 从站。IO 监视器是用于调试和诊断的编程设备或 HMI 设备。

PROFINET IO 提供三种执行水平的数据通信：

1) 非实时数据传输（NRT）：用于项目的监控和非实时要求的数据传输，例如项目的诊断。

2) 实时通信（RT）：用于要求实时通信的过程数据，通过提高实时数据的优先级和优化数据堆栈（OSI 参考模型第 1 层和第 2 层）实现，可用标准网络元件执行高性能的数据传输，典型的通信时间为 1~100ms。

3) 等时实时（IRT）：用于实现 IO 通信中对 IO 处理性能极高的高端应用，等时实时可确保数据在相等的时间间隔进行数据传输，等时实时通信需要特殊的硬件支持（交换机和 CPU，S7-1200 PLC CPU 目前还不支持该类型通信），其典型的通信时间为 0.25~1ms。

S7-1200 PLC CPU 作为 PROFINET IO 控制器时支持 16 个 IO 设备，所有 IO 设备的子模块数量最多为 256 个。S7-1200 PLC CPU 固件从 V4.0 开始支持 PROFINET IO 智能设备（I-Device）功能，可与 1 个 PROFINET IO 控制器连接。S7-1200 PLC CPU 固件 V4.1 支持共享设备（Shared-Device）功能，可与最多两个 PROFINET IO 控制器连接。S7-1200 PLC CPU 可支持的 PROFINET IO 通信如图 8-35 所示。

8.5.2 S7-1200 PLC CPU 作为 IO 控制器

S7-1200 PLC CPU 集成了 PROFINET 接口，可以连接带有 PROFINET IO 接口的远程 IO 设备，例如 ET200SP 和 ET200MP 等设备。下面以 S7-1200 PLC CPU 连接 ET200SP 为例，介绍 S7-1200 PLC CPU 作为 IO 控制器的配置过程。

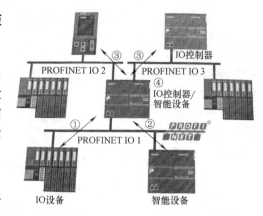

图 8-35　S7-1200 PROFINET IO 通信

1. 组态 IO 控制器

使用 TIA 博途软件创建项目，将 CPU1215C 作为新设备添加到项目中。本例中 CPU1215C 将作为 IO 控制器。在设备视图中为 CPU1215C 以太网接口添加子网并设置 IP 地址和子网掩码。

2. 添加 IO 设备

在网络视图和硬件目录"分布式 IO-ET200SP-接口模块-PROFINET"中，选择需要的 IO 设备并拖入到网络视图中。为新添加 IO 设备分配 IO 控制器（CPU1215C），如图 8-36 所示。

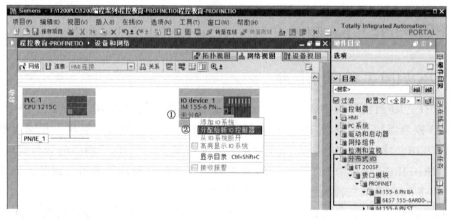

图 8-36　添加 IO 设备

3. 为 IO 设备分配 IP 和设备名称

当为 IO 设备分配 IO 控制器时，系统会自动给 IO 设备的以太网口分配 IP 地址和设备名称。在设备视图中，单击 IO 设备的以太网接口，在巡视窗口中可以修改 IP 地址、设备名称和设备编号，如 8-37 所示。

为了使 IO 设备可作为 PROFINET 上的节点进行寻址，必须确保其 IP 地址、设备名称和设备编号唯一性。因为 PROFINET IO 通信只是用了 OSI 参考模型第 1 层和第 2 层，未使用第 3 层网络层，不支持 IP 路由功能，所以 IO 设备的 IP 地址需要与 IO 控制器分配在同一网段。IP 设备必须具有设备名称才可被 IO 控制器寻址。设备编号一般用于编程诊断或程序中识别 IO 设备。

4. IO 设备中组态 IO 模块

在设备视图中，根据实际为 IO 设备添加 IO 模块。IO 设备中 I/O 模块的地址直接映射

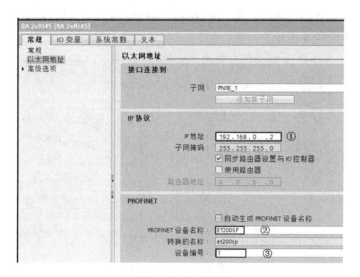

图 8-37　分配 IP 地址和设备名称

到 IO 控制器的 I、Q 区，I/O 地址可以直接在程序中调用，选中 IM-155-6PN/BA 模块，再选中"设备视图"选项卡，再把"硬件目录"-"DQ"-"DQ8×24VDC/0.5AST"-"6ES7 132-6BF01-0BA0"模块拖拽到 IM155-6PN BA 模块右侧的 1 号槽位中，"DI"-"DI8×24VDC ST"-"6ES7 131-6BF01-0BA0"模块拖拽到 IM155-6PN BA 模块右侧的 2 号槽位中，将服务器模块拖入 3 号槽位中本例插入的模块如图 8-38 所示。

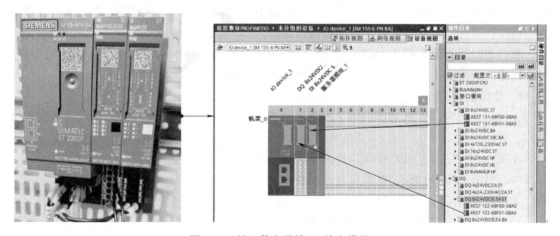

图 8-38　插入数字量输入/输出模块

在进行 ET 200SP 设备组态时应注意：

1）ET 200SP 站的第一个 BaseUnit 必须为浅色 BaseUnit。

2）浅色 BaseUnit 上安装的 IO 模块，需要将参数"电位组"设置为"启用新电位组"。

3）IO 模块有版本的区别，需要根据实际添加相应版本的模块。

4）IO 模块添加完成后，还需要端接一个服务器模块来结束设备的组态。

5. 配置 IO 设备更新时间

在设备视图中，单击 IO 设备的以太网接口。在属性巡视窗口中，选择"常规"→"高级选项"→"实时设定"→"IO 周期"。在"IO 周期"设置界面中，可以设定 IO 控制器与 IO 设备的更新时间，如图 8-39 所示。

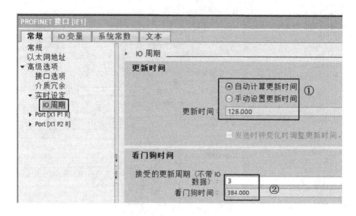

图 8-39 设备更新时间

1）设置"更新时间"：如果选择"自动计算更新时间"，刷新时间则由系统自动计算；如果选择"手动设置更新时间"，可根据实际需求为不同 IO 站点分配不同的更新时间。本例中更新时间为 128ms，表示 IO 控制器与 IO 设备按 128ms 时间间隔相互发送数据。

2）设置"看门狗时间"：看门狗时间默认为更新时间的 3 倍，其表示如果 3 倍更新时间内没有接收到数据，则判断 PROFINET IO 通信故障。

需要注意的是，PROFINET IO 通信中如果使用了不能识别实时数据优先级的第三方交换机时，不能保证实时数据被优先转发。为了避免因达到看门狗时间数据未更新而造成通信故障误报，因此需要调整更新时间和看门狗时间。

看门狗时间需要根据实际进行修改，当 PROFINET 网络中使用介质冗余协议（MRP）时，网络的典型重构时间为 200ms，因此需要将看门狗时间设置大于 200ms。

6. 分配设备名称

在网络视图中，选择 PROFINET 网络，单击"分配设备名称"按钮为 IO 设备分配设备名称，如图 8-40 所示。

在弹出的"分配 PROFINET 设备名称"窗口中，根据 MAC 地址给 IO 设备分配设备名称，如图 8-41 所示。

1）为"在线访问"分配正确的 PG/PC 类型和接口。

2）在"PROFINET 设备名称"中，选择已配置的 IO 设备名称。

3）单击"更新列表"，刷新网络中可访问节点。

4）在"网络中可访问节点"窗口中，根据 MAC 地址选择需要分配名称的 IO 设备。

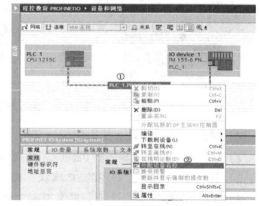

图 8-40 单击"分配设备名称"选项

5）单击"分配名称"按钮，分配设备名称。需要一次给所有 IO 站点分配设备名称。

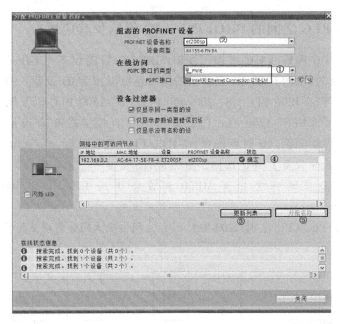

图 8-41 分配 IO 设备名称

7. 编写程序

双击组态 IO 设备上的模块,在为 ET200 SP 分配了 IO 控后就可以在巡视窗口中看到生成的 IO 地址,如图 8-42 所示。编写调试程序并将组态下载到 CPU,如图 8-43 所示。

DQ8×24VDC/0.5AST输出模块

DI8×24VDC ST输入模块

图 8-42 模块自动生成的 IO 地址

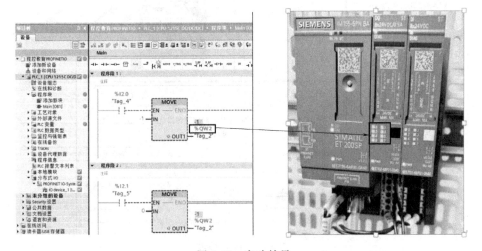

图 8-43 实验效果

8.5.3 S7-1200 PLC 之间的 PROFINET IO 通信及其应用

S7-1200 PLC CPU 固件 V4.0 增加了 PROFINETIO 智能设备（I-Device）功能，即 S7-1200 PLC CPU 在作为 PROFINET IO 控制器的同时还可以作为 IO 设备。S7-1200 PLC CPU 作为 I-Device 时，可与 S7-1200 PLC、S7-300/400 PLC、S7-1500 PLC 以及第三方 IO 控制器通信。以下用一个例子介绍 S7-1200 PLC CPU 分别作为 IO 控制器和 IO 设备的通信。

【例 8-1】 有两台设备，分别由两台 S7-1200 PLC CPU 控制，一台为 CPU1215C 另一台为 CPU 1211C。要求从设备 1 CPU 1215C 上的 MB10 发出一个字节到设备 2 CPU 中的 MB10，从设备 2 上的 CPU 发送一个字节 MB20 到设备 1 的 CPU 中的 MB20，要求设备 2（CPU1211C）作为 I-Device。

【解】 S7-1200 PLC CPU 与 S7-1200 PLC CPU 之间的以太网通信硬件配置如图 8-44 所示。

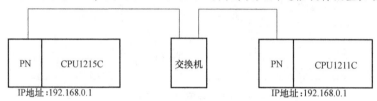

图 8-44 S7-1200 PLC CPU 间的以太网通信硬件配置

1. 创建项目

打开 TIA 博途软件 V15，新建项目，本例命名为"程控教育 PN_IO"，再单击"项目视图"按钮，切换到项目视图。在 TIA 博途软件的项目视图项目树中双击"添加新设备"按钮，添加 CPU 模块"CPU 1215C"，并启用时钟存储器字节；再次添加 CPU 模块"CPU 1211C"，并启用系统存储器字节，如图 8-45 所示。

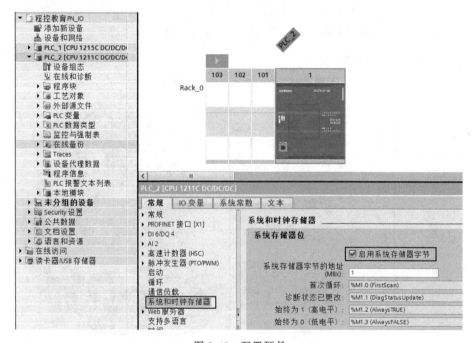

图 8-45 配置硬件

2. IP 地址设置

选中 PLC_1 的"设备视图"选项卡,设置 IP 地址,如图 8-46 所示。

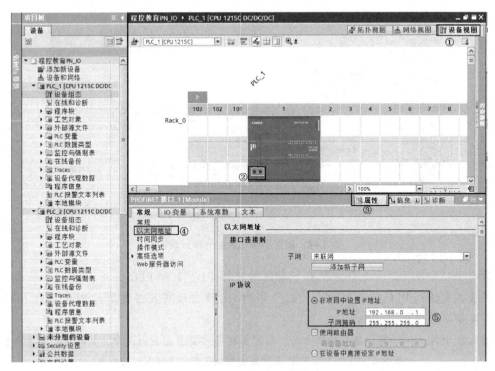

图 8-46 IP 地址设置

用同样的方法设置 PLC_2 的 IP 地址为 192.168.0.2。

3. 配置 S7-1200 PLC 以太网口的操作模式

如图 8-47 所示,先选中 PLC_2 的"设备视图"选项卡,再选中 CPU1211C 模块绿色的 PN 接口,选中"属性"选项卡,再选中"操作模式"→"智能设备通信"选项,勾选"IO 设备",在已分配 IO 控制器选项中,选择"PLC_1.PROFINET 接口_1"。

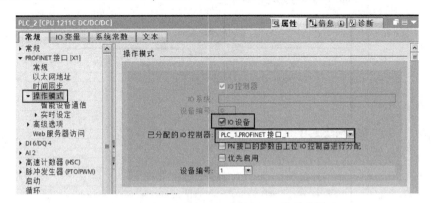

图 8-47 配置 S7-1200 PLC 以太网口的操作模式

4. 配置 I-Device 通信接口数据

如图 8-48 所示,选中 PLC_2 的"网络视图"选项卡,在选中 CPU 1211C 模块绿色的

PN 接口，选择"属性"选项卡，再选中"操作模式"→"智能设备通信"选项，单击"新增"按钮两次，配置 I-Device 通信接口数据。

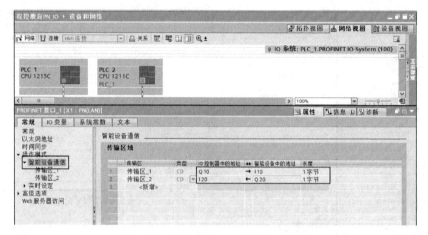

图 8-48　配置 I-Device 通信接口数据

进行了以上配置后，分别把配置下载到对应的 PLC_1 和 PLC_2 中，PLC_1 中的 QB10 自动将数据发送到 PLC_2 的 IB10，PLC_2 中的 QB20 自动将数据发送到 PLC_1 的 IB10 中，并不需要编写程序。

图 8-48 中的"→"表示数据传输方向，从图 8-48 很容易看出数据流向，其对应关系见表 8-5。

表 8-5　PLC_1 和 PLC_2 的发送数据区接收数据区对应关系

序号	PLC_1	对应关系	PLC_2
1	QB10	→	IB10
2	IB20	←	QB20

5. 编写程序

PLC_1 中的程序如图 8-49 所示，PLC_2 中的程序如图 8-50 所示。

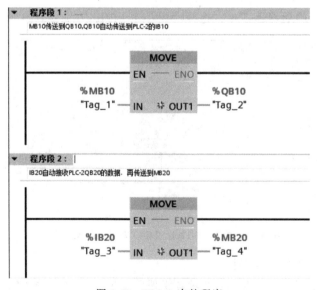

图 8-49　PLC_1 中的程序

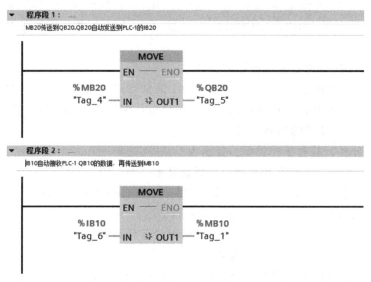

图 8-50　PLC_2 中的程序

8.6 Modbus TCP 通信及其应用

8.6.1　Modbus TCP 通信简介

不同的 PLC 厂商上下位机通信时一般都有自己专用的通信协议，相互之间不能兼容，目前大型工厂都分多个小系统，有可能利用不同系列的 PLC，如果想把各个系统联系起来进行集中控制，就需要它们之间有一个共同兼容的通信协议，目前较通用的方法就是把所有不同类型的 PLC 通过 ModbusTCP 把它们联系起来，再进行集中处理。

Modbus TCP 是简单的、中立厂商的用于管理和控制自动化设备的 Modbus 系列通信协议的派生产品，显而易见，它覆盖了使用 TCP/IP 协议的 "Intranet" 和 "Internet" 环境中 Modbus 报文的用途。协议的最基本用途是为诸如 PLC，IO 模块，以及连接其他简单域总线或 IO 模块的网关服务的。

1. 通信所使用的以太网参考模型

Modbus TCP 传输过程中使用了 TCP/IP 以太网参考模型的 5 层：

第一层：物理层，提供设备物理接口，与市售介质/网络适配器相兼容。

第二层：数据链路层，格式化信号到源/目硬件址数据帧。

第三层：网络层，实现带有 32 位 IP 地址报文包。

第四层：传输层，实现可靠性连接、传输、查错、重发、端口服务、传输调度。

第五层：应用层，Modbus 协议报文。

2. Modbus TCP 数据帧

Modbus 数据在 TCP/IP 以太网上传输，支持 Ethernet II 和 802.3 两种帧格式，Modbus TCP 数据帧包含报文头、功能代码和数据 3 部分。MBAP 报文头（MBAP、Modbus Application Protocol、Modbus 应用协议）分 4 个域，共 7 个字节。由于使用，以太网 TCP/IP 数据链

路层的校验机制，从而保证了数据的完整性，Modbus TCP 报文中不再带有数据校验"CHECKSUM"，原有报文中的"ADDRESS"也被"UNIT ID"替代而加在 Modbus 应用协议报文头中。

3. Modbus TCP 使用的通信资源端口号

在 Modbus 服务器中按默认协议使用 Port 502 通信端口，在 Modbus 客户机程序中设置任意通信端口，为避免与其他通信协议的冲突一般建议从编号 2000 开始可以使用。

4. Modbus TCP 使用的功能代码

按照用途区分类，共有 3 种类型，分别为

1）公共功能代码：已定义好功能码，保证其唯一性，由 Modbus. org 认可。

2）用户自定义功能代码有两组，分别为 65~72 和 100~110，无须认可，但不保证代码使用唯一性，如变为公共代码，需提交 RFC 认可。

3）保留功能代码，由某些公司使用某些传统设备代码，不可作为公共用途。

按照功能代码分类，可分为 3 个类别：

1）类别 0，客户机/服务器最小可用子集：读多个保持寄存器（fc.3），写多个保持寄存器（fc.16）。

2）类别 1，可实现基本互易操作常用代码：读线圈（fc.1），读开关量输入（fc.2），读输入寄存器（fc.4），写线圈（fc.5），写单一寄存器（fc.6）。

3）类别 2，用于人机界面、监控系统例行操作和数据传送功能：强制多个线圈（fc.15），读通用寄存器（fc.20），写通用寄存器（fc.21），屏蔽写寄存器（fc.22），读写寄存器（fc.23）。

8.6.2 S7-1500 PLC Modbus TCP 通信简介

S7-1500 PLC 需要通过 TIA 博途软件进行组态配置，从 TIA 博途软件 V12 SP1 开始增加了 S7-1500 PLC 的 Modbus TCP 块库，用于 S7-1500 PLC 与支持 Modbus TCP 的通信伙伴进行通信。

8.6.3 S7-1500 PLC 之间的 Modbus TCP 通信

以下用一个例子介绍 SIMATIC S7-1500 PLC 之间的 Modbus TCP 通信。

【例 8-2】 有两台设备，分别由两台 CPU1511-1PN 控制，要求从设备 2 上的 CPU1511-1PN 的 DB1 发出 20 个字节到设备 1 的 CPU1511-1PN 的 DB1 中，要求使用 Modbus TCP 通信。

【解】 S7-1500 PLC 间的以太网通信硬件配置如图 8-51 所示，本例用到的软硬件有：2 台配制了 CPU1511-1PN 的 PLC、1 台 4 口交换机、2 根带 RJ45 接头的屏蔽双绞线、1 台个人计算机（含网卡）、1 套 TIA 博途软件 V16。

1. 新建项目

先打开 TIA 博途软件 V16，再新建项目，本例命名为"Modbus_TCP_1500"，接着单击"项目试图"按钮，切换到项目视图，如图 8-52 所示。

2. 硬件配置

如图 8-52 所示，在 TIA 博途软件项目视图的项目树中，双击"添加新设备"按钮，先添加 CPU 模块"CPU1511-1PN"两次，如图 8-53 所示。

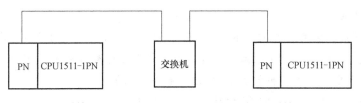

IP地址：192.168.0.1　　　　　　　　　　　　IP地址：192.168.0.2

图 8-51　S7-1500 PLC 间的以太网通信硬件配置

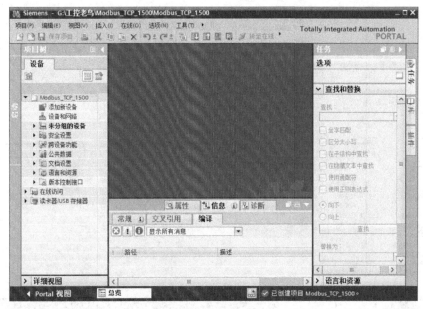

图 8-52　新建项目

图 8-53　硬件配置

3. IP 地址设置

如图 8-54 所示,先选中 PLC_1 的"设备视图"选项卡(标号 1 处),再选中 CPU1511-1PN 模块绿色的 PN 接口(标号 2 处),选中"属性"(标号 3 处)选项卡,再选中"以太网地址"(标号 4 处)选项,再设置 IP 地址(标号 5 处)。

用同样的方法设置 PLC_2 的 IP 地址为 192.168.0.2。

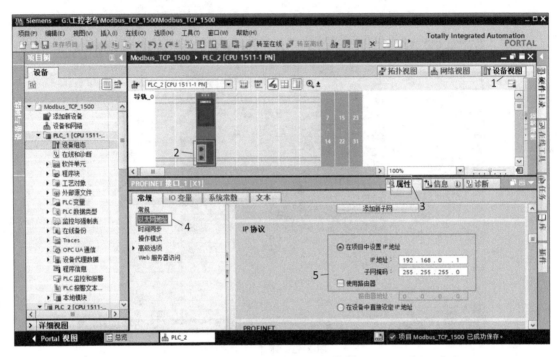

图 8-54 配置 IP 地址(客户端)

4. 新建数据块

在项目树的 PLC_1 中,单击"添加新块"按钮,弹出如图 8-55 所示的界面,块名称为"Receive",再单击"确定"按钮,"Receive"数据块新建完成。再新添加数据块"DB2",并创建 10 个字的数组。

用同样的方法,在项目树的 PLC_2 中,新建数据块"Send"。

5. 更改数据块属性

选中新建数据块"Receive",用鼠标右键单击,弹出快捷菜单,再单击"属性"

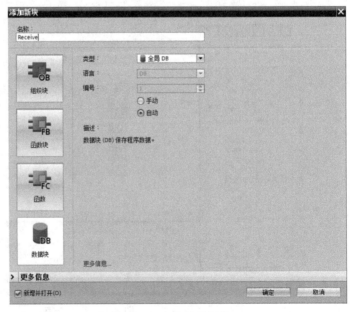

图 8-55 新建数据块

命令，弹出如图 8-56 所示的界面，选中"属性"选项卡，去掉"优化的块访问"前面的"√"，单击"确定"按钮。

用同样的方法更改数据块"Send"的属性，去掉"优化的块访问"前面的"√"。

6. 创建数据块 DB2

在 PLC_1 中，新添加 DB块"DB2"，打开"DB2"，新

图 8-56　取消 DB 块的优化

建变量名称"receive"，再将变量的数据的类型选为"TCON_IP_v4"，如图 8-57 所示，单击"receive"前面的三角符号，展开如图 8-58 所示，并按照图中修改启动值。

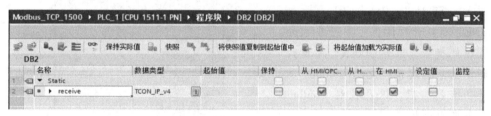

图 8-57　创建 DB2

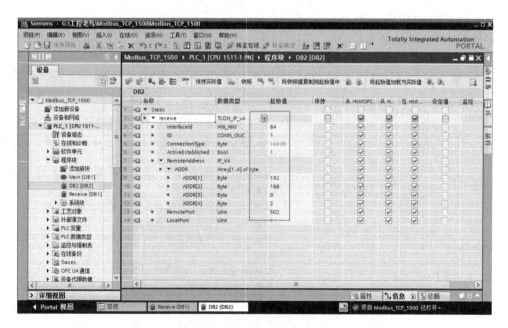

图 8-58　修改 DB2 的启动值

展开 DB 块后客户端"TCON_IP_v4"数据类型的各参数设置如下：

1) InterfaceId：在设备组态窗口中单击 CPU PROFINET 端口图像。然后单击"常规（General）"属性选项卡并使用该处显示的硬件标识符。

2) ID：输入一个介于 1 ~ 4095 之间的连接 ID 编号。使用底层 TCON、TDISCON、TSEND 和 TRCV 指令建立 Modbus TCP 通信，用于 OUC（开放式用户通信）。

3) ConnectionType：对于 TCP/IP，使用默认值 16#0B（十进制数 = 11）。

4) ActiveEstablished：该值必须为 1 或 TRUE。主动连接，由 MB_CLIENT 启动 Modbus 通信。

5) RemoteAddress：将目标 Modbus TCP 服务器的 IP 地址输入到 4 个 ADDR 数组单元中，如图 8-58 所示输入 192.168.2.241。

6) RemotePort：默认值为 502。该编号为 MB_CLIENT（客户端）试图连接和通信的 Modbus 服务器的 IP 端口号。一些第三方 Modbus 服务器要求使用其他端口号。

7) LocalPort：对于 MB_CLIENT 连接，其端口号可选用 2000 ~ 5000。

7. 编写客户端程序

MB_CLIENT 作为 Modbus TCP 客户端，通过 S7-1500 PLC CPU 上的 PROFINET 端口进行通信。不需要额外的通信硬件模块。MB_CLIENT 可进行客户端与服务器连接、发送 Modbus 功能请求、接收响应，以及控制 Modbus TCP 服务器的断开。

1) 在编写客户端的程序前，先要掌握功能块 MB_CLIENT，如图 8-59 所示，其参数引脚含义见表 8-6。

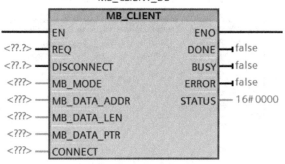

图 8-59 功能块 MB_CLIENT

表 8-6 功能块 MB_CLIENT 的参数

参数和类型		数据类型	说明
REQ	IN	Bool	FALSE 表示无 Modbus 通信请求 TRUE 表示请求与 Modbus TCP 服务器通信
DISCONNECT	IN	Bool	DISCONNECT 参数允许程序控制与 Modbus 服务器设备的连接和断开 如果 DISCONNECT = 0 且不存在连接，则 MB_CLIENT 尝试连接到分配的 IP 地址和端口号 如果 DISCONNECT = 1 且存在连接，则尝试断开连接操作。每当启用此输入时，无法尝试其他操作
MB_MODE	IN	USInt	模式选择：分配请求类型（读、写或诊断）。请参见表 8-7 了解详细信息
MB_DATA_ADDR	IN	UDInt	Modbus 起始地址：分配 MB_CLIENT 访问的数据的起始地址。有效地址的相关信息，请参见表 8-7
MB_DATA_LEN	IN	UInt	Modbus 数据长度：分配此请求中要访问的位数或字数。有效长度的相关信息，请参见表 8-7
MB_DATA_PTR	IN_OUT	Variant	指向 Modbus 数据寄存器的指针：寄存器缓冲数据进入 Modbus 服务器或来自 Modbus 服务器 该指针必须分配一个标准全局 DB 或一个 M 存储器地址

（续）

参数和类型		数据类型	说明
CONNECT	IN_OUT	Variant	引用包含系统数据类型为"TCON_IP_v4"的连接参数的数据块结构
DONE	OUT	Bool	上一请求已完成且没有出错后,DONE 位将保持为 TRUE 一个扫描周期时间
BUSY	OUT	Bool	• 0 表示无 MB_CLIENT 操作正在进行 • 1 表示 MB_CLIENT 操作正在进行
ERROR	OUT	Bool	MB_CLIENT 执行因错误而结束后,ERROR 位将在一个扫描周期时间内保持为 TRUE。STATUS 参数中的错误代码仅在 ERROR = TRUE 的一个循环周期内有效
STATUS	OUT	Word	执行条件代码

MB_CLIENT 中 MB_MODE、MB_DATA_ADDR 的组合可以定义 Modbus 消息中所使用的功能码及操作地址,表 8-7 列出了参数 MB_MODE、MB_DATA_ADDR 和 Modbus 功能之间的对应关系。

表 8-7　Modbus 通信对应的功能码及地址

MB_MODE	MB_DATA_ADDR	数据长度	激活的 Modbus 功能代码	操作和数据
0	1 ~ 9999	1 ~ 2000	01	读取输出位:每个请求 1 ~ 2000 个位
0	10001 ~ 19999	1 ~ 2000	02	读取输入位:每个请求 1 ~ 2000 个位
0	40001 ~ 49999 或 400001 ~ 465535	1 ~ 125	03	读取保持寄存器:每个请求 1 ~ 125 个字
0	30001 ~ 39999	1 ~ 125	04	读取输入字:每个请求 1 ~ 125 个字
1	1 ~ 9999	1	05	写入一个输出位:每个请求一位
1	40001 ~ 49999 或 400001 ~ 465535	1	06	写入一个保持寄存器:每个请求 1 个字
1	1 ~ 9999	2 ~ 1968	15	写入多个输出位:每个请求 2 ~ 1968 个位
1	40001 ~ 49999 或 400001 ~ 465535	2 ~ 123	16	写入多个保持寄存器:每个请求 2 ~ 123 个字
2	1 ~ 9999	1 ~ 1968	15	写入一个或多个输出位:每个请求 1 ~ 1968 个位
2	40001 ~ 49999 或 400001 ~ 465535	1 ~ 123	16	写入一个或多个保持寄存器:每个请求 1 ~ 123 个字
11		0	11	读取服务器通信状态字和事件计数器。状态字指示忙闲情况 (0 = 不忙,0xFFFF = 忙) 每成功完成一条消息,事件计数器的计数值递增 对于该功能,MB_CLIENT 的 MB_DATA_ADDR 和 MB_DATA_LEN 参数都将被忽略

（续）

MB_MODE	MB_DATA_ADDR	数据长度	激活的 Modbus 功能代码	操作和数据
80	1	08	利用诊断代码 0x0000 检查服务器状态（回送测试、服务器回送请求） 每个请求 1 个字
81	1	08	利用诊断代码 0x000A 重新设置服务器事件计数器 每个请求 1 个字
3~10、 12~79、 82~255				保留

2）插入功能块"MB_CLIENT"。选中"指令"→"通信"→"其他"→"MODBUS_TCP"，再把功能块"MB_CLIENT"拖拽到程序编辑器窗口，如图 8-60 所示。

3）编写完整梯形图程序如图 8-61 所示。

当 REQ 为 1（即 M0.0=1），MB_MODE=0 和 MB_DATA_ADDR=40001 时，客户端读取服务器的数据到 DB1.DBW0 开始的 10 个字中存储。

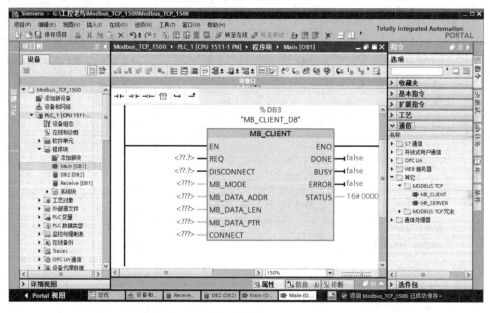

图 8-60　插入功能块 MB_CLIENT

8. 创建数据块 DB1 和 DB2

在 PLC_2 中，新添加数据块"DB1"并创建 10 个字的数组。新添加数据块"DB2"，打开"DB2"，新建变量名称为"SEND"，再将变量的数据类型选为"TCON_IP_v4"，单击"SEND"前面的三角符号，展开如图 8-62 所示，并按照图中所示修改启动值。

展开 DB 块后服务器端"TCON_IP_v4"的数据类型的各参数设置如下：

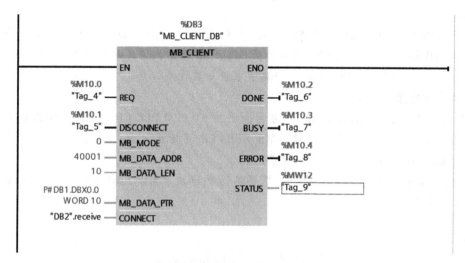

图 8-61　客户端的程序

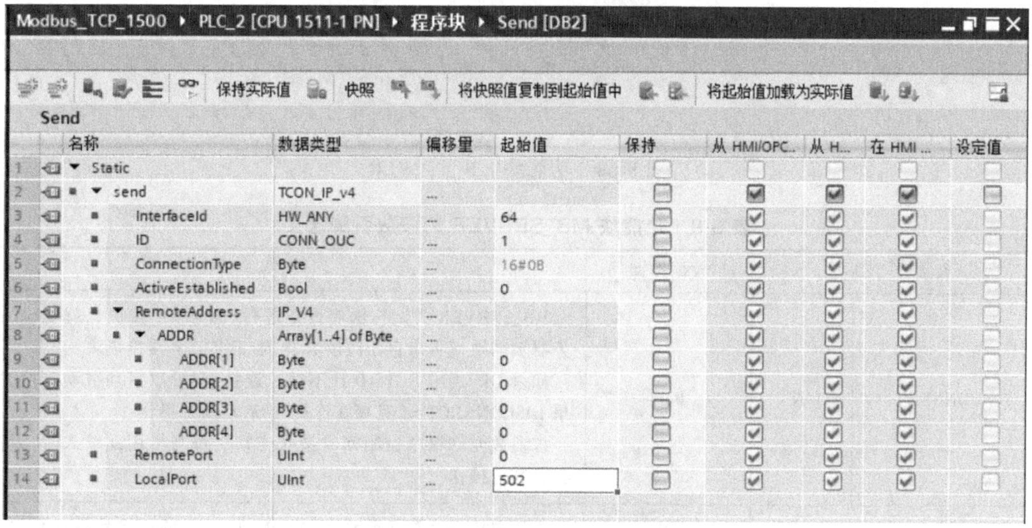

图 8-62　创建数据块 DB2

1）InterfaceId：在设备组态窗口中单击 CPU PROFINET 端口图像。然后单击"常规（General）"属性选项卡并使用该处显示的硬件标识符。

2）ID：为该连接输入一个介于 1~4095 之间的唯一编号。使用底层 TCON、TDISCON、TSEND 和 TRCV 指令建立 Modbus TCP 通信，用于 OUC（开放式用户通信）。最多允许 8 个同步 OUC 连接。

3）ConnectionType：对于 TCP/IP，使用默认值 16#0B（十进制值 = 11）。

4）ActiveEstablished：该值必须为 0 或 FALSE。被动连接，MB_SERVER 正在等待 Modbus 客户端的通信请求。

5）RemoteAddress：有两个选项。

① 使用 0.0.0.0，则 MB_CLIENT 将响应来自任何 TCP 客户端的 Modbus 请求。

② 输入目标 Modbus TCP 客户端的 IP 地址，则 MB_CLIENT 仅响应来自该客户端 IP 地

址的请求。

6）RemotePort：对于 MB_SERVER 连接，该值可以是公共端口 2000~5000 之间的任意值。

7）LocalPort：默认值为 502。其编号为 MB_SERVER 试图连接和通信的 Modbus 客户端的 IP 端口号。一些第三方 Modbus 客户端要求使用其他端口号。

9. 编写服务器端程序

MB_SERVER 作为 Modbus TCP 服务器，通过 S7-1500 PLC CPU 上的 PROFINET 端口进行通信。不需要额外的通信硬件模块。MB_SERVER 可接收与 Modbus TCP 客户端的连接请求、接收 Modbus 功能请求并发送响应消息。

1）在编写服务器端的程序之前，先要掌握功能块"MB_SERVER"，如图 8-63 所示，其参数引脚含义见表 8-8。

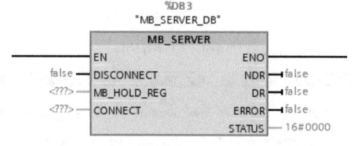

图 8-63　功能块 MB_SERVER

表 8-8　功能块 MB_SERVER 的参数引脚含义

参数和类型		数据类型	说明
DISCONNECT	IN	Bool	MB_SERVER 尝试与伙伴设备进行"被动"连接。也就是说，服务器被动地侦听来自任何请求 IP 地址的 TCP 连接请求 如果 DISCONNECT=0 且不存在连接，则可以启动被动连接；如果 DISCONNECT=1 且存在连接，则启动断开操作 该参数允许程序控制何时接受连接。每当启用此输入时，无法尝试其他操作
CONNECT	IN	Variant	引用包含系统数据类型为"TCON_IP_v4"的连接参数的数据块结构
MB_HOLD_REG	IN_OUT	Variant	指向 MB_SERVER Modbus 保持寄存器的指针： 保持寄存器必须是一个标准全局 DB 或 M 存储区地址。储存区用于保存数据，允许 Modbus 客户端使用 Modbus 寄存器功能 3（读）、6（写）和 16（写）访问这些数据
NDR	OUT	Bool	新数据就绪：0 表示没有新数据，1 表示 Modbus 客户端已写入新数据
DR	OUT	Bool	数据读取：0 表示没有读取数据，1 表示 Modbus 客户端已读取该数据
ERROR	OUT	Bool	MB_SERVER 执行因错误而结束后，ERROR 位将在一个扫描周期时间内保持为 TRUE。STATUS 参数中的错误代码仅在 ERROR=TRUE 的一个循环周期内有效
STATUS	OUT	Word	执行条件代码

2) 编写服务器端的程序, 如图 8-64 所示。

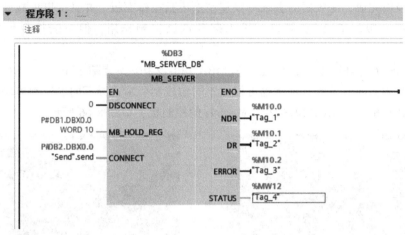

图 8-64　服务器端的程序

图 8-64 中 MB_HOLD_REG 参数对应的 Modbus 保持寄存器地址区见表 8-9。

表 8-9　MB_HOLD_REG 参数对应的 Modbus 保持寄存器地址区

Modbus 地址	MB_HOLD_REG 参数对应的地址区	
40001	MW100	DB1DW0 (DB1.A (0))
40002	MW102	DB1DW2 (DB1.A (1))
40003	MW104	DB1DW4 (DB1.A (2))
40004	MW106	DB1DW6 (DB1.A (3))
…	…	…

8.7　通过 PN 接口使用 Startdrive 软件调试 G120 变频器实现 V/F 控制

8.7.1　G120 变频器简介

西门子 G120 变频器作为 MM4 系列变频器的升级版本, 除了具有 MM4 系列变频器特有的功能之外同时还增加了新功能, 例如宏功能、通信向导调试, 可以帮助用户节省调试时间, 提高工程实施的效率。用户在对西门子 G120 变频器调试时, 可以通过操作面板、STARTER、TIA 博途软件向导进行设定参数, 监控工作过程中的参数等, 西门子 G120 变频器采用了模块化的结构 (功率模块加控制单元和 bop), 并且在功能上进行了许多创新, 例如安全保护 (集成的安全保护功能)、通信能力和能量回馈功能等。不同型号的变频器适合于 0.37~90kW 范围内的变频器传动解决方案。

1. G120 变频器硬件介绍

G120 变频器主要由三大部分组成:

1) 面板: 西门子 G120 变频器的基本操作面板是用户和变频器之间的人机交互接口,

有中文和英文两种语言，如需要将参数进行快速设置到同类型的变频器中，可以根据手册通过操作面板轻松完成，变频器的参数可以复制上传到操作面板，并且可以下载到相同类型的变频器中；英文版的 G120 变频器还可以起到调试控制作用，但一般很少用到，面板如图 8-65 所示。

2）控制部分：G120 变频器的控制单元 CU240e-2 PN 支持基于 PROFINET 的周期过程数据交换和变频器参数访问。当然也可根据不同的控制要求选择不同的控制模块，比如还可选择支持 PROFIBUS、PROFIBUS-DP、Modbus 的控制板，如图 8-66 所示。

图 8-65 G120 变频器面板

图 8-66 G120 变频器控制部分

3）功率控制部分：G120 是一个模块化的变频器，主要包括控制模块（CU）和功率模块（PM），如图 8-67 所示。

图 8-67 功率模块

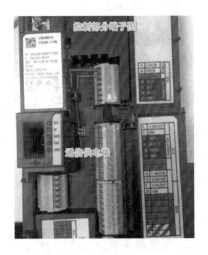
图 8-68 控制模块供电端

注意，如果只做通信测试，仅给控制模块加上 24V 电源（控制模块上 31 号端子接 24V，32 段子接 0V）即可，如图 8-68 所示；如果不给功率模块上电，则会导致没有实际负载而无法进行电动机运行测量；如果需要 G120 变频器正常运行，则需要配齐所有模块，组装好以后，上电调试。G120 变频器的调试参数可以使用面板手动，也可以使用 STARTER 软件（专业调试软件，一般不容易安装，兼容性比较差），或者运用博途向导。因为 STARTER 软件是英文版，调试比较麻烦，所以一般使用博途软件但需要安装 TIA Startdrive V15 控件。

2. G120 变频器组态所需硬件

1）1 台安装 TIA 博途软件 V15 的计算机。

2）1 台西门子 G120 带 PN 口的变频器。

3）1 台 S7-1200 或者 S7-1500 PLC。

4）西门子或者其他品牌触摸屏。

5）西门子交换机（选择性）。

6）多根以太网网线。

8.7.2　下载安装 TIA Startdrive V15 控件

在已有 TIA 博途软件的情况下，下面介绍安装 TIA Startdrive V15 控件的步骤：

1. 下载安装包

百度搜索"西门子资料下载中心"，选择标志官方的选项，然后单击进入，在进入的页面左侧快速入口中选择"下载软件"，然后在右上角输入 109760845 软件编号。下载软件需要注册西门子账户，为了今后能更方便下载软件和查阅文档，应提前注册，如图 8-69 所示。

2. 安装文件

找到之前下载的目录，选择带有 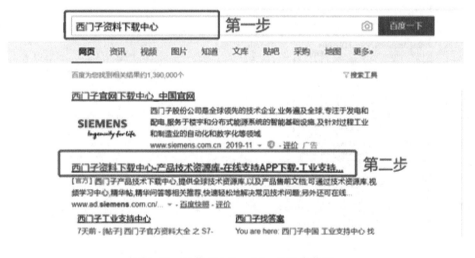 图标的应用程序文件，然后进行解压缩，然后找到解压的文件再打开进行安装。

图 8-69　下载 TIA Startdrive V15 安装包

图 8-69 下载 TIA Startdrive V15 安装包（续）

1）在安装西门子相关软件之前，需要先删除注册表，不然会出现重启死循环，删除步骤：按下"Windows 微标键+R"，然后输入"regedit"，单击确定即可进入注册表编辑器，查找顺序路径为：计算机\HKEY_LOCAL_MACHINE\SYSTEM\ControlSet001\Control\Session Manager，删除"PendingFileRenameOperations"，如图 8-70 所示。

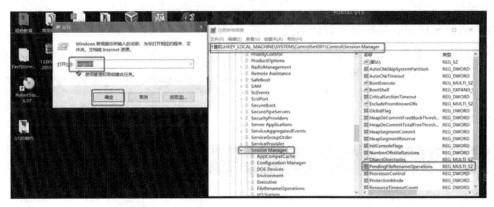

图 8-70　删除注册表

2）打开软件位置，例如：文档（F）/1200 课程/程控教育/V90/Startdrive，找到其中类型为"应用程序"的文件进行解压缩，如图 8-71 所示。

图 8-71　解压文件

3）双击应用程序后，会弹出一个对话框，直接单击"下一步"，开始有目的地进行位置解压，解压也要注意文件放置的问题，要放在容易找到的文件夹，如图 8-72 所示。

图 8-72　进入解压程序

4）选择"简体中文"，然后单击"下一步"，如图 8-73 所示。

5）选择解压文件的目标，如图 8-74 所示默认为"C:\TEMP\Startdrive_V15"，如果不修改则解压完毕进入此目录安装，安装完毕务必删除安装文件及时释放磁盘空间。一般都进行其他位置安放，然后单击"确定"
按钮。

6）完成上一步操作以后，安装压缩
包开始解压如图 8-75 所示，此时只需等
待解压缩完成即可进入下一步。

7）如果解压完成后提醒重启计算机，
此时请勿重启，单击"否"，然后再次到
解压位置单击安装包中"Start"再次安
装，如果没有弹出提醒，则将直接进行下
一步正常安装步骤，如图 8-76 所示。

图 8-73　安装语言选择

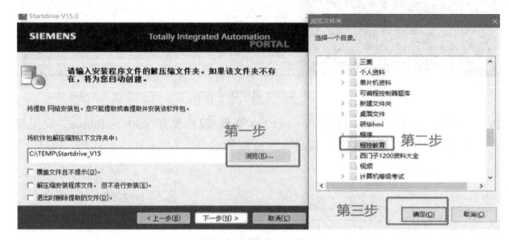

图 8-74　解压存放的目录

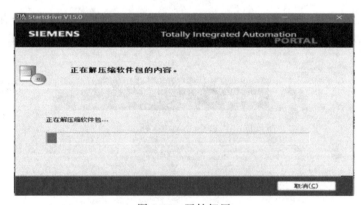

图 8-75　开始解压

8）等待上面步骤均完成，准备工作已充分，则进入到正式的安装界面，先选择安装语
言为中文，产品语言也选择中文，然后单击"下一步"，如图 8-77 所示。

9）在产品配置中，将里面的"SINAMIC Startdrive Advanced V15.0"目录中的"SI-
NAMIC G110, G120, G120C, G120D, G120P"和"SINAMIC G130, G150, S120, S150, SI-
NAMIC MV"，全部勾选，而授权软件也勾选，然后选择所需的安装目录，注意要选择英文
目录，最后单击"下一步"按钮，如图 8-78 所示。

图 8-76　文件安装 1

图 8-77　文件安装 2

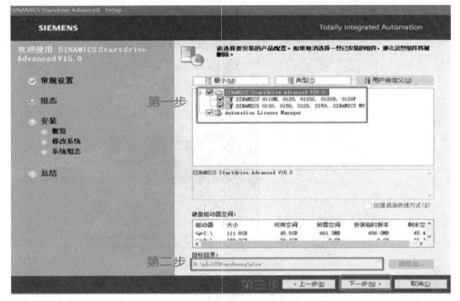

图 8-78　文件安装 3

10）最后选择同意协议条款，单击"下一步"，最后再单击"安装"即可。如果中途出现安装出错，则直接重启计算机，但是一般重启以后，都需要手动删除注册表中的"PendingFileRenameOperations"。软件安装完成会弹出更新窗口，此时关闭即可，如图 8-79 所示。

8.7.3　G120 的组态调试

在完成 TIA Startdrive V15 SP1 的安装后，在计算机桌面上会生成一个快捷方式，而且在打开博途软件 V15 单击添加新设备时，会发现多了一个"驱动"选项：Startdrive V15。这样就在 TIA 博途软件统一的工程平台上实现了 SINAMICS 驱动设备的系统组态、参数设置、调试和诊断。G120 变频器就是在这种环境下进行的参数配置和调试，并且 SINAMICS Startdrive V15 软件适用于所有驱动装置和控制器的工程组态平台，新增的集成驱动诊断的功能也无缝集成到了 SIMATIC 自动化解决方案中，既能高效地解决组态出现的错误，给出正确的解决方案，同时还能高效地诊断出通信过程出现的故障和错误，并将这些信息通过总线通信控制的设备反馈到人机界面中，这对于使用者来说更加的贴切、更加的人性化。

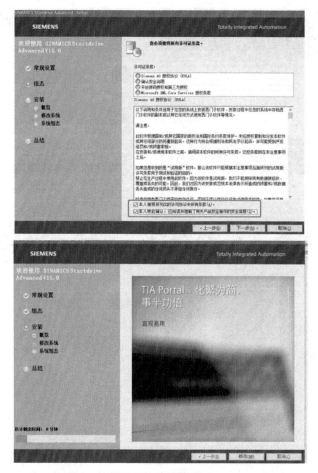

图 8-79　文件安装 4

G120 的组态及参数调试可分为以下几个部分：

1. 第一部分

1) 给 G120 上电，此时会出现 CU BUSY 的面板提示，此时变频器处于启动状态，启动完成后画面提示 "SP 0000"，等待网线口 LINK 指示灯亮。

2) 打开 TIA 博途软件，先添加 "设备" S7-1500 PLC 和 G120，这里 S7_1500 PLC 选择 CPU1511C，需注意都是带 PN 的才能进行总线的配置。组态 G120 则先单击 "驱动" 选择控制模块，这里举例 CU240E-2 PN，选择完毕然后进入组态界面如图 8-80 和图 8-81 所示。

需要注意的是，选择 CU240E-2 PN 时要根据具体 G120 内部版本号进行，比如新一批的版本号大部分都是 4.7.10，但兼容 4.7.9，在硬件下载时也要选择这个版本号。

2. 第二部分

1) 组态功率模块，因为 G120 主要是控制及驱动负载，并由控制模块和功率模块两大类组成，而在通信时 BOP 面板不需要组态，而且 TIA 博途软件设备中也不提供此组态，因此只有控制模块和功率模块需要组态，根据实际铭牌号上的订货号进行选择，而铭牌上参数没有全部对应上组态的订货号信息，只需要提取关键的 "IP20 200V 0.75KW"；先进入 G120 的 "设备组态" 界面，然后在硬件目录中选择 "功率单元"，具体操作步骤如图 8-82 所示。

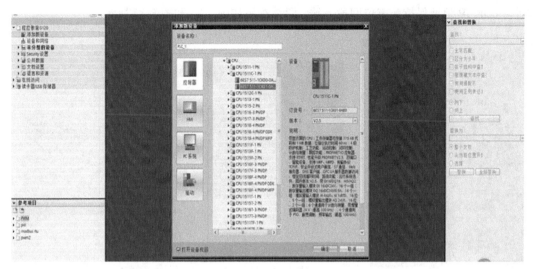

图 8-80　添加 CPU

图 8-81　选择驱动

2）在设备和网络中建立 CPU1511C 与 G120 的连接，这里要注意的是，在博途项目中 G120 的名称必须与设备中的名称一致，其 IP 地址也要项目组态和设备中保持一致。这也是所有总线设备都需要注意的，如果不确定只需用鼠标右键单击 G120 分配设备名称即可，如图 8-83 所示。

3）确认 G120 的 IP 地址无误，设置 IP 地址时需要注意和 S7-1500 PLC 或者 S7-1200 PLC 要在同一网段，否则将造成通信失败，例如，S7-1500/1200 PLC 的 IP 是 192.168.0.1，则 G120

和计算机的 IP 地址保持前三位网段一致，具体配置如图 8-84 和图 8-85 所示。

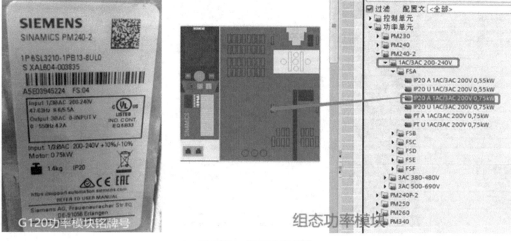

图 8-82　组态功率模块

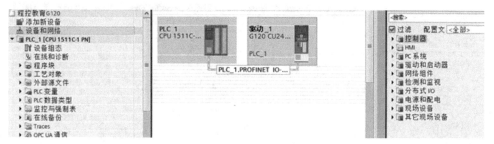

图 8-83　建立网络连接

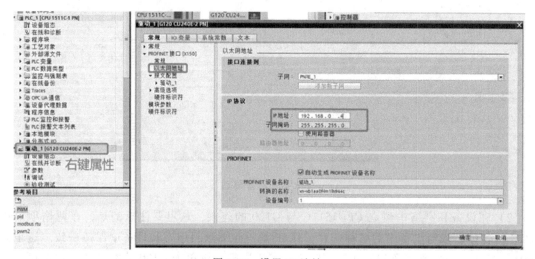

图 8-84　设置 IP 地址

4）确认通信报文模式，要进行 G120 总线通信，都要进行报文控制。简单来说，"PZD 2/2"可以发送两个字和接收两个字，就能完成基本的变频起停和频率读写控制。其组态过

图 8-85　查看 PC 的 IP 地址

程是先打开 G120 变频器设备属性，然后进入报文配置界面中设置"标准报文 1"，起始地址开始的 I 或者 Q 就是程序部分要进行的读写操作地址，具体配置如图 8-86 所示。

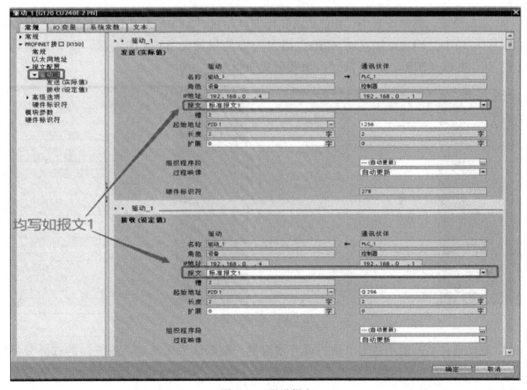

图 8-86　配置报文

5）配置 G120 变频器中的参数，如电动机参数、报文参数、斜坡参数（实际电动机加减速时间）等，向导中一些参数一般选择默认，如图 8-87 所示。具体步骤如下：

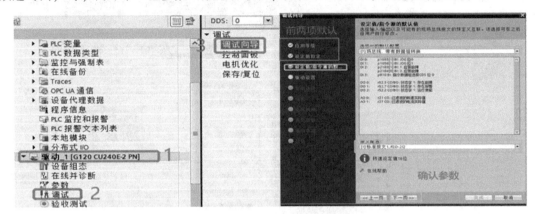

图 8-87　调试向导：相关参数设置

① 应用等级：此选项包括 Standard Drive Control 意为标准驱动控制（SDC）和 Dynamic Drive Control 意为动态驱动控制（DDC），一般小功率选择 "Standard Drive Control"，大功率选择 "Dynamic Drive Control"。

② 设定值指定：一般使用 G120 斜坡功能的默认参数。

③ 设定值/指令源的默认值：因为此章讲解的 PROFINET 总线通信标准报文 1，所以在这里选择现场总线，其他选项对应于其他报文，例如其他的 352 西门子报文、标准报文 20 等。

④ 驱动设置：驱动设置中，IEC 是国际标准电动机，NEMA 电动机是美国标准电动机，IEC 默认为 50Hz，NEMA 默认为 60Hz，国内一般使用的是 50Hz 的工频，因此这里选择 "［0］IEC 电机（50Hz，SI 单位）"。组态配置如图 8-88 所示。

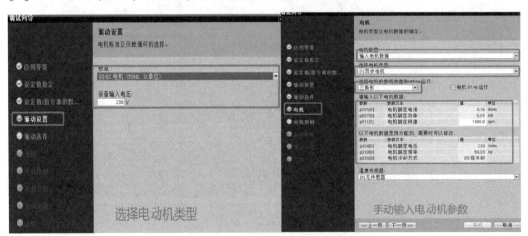

图 8-88　驱动设置

⑤ 驱动选件：一般小功率电动机没有滤波器，则默认为无筛选。滤波器的选择分为输出、官方和非官方，要根据实际的产品进行选型。此时，如果电动机起停频率过高则考虑添加制动电阻。

⑥ 电机：电动机配置分为"输入电机数据"和"从订货号列表选择"两种。当选择"订货号列表选择"时，电动机的功率和电流无须考虑，直接从对应电动机铭牌号选型即可；如果选择的其他任意品牌电动机，则选择"输入电动机数据"，也就需要手动输入电动机的参数。

⑦ 电机抱闸：如果是普通三相电动机，则直接默认"无电动机抱闸"并跳过，如果是带抱闸电动机，则根据实际情况选择。

⑧ 重要参数：此选项就是组态电动机的最大真实速度、斜坡功能和电流极限值，一般最大速度默认设定1500r/min，此速度也是编程时所控制的转速参数；斜坡根据使用需求再结合电动机性能设置，一般默认为10s，也可以设定为1s、2s等，但是不能设置为0s，急停可设置为0s；电流极限值可参照电动机铭牌上的额定最大电流进行设置，如图 8-89 所示。

⑨ 驱动功能：此选项根据电动机条件和工艺实际应用选择，一般普通电动机工艺应用仅选择标准驱动，电动机数据检测为静态；其他特殊类型的电动机，则需要查阅相关电动机性能及控制手册。

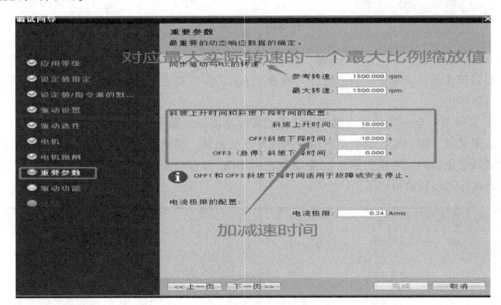

图 8-89　重要参数

检测所有参数是否正确，然后确认，此时组态完成，最后下载程序到 G120，如图 8-90 所示。

6）配置完成后，可进入面板调试界面，手动调试电动机步骤为：激活→设置→设定转速→Jog 左右控制，此操作主要是为测试通信状态和电动机的质量。下面介绍控制面板按钮功能如图 8-91 所示。

① 主控权：是整个控制面板的在线启停以及状态反馈的总控制。

② 驱动使能：控制驱动器使能接通，当单击"设置"即启动了使能，就可以设置后面的"运行方式"，复位键则是复位所产生的故障。如果进行了复位就要重新设置使能。

③ 修改：转速则是设定调试的速度快慢；rpm 单位为通用转速单位 r/min，也就是每分钟转的圈数；右边的"off、停止、向左、向前、Jog 向后、Jog 向前"这些按钮是控制电动

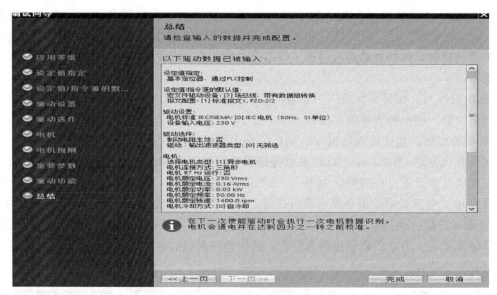

图 8-90 确定参数

机调试的运转,按下"向后"或者"向前"就是使电动机一直正转或者反转,按下"停止"后就停止运行,单击"Jog 向后"或者"Jog 向前"则在按下时电动机正转或者反转,松开时就停止。

④ 实际值:显示当前电动机实际转速和实际电流以及频率电压

在调试时,第一次控制电动机运转实际是不会运转,驱动器会先进行测量,且在实际通信控制时也是如此,电动机第一次起动运转时 BOP 面板会提醒警告,只需等待测量完成,然后再次起动运转就可以了。

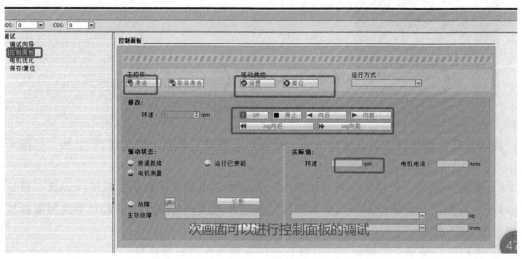

图 8-91 控制面板

3. 第三部分

1)进行 G120 的名称分配,只有名称和本机匹配后才能进行通信,此步骤也是再次检查并确保通信组态无误,这也是前面提及的分配设备名称。此分配是将 TIA 博途软件中组态

的设备名称和 IP 地址写入匹配并更改给 G120 变频器，如果变频器内部的名称和 IP 地址与
TIA 博途软件中一致，则更新列表框中搜索无结果，然后分配完以后重启 G120 变频器，如
图 8-92 所示。

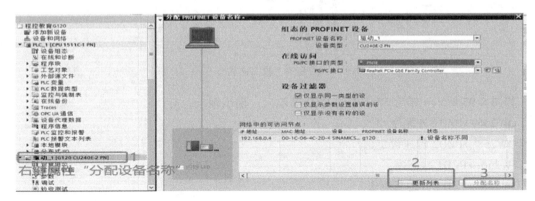

图 8-92　分配名称

2）报文配置。这是 I/O 总线中重点的配置对象，因为总线是直接进行 I/O 数据远程通信
分配，并进行读取或者写入的，所以 G120 属性中的"报文配置"中 PZD 的输入地址 I256 则
为 IW256，PZD 输出地址 Q256 则为 QW256，此起始地址可默认使用，也可更改，一般都使用
默认，因为默认的不会引起数据冲突。报文配置的打开步骤为：选中 G120 单击鼠标右键选择
"属性"→"PROFINET 接口"→"报文配置"→"G120 设备名称"，如图 8-93 所示。

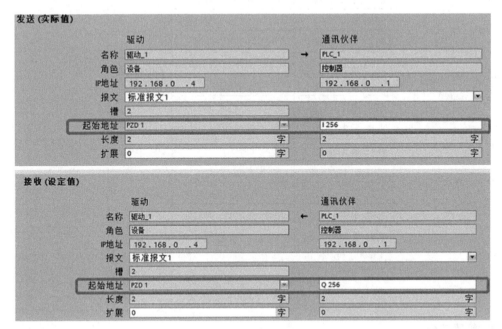

图 8-93　报文配置

在标准报文 1 中，PZD1 为第一个过程数据，PZD2 为第二个过程数据。控制字对于
PRO FINET 上位设备 PLC 来说是发送，对于下位设备 G120 来说是接收；状态字对于上位设
备 PLC 来说是接收，对于下位设备 G120 来说是发送，如图 8-94 所示。

报文类型	过程数据					
P922	PZD1	PZD2	PZD3	PZD4	PZD5	PZD6
报文 1 PZD2/2	控制字	转速设定值				
	状态字	转速实际值				
报文 20 PZD2/6	控制字	转速设定值				
	状态字	转速实际值	电流实际值	转矩实际值	有功功率	故障字
报文 352 PZD6/6	控制字	转速设定值	预留			
	状态字	转速实际值	电流实际值	转矩实际值	报警编号	故障编号

图 8-94　报文结构

如图 8-95 所示，结合 PLC 中的 PZD 的输入、输出地址，有

QW256→PZD1 控制字

QW258→PZD2 转速设定值

IW256→PZD1 状态字

IW258→PZD2 转速当前值

表示（驱动）	含义	地址
STW1 1.0 (位0)	OFF1/ON（可以启用脉冲）	QW256
STW1 1.1 (位1)	OFF2/ON （可以启用）	
STW1 1.2 (位2)	OFF3/ON （可以启用）	
STW1 1.3 (位3)	启用或禁用运行	
STW1 1.4 (位4)	斜坡函数发生器使能	
STW1 1.5 (位5)	继续斜坡函数发生器	
STW1 1.6 (位6)	转速设定值使能	
STW1 1.7 (位7)	应答故障	
STW1 0.0 (位8)	已接收	
STW1 0.1 (位9)	已接收	
STW1 0.2 (位10)	PLC 控制	
STW1 0.3 (位11)	旋转方向	
STW1 0.4 (位12)	抱闸必须打开	
STW1 0.5 (位13)	电动电位器设定值高	
STW1 0.6 (位14)	电动电位器设定值低	
STW1 0.7 (位15)	已接收	
STW2（位16 到 位32)	转速设定值	QW258

图 8-95　控制字参数

4. 第四部分

报文控制字（QW256）配置如图 8-95 所示。

1）控制字配置（启停操作）；第一个字。根据图 8-95 中所示，可以得到一个信息就是 PZD 中传输的每个位的含义，将所有位组合起来形成一个十六进制数。需要注意的是，OFF 属性是下降沿有效。

常用控制字如下：

① 047E（十六进制）：OFF1 停车。

② 047F（十六进制）：正转起动。

③ 0C7F（十六进制）：反转起动。

④ 04FE（十六进制）：故障复位。

2）转速设定值：第二个字。

通过查阅变频器手册可知，在 G120 为通信报文 1 时，PZD2 接收到 16#0～16#4000 则实际控制转速为 0 到最大值，因此在编程时设置 PLC：十进制数 0～16384 对应 G120 变频器参考值 0~1500r/min。在 S7-1200/1500 PLC 程序中，向 PZD1/PZD2 中写入可以在监控表中进行通信测试，例如写入 16#047F 到 QW256，8192 到 QW258，如图 8-96 所示。

图 8-96　通信测试

5. 第五部分

报文读取参数（IW256）如图 8-97 所示。

表示（驱动）	含义	地址
ZSW1 1.0（位0）	接通就绪	
ZSW1 1.1（位1）	就绪	
ZSW1 1.2（位2）	运行已使能	
ZSW1 1.3（位3）	存在故障	
ZSW1 1.4（位4）	无滑行停止激活（OFF2激活）	
ZSW1 1.5（位5）	无滑行停止激活（OFF3未激活）	
ZSW1 1.6（位6）	接通禁止激活	
ZSW1 1.7（位7）	存在报警	IW256
ZSW1 0.0（位8）	公差范围内随动误差	
ZSW1 0.1（位9）	达到PZD控制	
ZSW1 0.2（位10）	目标位置已到达	
ZSW1 0.3（位11）	打开抱闸	
ZSW1 0.4（位12）	激活运行程序段应答	
ZSW1 0.5（位13）	无过温电机报警	
ZSW1 0.6（位14）	旋转方向	
ZSW1 0.7（位15）	无热过载报警 功率单元	
ZSW2（位16 到 位32）	位 16-31-7 转速实际值	IW258

图 8-97　状态字参数

状态字，读取变频器中的状态信息，一般在进行人机界面显示时，将这个 16 位的数据传输到一个可拆分的 16 位存储器，然后拆分开提取所需位状态，比如 HMI 上需要显示运行状态和报警状态，将 IW256 传输到 MB100，m101.2 位运行状态，m101.7 为报警状态（0 为报警）。

8.8 S7-1200 PLC 通过 FB284 实现 V90PN 的 EPOS 控制

8.8.1 概述

S7-1200 PLC 可以通过 PROFINET 通信连接 SINMICS V90 伺服驱动器，将 V90 驱动器的控制模式设置为"基本位置控制（EPOS）"，并通过 111 报文及 TIA 博途软件驱动库中的功能块 FB284 实现 V90 的 EPOS 基本定位控制，控制系统的连接如图 8-98 所示。驱动库中功能块调用的原理如图 8-99 所示。

图 8-98　控制系统图

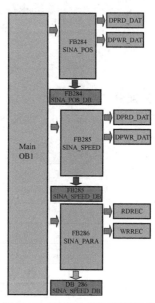

图 8-99　驱动功能块调用原理

S7-1200 PLC 中编写的程序由下述部分组成：

1）循环数据交换：SINA_POS（FB284）、SINA_SPEED（FB285）功能块实现 PLC 与驱动器的命令及状态周期性通信，如电动机的运行命令、位置及速度设定点等或接收驱动器的状态及速度实际值等。

2）非周期性通信的参数获取：SINA_PARA（FB286）功能块实现 PLC 读取驱动器的参数访问，如读取或写入数据块参数等。安装 StartDrive 软件后，在 TIA 博途软件中会自动安装驱动库文件。

8.8.2 SINA_POS 功能块引脚介绍

S7-1200 PLC 控制 V90PN 实现 EPOS 基本定位控制的功能块 FB284 在命令库中的位置如图 8-100 所示。

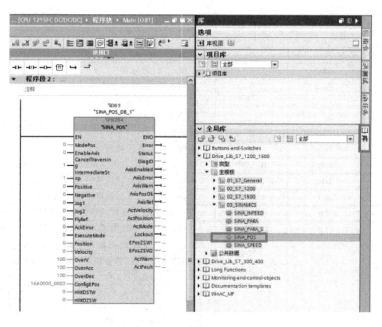

图 8-100　功能块 FB284

功能块可在下述 OB 中进行调用：

1）循环任务：OB1。

2）循环中断 OB：如 OB32。

此功能块可循环激活驱动器中的基本定位工艺功能，但需注意在驱动侧必须使用西门子标准报文 111。功能块 FB284 引脚说明见表 8-10。

表 8-10　功能块 FB284 引脚说明

引脚	数据类型	默认值	描述
输入			
ModePos	Int	0	运行模式： 1＝相对定位 2＝绝对定位 3＝连续位置运行 4＝回零操作 5＝设置回零位置 6＝运行位置块 0~16 7＝点动 jog 8＝点动增量
EnableAxis	Bool	0	伺服运行命令： 0＝OFF1 1＝ON
Cance1Transing	Bool	1	0＝拒绝激活的运行任务 1＝不拒绝
IntermediateStop	Bool	1	中间停止： 0＝中间停止运行任务 1＝不停止
Positive	Bool	0	正方向

（续）

引脚	数据类型	默认值	描述
输入			
Negative	Bool	0	负方向
Jog1	Bool	0	正向点动(信号源1)
Jog2	Bool	0	正向点动(信号源2)
FlyRef	Bool	0	0=不选择运行中回零 1=选择运行中回零
AckError	Bool	0	故障复位
ExecuteMode	Bool	0	激活定位工作或接收设定点
Position	DInt	0[LU]	对于运行模式,直接设定位置值[LU]/MDI或运行的块号
Velocity	DInt	0[LU/min]	MDI运行模式时的速度设置[LU/min]
OverV	Int	100[%]	所有运行模式下的速度倍率0~199%
OverDee	Int	100[%]	直接设定值/MDI模式下的加速度倍率0~100%
OverDee	Int	100[%]	直接设定值/MDI模式下的减速度倍率0~100%
ConfigEPOS	DWord	0	可以通过此引脚传输111报文的STW1、STW2、EPosSTW1、EPosSTW2中的位,传输位的对应关系如下表所示: 见下表
HWIDSTW	HW_IO	0	符号名或SIMATIC S7-1200设定值槽的HW ID(SetPoint)

ConfigEPOS 描述中的对应关系表:

ConfigEPos 位	111 报文位
ConfigEPos. %X0	STW1. %X1
ConfigEPos. %X1	STW1. %X2
ConfigEPos. %X2	EPosSTW2. %X14
ConfigEPos. %X3	EPosSTW2. %X15
ConfigEPos. %X4	EPosSTW2. %X11
ConfigEPos. %X5	EPosSTW2. %X10
ConfigEPos. %X6	EPosSTW2. %X2
ConfigEPos. %X7	STW1. %X13
ConfigEPos. %X8	EPosSTW1. %X12
ConfigEPos. %X9	STW2. %X0
ConfigEPos. %X10	STW2. %X1
ConfigEPos. %X11	STW2. %X2
ConfigEPos. %X12	STW2. %X3
ConfigEPos. %X13	STW2. %X4
ConfigEPos. %X14	STW2. %X7
ConfigEPos. %X15	STW2. %X14
ConfigEPos. %X16	STW2. %X15
ConfigEPos. %X17	EPosSTW1. %X6
ConfigEPos. %X18	EPosSTW1. %X7
ConfigEPos. %X19	EPosSTW1. %X11
ConfigEPos. %X20	EPosSTW1. %X13
ConfigEPos. %X21	EPosSTW2. %X3
ConfigEPos. %X22	EPosSTW2. %X4
ConfigEPos. %X23	EPosSTW2. %X6
ConfigEPos. %X24	EPosSTW2. %X7
ConfigEPos. %X25	EPosSTW2. %X12
ConfigEPos. %X26	EPosSTW2. %X13
ConfigEPos. %X27	STW2. %X5
ConfigEPos. %X28	STW2. %X6
ConfigEPos. %X29	STW2. %X8
ConfigEPos. %X30	STW2. %X9

可通过此方式传输硬件限位使能、回零开关信号等给V90。

注意:如果程序里对此引脚进行了变量分配,则必须保证 ConfigEPos. %X0 和 ConfigEPos. %X1 都为1时驱动器才能运行

（续）

引脚	数据类型	默认值	描述
输入			
HWIDZSW	HW_IO	0	符号名或 SIMATIC S7-1200 设定值槽的 HW ID（Actual Value）
输出			
Error	Bool	0	1 = 错误出现
Status	Word	0	显示状态
DiagID	Word	0	扩展的通信故障
ErrorId	Int	0	运行模式错误/块错误 0 = 无错误 1 = 通信激活 2 = 选择了不正确的运行模式 3 = 设置的参数不正确 4 = 无效的运行块号 5 = 驱动故障激活 6 = 激活了开关禁止 7 = 运行中回零不能开始
AxisEnabled	Bool	0	驱动已使能
AxisError	Bool	0	驱动故障
AxisWarn	Bool	0	驱动报警
AxisPosOk	Bool	0	轴的目标位置到达
AxisRef	Bool	0	回零位置设置
ActVelocity	DInt	0［LU/min］	当前速度［LU/min］
ActPosition	DInt	0［LU/min］	当前速度 LU
ActMode	Int	0	当前激活的运行模式
EPosZSW1	Word	0	EPOS ZSW1 的状态
EPosZSW2	Word	0	EPOS ZSW2 的状态
ActWarn	Word	0	当前的报警代码
ActFault	Word	0	当前的故障代码

8.8.3　SINA_POS 功能块的功能实现

1. 概述

V90PN 的基本定位（EPOS）功能是一个非常重要的功能，主要用于驱动的位置控制。它可用于直线轴或旋转轴的绝对及相对定位，TIA 博途软件库文件中的 SINA_POS 功能模块可用于 SINAMICS S/G/V 系统驱动器的基本定位控制。此外，需要在 V90 的 V-Assist 软件中将控制模式设置为"基本定位（EPOS）"模式，并选择西门子标准 111 报文。闭环位置控制器包含下述部分：

1）实际位置值准备（包括测量输入评价及寻找参考点）。

2）位置控制器（包括限制、适配、预控制计算）。

3）监控（静止，定位及动态跟踪误差监控）。

基本位置控制器对于机械系统还可实现下述功能：

1）齿轮间隙补偿。

2）模态轴。

3）位置跟踪/限制。

4）速度/加速度/延迟限制。

5）软件限位开关。

6）硬件限位开关。

7）位置/静止监控。

8）动态跟踪误差监控。

EPOS 的主要运行模式有 Jog、Homing、MDI、程序段几种，关于 SINAMICS V90 的基本定位功能的详细描述请参考 V90PN 的操作手册。

8.8.4 SINA_POS 运行模式

1. 运行条件

1）轴通过输入引脚使 EnableAxis = 1。如果轴已准备好并且驱动无故障（AxisErr = "0"），EnableAxis 置 1 后轴使能，输出引脚 AxisEnabled 信号变为 1。

2）ModePos 输入引脚用于运行模式选择。可在不同的运行模式下进行切换，如连续运行模式（ModePos = 3）在运行中可以切换到绝对定位模式（ModePos = 2）。

3）输入信号 CancelTransing，IntermediateStop 对于除了点动之外的所有运行模式均有效，在运行 EPOS 时必须将其设置为 1，设置说明如下：

• 设置 CancelTransing = 0，轴按最大减速度停止，丢弃工作数据，轴停止后可进行运行模式的切换。

• 设置 IntermediateStop = 0，使用当前应用的减速度值进行斜坡停车，不丢弃工作数据，如果重新再设置 IntermediateStop = 1 后轴会继续运行，可理解为轴的暂停。可以在轴静止后进行运行模式的切换。在任何运行模式下都可以通过 FlyRef 输入来选择运行中的回零功能。

4）激活硬件限位开关。

• 如果使用了硬件限位开关，需要将 FB284 的输入引脚 ConfigEPos. % X3（POS_STW2.15）置 1，激活 V90PN 的硬件限位功能。

• 正、负向的硬件限位开关可连接到 V90PN 驱动器定义为 CWL、CCWL 的 DI 点（DI1 ~ DI4），如图 8-101 所示。

信号类型	信号名称	引脚分配	设置	描述
DI	CWL	X8-a(a=1 至 4)	下降沿 (1 → 0)	伺服电动机已运行至顺时针行程限制且在此之后会急停
DI	CCWL	X8-b(b=1 至 4：b≠a)	下降沿 (1 → 0)	伺服电动机已运行至逆时针行程限制且在此之后会急停

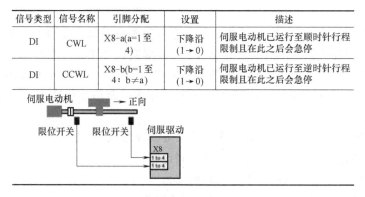

图 8-101　V90PN 硬件限位的引脚分配及信号说明

5）激活软件限位开关。

• 如果使用了软件限位开关，需要将 FB284 的输入引脚 ConfigEPos. % X2（POS_STW2.14）置 1，激活 V90 PN 的软件限位功能（P2582）。

• 在 V90PN 中设置 P2580（负向软限位位置）、P2581（正向软限位位置）。

2. 绝对定位运行模式

绝对定位运行模式可通过驱动功能"MDI 绝对定位"来实现，采用 SINAMICS 驱动的内部位置控制器进行绝对位置控制。

具体要求如下：

1）运行模式选择 ModePos=2。

2）轴使能 EnableAxis=1。

3）轴必须已回零或编码器已被校正。

4）如果切换模式大于 3，轴必须为静止状态，在任意时刻可以在 MDI 运行模式内进行切换（ModePos=1，2，3）。

具体设置步骤如下：

1）通过输入参数 Position、Velocity 指定目标位置及动态响应参数。

2）通过输入参数 OverV、OverAcc、OverDec 指定速度、加减速度的倍率。

3）运行条件 CancelTransing 和 IntermediateStop 必须设置为 1，Jog1 及 Jog2 必须设置为 0。

4）在绝对定位中，运行方向可以按照最短路径运行至目标位置，此时输入参数 Positive 及 Negative 必须为 0。通过 ExecuteMode 的上升沿触发定位运动，激活命令的当前状态，并通过 EPosZSW1、EPosZSW2 进行监控。当目标位置到达后通过将 AxisPosOk 置 1，当定位过程中出现错误时，则输出参数 Error 置 1。

需要注意的是，当前正运行的命令可以通过 ExecuteMode 上升沿被新命令替换，但仅用于运行模式 ModePos 1、ModePos 2、ModePos 3。控制时序如图 8-102 所示。

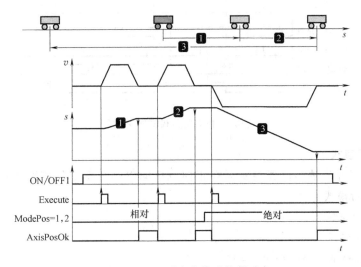

图 8-102　绝对定位模式控制时序

3. 相对定位运行模式

相对定位运行模式可通过驱动功能"MDI 相对定位"来实现，采用 SINAMICS 驱动的内部位置控制器进行相对位置控制。

具体要求如下：

1）运行模式选择 ModePos=1。

2）驱动的运行命令 EnableAxis=1。

3）轴必须不必回零或编码器未被校正。

4）如果切换模式大于3，轴必须为静止状态，在任意时刻可以在 MDI 运行模式内进行切换（ModePos＝1，2，3）。

具体设置步骤如下：

1）通过输入参数 Position，Velocity 指定目标位置及动态响应参数。

2）通过输入参数 OverV、OverAcc、OverDec 指定速度、加减速度的倍率。

3）运行条件 CancelTransing 和 IntermediateStop 必须设置为1，Jog1 及 Jog2 必须设置为0。

4）在相对定位中，运行方向由 Positive 和 Negative 决定，通过 ExecuteMode 的上升沿触发定位运动，激活命令的当前状态，并通过 EPosZSW1、EPosZSW2 进行监控。当目标位置到达后将 AxisPosOk 置1，当定位过程中出现错误时，则输出参数 Error 置1。

需要注意的是，当前正在运行的命令可以通过 ExecuteMode 上升沿被新命令替换，但仅用于运行模式 ModePos 1、ModePos 2、ModePos 3。控制时序如图 8-103 所示。

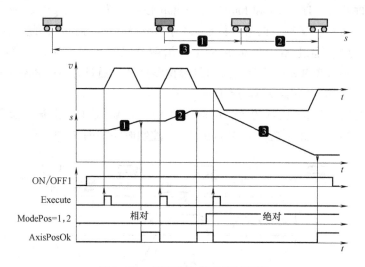

图 8-103　相对定位模式控制时序

4. 连续运行模式

连续运行模式允许轴的位置控制器在正向或反向以一个恒定的速度运行，此为驱动的"MDI setup"运行模式。

具体要求如下：

1）运行模式选择 ModePos＝3。

2）驱动的运行命令 AxisEnable＝1。

3）轴不必回零或编码器未被校正。

4）如果切换模式大于3，轴必须为静止状态，在任意时刻可以在 MDI 运行模式内进行切换（ModePos＝1，2，3）。

具体设置步骤如下：

1）通过输入参数 Velocity 指定运行速度。

2）通过输入参数 OverV、OverAcc、OverDec 指定速度、加减速度的倍率。

3）运行条件 CancelTransing 和 IntermediateStop 必须设置为1，Jog1 及 Jog2 必须设置为0。

4）运行方向由 Positive 及 Negative 决定，通过 ExecuteMode 的上升沿触发定位运动，激活命令的当前状态，并通过 EPosZSW1、EPosZSW2 进行监控。当目标位置到达后将 Axis-PosOk 置 1，当定位过程中出现错误，则输出参数 Error 置 1。

需要注意的是，当前正在运行的命令可以通过 ExecuteMode 上升沿被新命令替换，但仅用于运行模式 ModePos 1、ModePos 2、ModePos 3。控制时序示例如图 8-104 所示。

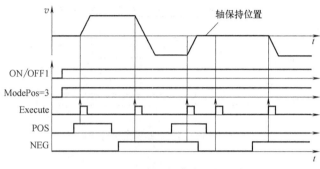

图 8-104　连续运行模式控制时序

5. 回零

此功能允许轴按照预设的回零速度及方式沿着正向或反向进行回零操作，激活 V90 的主动回原点模式。

具体要求如下：

1）运行模式选择 ModePos = 4。

2）驱动的运行命令 EnableAxis = 1。

3）回零开关的状态由 FB284 功能块的输入引脚 ConfigEPos.%X6（POS_STW2.2）传递给 V90 PN。

4）轴处于静止状态。

具体设置步骤如下：

1）通过输入参数 OverV、OverAcc、OverDec 指定速度、加减速度的倍率。

2）运行条件 CancelTransing 和 IntermediateStop 必须设置为 1，Jog1 及 Jog2 必须设置为 0。

3）运行方向由 Positive 及 Negative 决定，并通过 ExecuteMode 的上升沿触发回零运动，激活命令的当前状态且通过 EPosZSW1、EPosZSW2 进行监控；通过 CancelTransing 信号来终止运动，回零完成后 AxisRef 置 1，当运行过程中出现错误，则输出参数 Error 置 1。控制时序如图 8-105 所示。

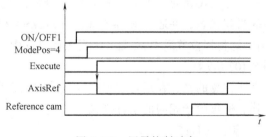

图 8-105　回零控制时序

6. 设置零点位置

此运行模式允许轴在任意位置时对轴进行零点位置设置。

具体要求如下：

1）运行模式选择 ModePos = 5。

2）轴处于闭环控制，而且为静止状态。

具体设置步骤为：

轴静止时通过 Execute 的上升沿设置轴的零点位置。

需要注意的是，零点位置可使用参数 P2599 进行设置。控制时序如图 8-106 所示。

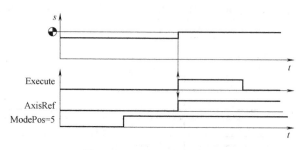

图 8-106   设置回零控制时序

7. 运行程序段

此程序块运行模式通过驱动功能 Traversing blocks 来实现，它允许自动创建程序段、运行至硬限位挡块、设置及复位输出。

具体要求如下：

1）运行模式选择 ModePos = 6。

2）驱动的运行命令 AxisEnable = 1。

3）轴处于静止状态。

4）轴必须已回零或绝对值编码器已校正。

具体设置步骤如下：

1）工作模式、目标位置及动态响应已在 V90PN 驱动的运行块参数中进行了设置，速度的 OverV 参数对于程序块中的速度设定值进行倍率缩放。

2）运行条件 CancelTransing 和 IntermediateStop 必须设置为 1，Jog1 及 Jog2 必须设置为 0。

3）程序段号在输入参数 Position 中设置，取值应为 0~16。

4）运动的方向由与工作模式及程序段中的设置决定，与 Positive 及 Negative 参数无关，但必须将它们设置为 “0”。选择程序段号后通过 Execute Mode 的上升沿来触发运行，激活命令的当前状态，并通过 EPosZSW1、EPosZSW2 进行监控。功能块处理命令过程中 Busy 为 1，当到达目标位置后 Done 置 1，当运行过程中出现错误，则输出参数 Error 置 1。控制时序如图 8-107 所示。

需要注意的是，在运行过程中，当前的运行命令可以被一个新命令通过 ExecuteMode 进行替代，但仅限于相同的运行模式。

8. 点动（Jog）

点动运行模式通过驱动器的 Jog 功能来实现。

具体要求如下：

1）运行模式选择 ModePos = 7

2）驱动的运行命令 AxisEnable = 1

3）轴静止

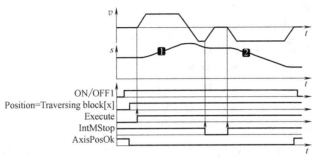

图 8-107　运行程序块控制时序

4）轴不必回零或绝对值编码器校正

具体设置步骤如下：

1）点动速度在 V90 PN 中设置，速度的 OverV 参数对于点动速度设定值进行倍率缩放。

2）运行条件 CancelTransing 和 IntermediateStop 与点动运行模式无关，默认设置为 1。

需要注意的是：

· Jog1 及 Jog2 用于控制 EPOS 的点动运行，运动方向由 V90 PN 驱动中设置的点动速度来决定，默认设置为 Jog1 = 负向点动速度，Jog2 = 正向点动速度，与 Positive 和 Negative 参数无关，其默认设置为 0。

· 激活命令的当前状态通过 EPosZSW1、EPosZSW2 进行监控，功能块处理命令过程中 Busy 为 1，点动结束时（Jog1 或 Jog2 = 0）轴静止时

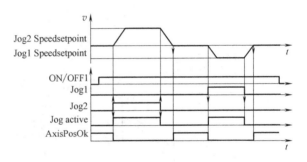

图 8-108　点动控制时序

"AxisPosOk" 置 1，当运行过程中出现错误，则输出参数 Error 置 1。控制时序如图 8-108 所示。

9. **点动增量**（Jog）

点动增量运行模式通过驱动的 Jog 功能来实现。

具体要求如下：

1）运行模式选择 ModePos = 8。

2）驱动的运行命令 AxisEnable = 1

3）轴静止

4）轴不必回零或绝对值编码器校正

具体设置步骤如下：

1）点动速度在 V90 PN 中设置，速度的 OverV 参数对于点动速度设定值进行倍率缩放。

2）运行条件 CancelTransing 和 IntermediateStop 与点动运行模式无关，默认设置为 1。

需要注意的是：

· Jog1 及 Jog2 用于控制 EPOS 的点动运行，运动方向由 V90 PN 驱动中设置的点动速度来决定，默认设置为 Jog1traversing distance，Jog2traversing distance = 1000LU，与 Positive 及

Negative 参数无关，其默认设置为0。

· 激活命令的当前状态通过 EPosZSW1、EPosZSW2 进行监控，功能块处理命令过程中 Busy 为1，点动结束时（Jog1 orJog2＝0）轴静止时 AxisPosOK 置1，当运行过程中出现错误，则输出参数 Error 置1。控制时序如图8-109所示。

10. 基于 ModePos 值的运行模式转换说明

图8-110显示了基于 ModePos 值的可能的运行模式转换。

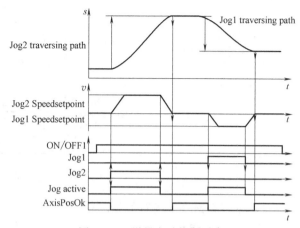

图 8-109　增量点动控制时序

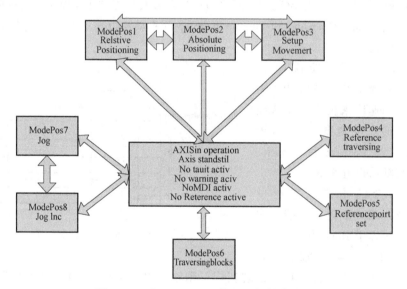

图 8-110　基于 ModePos 值的运行模式转换

8.8.5　项目配置

1. 使用的软、硬件

使用的软件如下：

1）TIA 博途软件 V14。

2）V-Assistant V1.05。

需要的硬件如下：

1）CPU1215FC DC/DC/DCINAMICS V4.1，订货号 6ES7 215-1AF40-0XB0。

2）V90PN 控制器，订货号 6SL3210-5FB10-1UF0。

3）1FL6 电动机，订货号 1FL6024-2AF21-1AA1（增量编码器）。

2. S7-1200 项目配置步骤

项目配置步骤如图8-111所示。

a) 创建S7-1200新项目

b) 添加S7-1200 PLC设备

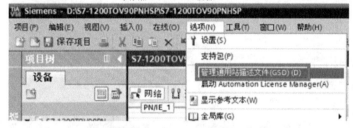

c) 安装V90 PN的GSD文件

图 8-111　项目配置步骤

V90 PN的GSD文件在硬件目录中的路径如下：

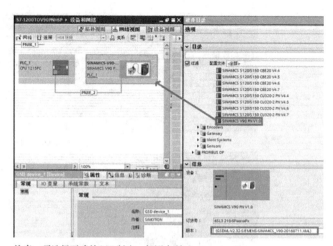

注意：需选择正确的GSD版本，如图中所示。

d) 在网络视图中添加V90 PN设备并创建与PLC的网络连接

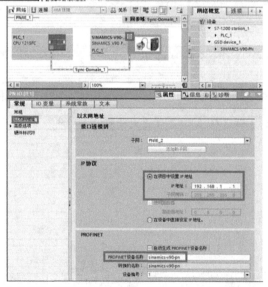

e) 设置S7-1200 PLC及V90 PN的IP地址及PROFINET设备名称

图 8-111　项目配置步骤（续）

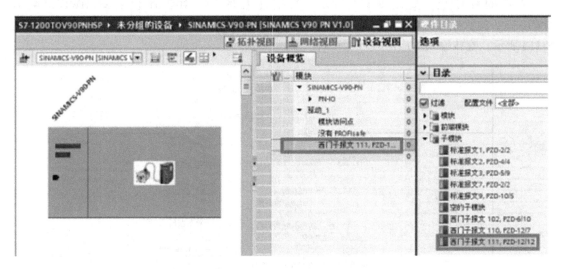

f) 在V90的设备概览中插入西门子报文111

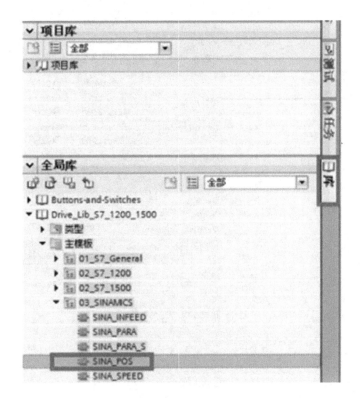

g) 编译项目正确后, 下载S7-1200 PLC的项目配置
在OB1中将指令库中下述路径中的"SINA_POS(FB284)"
功能块拖曳到编程网络中, 并为功能块各引脚添加变量

图 8-111　项目配置步骤 (续)

相应的程序块，如图 8-112 所示，需要注意的是，对程序块引脚 HWIDSTW 及 HWIDZSW 的赋值可以通过单击引脚，在下拉菜单中选择对应的 111 报文选项。也可以按图 8-113 所示，直接输入对应的硬件标识符。

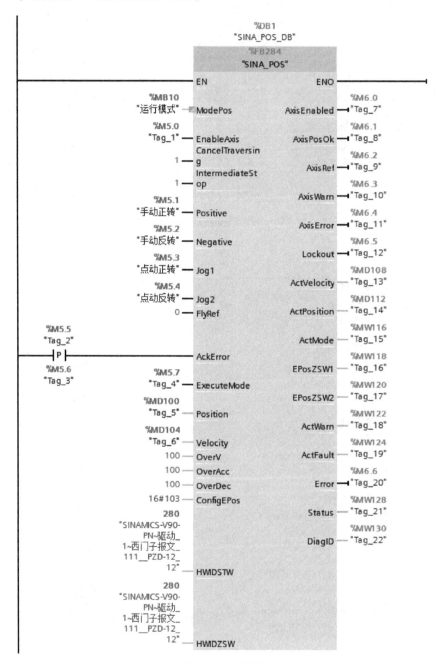

图 8-112　程序块

8.8.6　V90PN 项目配置步骤

V90PN 项目配置步骤如图 8-114 所示。

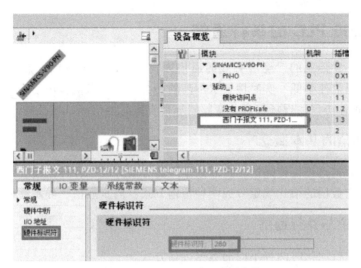

图 8-113　S7-1200 项目配置步骤

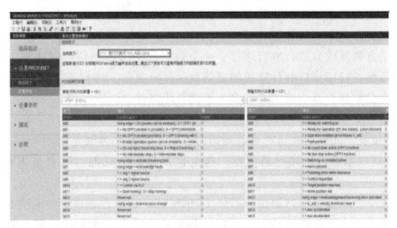

a) 选择报文

b) 单击"设置PROFINET->配置网络",设置V90的IP地址及设备名称

注意:设置的设备名称一定要与S7-1200项目中配置的相同。
参数保存后需重启驱动器才能生效。

图 8-114　V90PN 项目配置步骤

8.9 S7-1200 PLC 的串行通信

串行通信是一种传统的、经济有效的通信方式，可以用于不同厂商产品之间，且节点少、数据量小、通信速率低、实时性要求不高的场合。串行通信多用于连接扫描仪、条码阅读器和支持 Modbus 协议的现场仪表、变频器等带有串行通信接口的设备。

8.9.1 串行通信的基本概念

串行通信的数据是逐位传送的，按照数据流的方向分成三种传输模式：单工、半双工和全双工；按照传送数据的格式规定分成两种传输方式：同步通信、异步通信。

8.9.2 串行通信与并行通信

串行通信和并行通信时两种不同的数据传输方式。

串行通信就是通过一对导线将发送方和接收方进行连接，传输数据的每个二进制位，按照规定顺序在同一导线上依次发送与接收。例如，常用的 USB 接口就是串行通信接口。串行通信的特点是通信控制复杂，通信电缆少，因此与并行通信相比成本较低。

并行通信就是将一个 8 位数据（或 16 位、32 位）的每一个二进制采用单独的导线进行传输，并将传送方和接收方进行并行连接，一个数据的个二进制位可以在同一时间内传送，例如，老式打印机的打印接口和计算机的通信就是并行通信。并行通信的特点是一个周期里可以一次传输多位数据，其连接的电缆多，因此长距离传送时成本高。

串行通信的特点如下：

1）节省传输线。尤其是在进行远程通信时，这个特点尤为重要。

2）数据传送效率低。与并行通信比，这也这是显而易见的。这也是串行通信的主要缺点。

例如：传送一个字节，并行通信只需要 1T 的时间，而串行通信至少需要 8T 的时间。由此可见，串行通信适合于远距离传送，可以从几米到数千米。对于长距离、低速率的通信，串行通信往往是唯一的选择。并行通信适合于短距离、高速率的数据传送，通常传输距离小于 30m。特别值得一提的是，现成的公共电话网是通用的长距离通信介质，它虽然是为传输声音信号设计的，但利用调制解调技术，可使现成的公共电话网系统为串行数据通信提供方便、实用的通信线路。

8.9.3 同步通信与异步通信

1. 同步通信

同步通信是一种连续串行传送数据的通信方式，一次通信只传送一帧信息。这里的信息帧与异步通信中的字符帧不同，通常含有若干个数据字符。它们均由同步字符、数据字符和校验字符（CRC）组成。其中同步字符位于帧开头，用于确认数据字符的开始。数据字符在同步字符之后，个数没有限制，由所需传输的数据块长度来决定；校验字符有 1 或 2 个，用于接收端对接收到的字符序列进行正确性的校验。同步通信的缺点是要求发送时钟和接收时钟保持严格的同步。

2. 异步通信

异步通信中，在异步通信中有两个比较重要的指标：字符帧格式和波特率。数据通常以字符或者字节为单位组成字符帧传送。字符帧由发送端逐帧发送，通过传输线被接收设备逐帧接收。发送端和接收端可以由各自的时钟来控制数据的发送和接收，这两个时钟源彼此独立，互不同步。

接收端检测到传输线上发送过来的低电平逻辑 0（即字符帧起始位）时，确定发送端已开始发送数据，每当接收端收到字符帧中的停止位时，就知道一帧字符已经发送完毕。

8.9.4　单工、双工和半双工通信方式

单工通信方式中，信号只能向一个方向传输，任何时候都不能改变信号的传送方向。

半双工通信方式中，信号可以双向传送，但是必须是交替进行，一个时间只能向一个方向传送。

全双工通信方式中，信号可以同时双向传送。

单工、双工和半双工通信原理图如图 8-115 所示。

S7-1200 PLC 的串行通信采用异步通信传输方式，每个字符由一个起始位、7 个或 8 个数据位、一个奇偶校验位或无校验位、一个停止位组成，传输时间取决于 S7-1200 PLC 通信模块端口的波特率设置。

8.9.5　串行通信模块和通信板

S7-1200 PLC 有两个串行通信模块 CM1241 RS232、CM1241 RS422/485 和一个通信板 CB1241 RS485。串口通信模块 CM1241 安装在 S7-1200 PLC CPU 模块或其他通信模块的左侧，通信板 CB1241 安装在 S7-1200 PLC CPU 的正面插槽中。S7-1200 PLC CPU 最多可连接 3 个通信模块和一个通信板，当 S7-1200 PLC 使用 3 个串口通信模块 CM1241（类型不限）和一和通信板 CM1241 时，共可提供 4 个串行通信接口。

a) 单工通信方式

b) 半双工通信方式

c) 全双工通信方式

图 8-115　单工、双工和半双工通信原理图

S7-1200 PLC 串行通信模块和通信板具有以下特点：

1）端口与内部电路隔离。

2）支持点对点协议。

3）通过点对点通信处理器指令进行组态和编程。

4）通过 LED 显示传送和接收活动。

5）显示诊断 LED（仅限 CM1241）。

6）均由 CPU 背板总线 DC 5V 供电，不必连接外部电源。

7）通信模块上的 LED 指示灯显示发送和接收活动。

S7-1200 PLC 串行通信模块和通信板支持相同的波特率、校验方式和接收缓冲区。但通

信模块和通信板类型不同，支持的流控方式、通信距离等也存在差异。S7-1200 PLC 串行通信模块和通信板技术规范见表 8-11。

表 8-11　S7-1200 PLC 串行通信模块和通信板技术规范

类型	CM1241 RS232	CM1241 RS422/485	CB1241 RS485
订货号	6ES7241-1AH32-0XB0	6ES7241-1CH32-0XB0	6ES7241-1CH30-1XB0
通信接口类型	RS-232	RS-485/422	RS-485
流量控制	硬件流控；软件流控	软件流控（仅 RS-422）	不支持
通信距离（屏蔽电缆）	最长 10m	最长 1000m	
波特率/（bit/s）	300、600、1.2k、2.4k、4.8k、9.6k、19.2k、38.4k、57.6k、76.8k、115.2k		
校验方式	无校验、偶校验、奇校验、Mark 校验（将奇偶校验位置位为 1）、Space 校验（将奇偶校验位置为 0）、任意奇偶校验（将奇偶校验位置为 0，在接收时忽略奇偶校验错误）		
接收缓冲区	1KB		

8.9.6　S7-1200 PLC 串行通信模块和通信板支持的协议

S7-1200 PLC 串行通信模块和通信板根据类型不同，分别支持自由口（ASCII）、3964（R）、Modbus RTU、USS 通信协议。其中，3964（R）协议使用较少，本书不做介绍。S7-1200 PLC 串行通信模块和信号板支持的协议见表 8-12。

表 8-12　S7-1200 PLC 串行通信模块和通信板支持的协议

类型	CM1241 RS232	CM1241 RS422/485	CB1241 RS485
自由口（ASCII）	√	√	√
3964（R）	√	√	×
Modbus RTU	√	√	√
USS	×	√	√

注：表中√表示支持，×表示不支持。

8.9.7　S7-1200 PLC 串行通信模块和通信板指示灯

S7-1200 PLC 串行通信模块 CM1241 有 3 个 LED 指示灯：DIAG，Tx 和 Rx；通信板 CB1241 有两个 LED 指示灯：TxD 和 RxD，其功能和说明见表 8-13。

表 8-13　S7-1200 PLC 串行通信模块和通信板指示灯功能和说明

指示灯	功能	说　明
DIAG（仅 CM1241）	诊断状态	以红色和绿色报告模块的不同状态 ·在 CPU 找到通信模块前，诊断 LED 将一直以红色闪烁 ·CPU 在上电后会检查 CM，并对其进行寻址。诊断 LED 开始以绿色闪烁。这表示 CPU 寻址到 CM，但尚未为其提供组态 ·将程序下载到 CPU 后，CPU 会将组态下载到组态的 CM。执行下载到 CPU 操作后，通信模块上的诊断 LED 应为绿色常亮
Tx（CM1241） TxD（CB1241）	发送显示	从通信端口向外传送数据时，发送 LED（Tx/ TxD）将点亮
Rx（CM1241） RxD（CB1241）	接收显示	通信端口接收数据时，该 LED（Rx/ RxD）将点亮

8.9.8　Modbus RTU 通信

1. Modbus RTU 基本原理

Modbus 具有两种串行传输模式，分别为 ASCII 和 RTU。S7-1200 PLC 通过调用软件中的 Modbus（RTU）指令可实现 Modbus RTU 通信，而 Modbus ASCII 则需要用户按照协议格式自行编程。Modbus RTU 是一种单主站的主从通信模式，主站发送数据请求报文帧，从站回复答应数据报文帧。Modbus 网络上只能有一个主站存在，主站在网络上没有地址，每个从站必须有一个唯一的地址，从站的地址范围为 0~247，其中 0 为广播地址，用于将消息广播到所有 Modbus 从站，只有 Modbus 功能代码 05、06、15 和 16 可用于广播。Modbus RTU 数据报文帧的基本结构见表 8-14。

表 8-14　Modbus RTU 数据报文帧的基本结构

地址域	功能码	数据 1	…	数据 n	CRC 低字节	CRC 高字节

Modbus RTU 主从站之间的数据交换是通过功能码（Function Code）来控制的。有些功能码对位操作，有些功能码对字操作。S7-1200 PLC 用作 Modbus RTU 主站或从站时支持的 Modbus RTU 地址和功能码见表 8-15。

表 8-15　Modbus RTU 地址和功能码

Modbus 地址	读写	功能码	说明
00001-0XXXX	读	1	读取单个/多个开关量输出线圈状态
00001-0XXXX	写	5	写单个开关量输出线圈
	写	15	写多个开关量输出线圈
10001-1XXXX	读	2	读取单个/多个开关量输入触点状态
10001-1XXXX	写	—	不支持
30001-3XXXX	读	4	读取单个/多个模拟量输入通道数据
30001-3XXXX	写	—	不支持
40001-4XXXX	读	3	读取单个/多个保持寄存器数据
40001-4XXXX	写	6	写单个保持寄存器数据
	写	16	写多个保持寄存器数据

每个 Modbus 网段最多可以有 32 个设备。当到达 32 个设备的限制时，必须使用中继器来扩展到下一个网段。因此，需要 7 个中继器才能将 247 个从站连接到同一个主站的 RS-485 接口。

注意，西门子中继器不支持 Modbus 协议，因此用户需要使用第三方 Modbus 中继器。

2. Modbus RTU 通信指令

在指令选项卡"通信→通信处理器"下，调用 Modbus(RTU) 指令用于 Modbus RTU 通信编程，如图 8-116 所示。该指令除了适用于 S7-1200 PLC 中央机架，还可用于分布式 I/O PROFINET 或 PROFIBUS 的 ET200SP/ET200MP 串口通信模块。

（1）初始化指令 Modbus_Comm_Load

1）Modbus_Comm_Load 指令使用规则。Modbus_Comm_Load 指令用于配置 Modbus RTU 协议通信参数，如图 8-117 所示。对 Modbus 通信的每个通信端口，都必须执行一次 Modbus_ Comm_Load 来组态。每个 Modbus_Comm_Load 需要分配一个唯一的背景数据块。

● 如果 Modbus(RTU) 指令用于中央机架中的模块，建议在 Main ［OB1］使用系统存储器的首次循环位调用执行一次。只有在必须更改波特率或奇偶校验等通信参数时，才再次执行 Modbus_Comm_Load 指令。

● 如果 Modbus(RTU) 指令用于分布式机架中的模块，则从站分布式机架的通信中断或者插拔模块，需要再次发出 Modbus_Comm_Load 指令恢复 Modbus RTU 通信，可以考虑在循环中断中执行该指令（例如，每秒或每 10s 执行一次）。

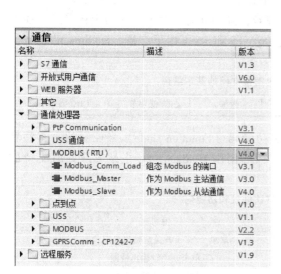

图 8-116　Modbus（RTU）指令

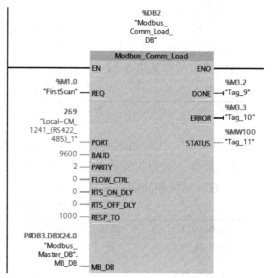

图 8-117　Modbus_Comm_Load 指令

2）Modbus_Comm_Load 指令各引脚说明见表 8-16。

表 8-16　Modbus_Comm_Load 指令各引脚说明

参数和类型		数据类型	说明
REQ	IN	Bool	通过由低到高的(上升沿)信号启动操作 (仅版本 2.0)
PORT	IN	Port	安装并组态 CM 或 CB 通信设备之后,端口标识符将出现在 PORT 功能框连接的参数助手下拉列表中。分配的 CM 或 CB 端口值为设备配置属性"硬件标识符"。端口符号名称在 PLC 变量表的"系统常量"(System constants)选项卡中分配
BAUD	IN	UDInt	波特率选择: 　300bit/s、600bit/s、1200bit/s、2400bit/s、4800bit/s、9600bit/s、19200bit/s、38400bit/s、57600bit/s、76800bit/s、115200bit/s,其他所有值均无效
PARITY	IN	UInt	奇偶校验选择: ・0 表示无 ・1 表示奇校验 ・2 表示偶校验
FLOW_CTRL	IN	UInt	流控制选择: ・0 表示(默认)无流控制 ・1 表示 RTS 始终为 ON 的硬件流控制(不适用于 RS-485 端口) ・2 表示带 RTS 切换的硬件流控制

（续）

参数和类型		数据类型	说明
RTS_ON_DLY	IN	UInt	RTS 接通延时选择： ·0 表示（默认）从 RTS 激活一直到传送消息的第一个字符之前无延时 ·1~65535 表示从 RTS 激活一直到传送消息的第一个字符之前以毫秒表示的延时（不适用于 RS-485 端口）。不管 FLOW_CTRL 选择为何，都将应用 RTS 延时
RTS_OFF_DLY	IN	UInt	RTS 关断延时选择： ·0 表示（默认）从传送最后一个字符一直到 RTS 转入非活动状态之前无延时 ·1~65535 表示从传送最后一个字符一直到 RTS 转入非活动状态之前以毫秒表示的延时（不适用于 RS-485 端口）。不管 FLOW_CTRL 选择为何，都将应用 RTS 延时
RESP_TO	IN	UInt	响应超时： MB_MASTER 允许用于从站响应的时间（以毫秒为单位）。 如果从站在此时间段内未响应，MB_MASTER 将重试请求，或者在发送指定次数的重试请求后终止请求并提示错误。5~65535ms（默认值为 1000ms）
MB_DB	IN	Variant	对 MB_MASTER 或 MB_SLAVE 指令所使用的背景数据块的引用。在用户的程序中放置 MB_SLAVE 或 MB_MASTER 后，该 DB 标识符将出现在 MB_DB 功能框连接的参数助手下拉列表中
DONE	OUT	Bool	上一请求已完成且没有出错后，DONE 位将保持为 TRUE 一个扫描周期时间（仅版本 2.0）
ERROR	OUT	Bool	上一请求因错误而终止后，ERROR 位将保持为 TRUE 一个扫描周期时间。STATUS 参数中的错误代码值仅在 ERROR=TRUE 的一个扫描周期内有效
STATUS	OUT	Word	执行条件代码

（2）主站指令 Modbus_Master

1）Modbus_Master 通信规则。S7-1200 PLC 串行通信模块作为 Modbus RTU 主站与一个或多个 Modbus RTU 从站设备进行通信，需要调用 Modbus_Master 指令。将 Modbus_Master 指令拖入到程序时，系统会为其自动分配背景数据块，该背景数据块指向 Modbus_Comm_Load 指令的输入参数 "MB_DB"，如图 8-118 所示。

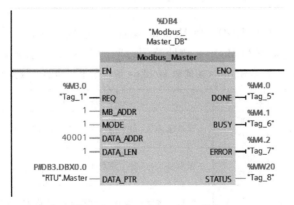

图 8-118　Modbus_Master 指令

- 必须先执行 Modbus_Comm_Load 指令组态端口，然后 Modbus_Master 指令才能通过该端口通信。
- 如果将某个端口用于 Modbus RTU 主站，则该端口不能再于 Modbus RTU 从站。
- 对于同一个端口，所有 Modbus_Master 指令都必须使用同一个背景数据块。
- 同一时刻只能有一个 Modbus_Master 指令执行。当有多个读写请求时，用户需要编写 Modbus_Master 轮询程序。

2）Modbus_Master 指令各引脚说明见表 8-17。

表 8-17　Modbus_Master 指令各引脚说明

参数和类型		数据类型	说明
REQ	IN	Bool	0 表示无请求 1 表示请求将数据传送到 Modbus 从站
MB_ADDR	IN	V1.0： USInt V2.0：UInt	Modbus RTU 站地址： 标准寻址范围（1~247） 扩展寻址范围（1~65535） 值 0 被保留用于将消息广播到所有 Modbus 从站。只有 Modbus 功能代码 05、06、15 和 16 是可用于广播的功能代码
MODE	IN	USInt	模式选择：指定请求类型（读、写或诊断）。请参见 Modbus 功能表了解详细信息
DATA_ADDR	IN	UDInt	从站中的起始地址：指定要在 Modbus 从站中访问的数据的起始地址。请参见下面的 Modbus 功能表了解有效地址信息
DATA_LEN	IN	UInt	数据长度：指定此请求中要访问的位数或字数。请参见下面的 Modbus 功能表了解有效长度信息
DATA_PTR	IN	Variant	数据指针：指向要写入或读取的数据的 M 或 DB 地址（标准 DB 类型）
DONE	OUT	Bool	上一请求已完成且没有出错后，DONE 位将保持为 TRUE 一个扫描周期时间
BUSY	OUT	Bool	0 表示无正在进行的 MB_MASTER 操作 1 表示 MB_MASTER 操作正在进行
ERROR	OUT	Bool	上一请求因错误而终止后，ERROR 位将保持为 TRUE 一个扫描周期时间。STATUS 参数中的错误代码值仅在 ERROR＝TRUE 的一个扫描周期内有效
STATUS	OUT	Word	执行条件代码

Modbus_Master 指令中的 MODE 和 Modbus 地址一起确定 Modbus 消息中使用的功能码。DONE 参数、Modbus 功能码和 Modbus 地址范围之间的对应关系见表 8-18。

表 8-18　Modbus 功能和 Modbus 地址范围之间的对应关系

MODE	Modbus 功能	数据长度	操作和数据	Modbus 地址
0	01	1~2000 1~1992	读取输出位：每个请求 1~1992 或 2000 个位	1~9999
0	02	1~2000 1~1992	读取输入位：每个请求 1~1992 或 2000 个位	10001~19999
0	03	1~125 1~124	读取保持寄存器：每个请求 1~124 或 125 个字	40001~49999 或 400001~465535

(续)

MODE	Modbus 功能	数据长度	操作和数据	Modbus 地址
0	04	1~125 1~124	读取输入字:每个请求 1~124 或 125 个字	30001~39999
1	05	1	写入一个输出位:每个请求一位	1~9999
1	06	1	写入一个保持寄存器:每个请求 1 个字	40001~49999 或 400001~465535
1	15	2~1968 2~1960	写入多个输出位:每个请求 2~1960 或 1968 个位	1~9999
1	16	2~123 2~122	写入多个保持寄存器:每个请求 2~122 或 123 个字	40001~49999 或 400001~465535
2	15	1~1968 2~1960	写入一个或多个输出位:每个请求 1~1960 或 1968 个位	1~9999
2	16	1~123 1~122	写入一个或多个保持寄存器:每个请求 1~122 或 123 个字	40001~49999 或 400001~465535
11	11	0	读取从站通信状态字和事件计数器。状态字指示忙闲情况(0 表示不忙,0xFFFF 表示忙)。每成功完成一条消息,事件计数器的计数值递增。对于该功能,MB_MASTER 的 DATA_ADDR 和 DATA_LEN 操作数都将被忽略	
80	08	1	利用数据诊断代码 0x0000 检查从站状态(回送测试-从站回送请求),每个请求 1 个字	
81	08	1	利用数据诊断代码 0x000A 重新设置从站事件计数器,每个请求 1 个字	
3~10、 12~79、 82~255			保留	

注:对于"扩展寻址"模式,根据功能所使用的数据类型,数据的最大长度将减小 1 个字节或 1 个字。

(3) 从站指令 Modbus_Slave

1) Modbus_Slave 通信规则。S7-1200 PLC 串行通信模块作为 Modbus RTU 从站用于响应 Modbus 主站的请求,需要调用 Modbus_Slave 指令。将 Modbus_Slave 指令拖入到程序时,系统会为其自动分配背景数据块,该背景数据块指向 Modbus_Comm_Load 指令的输入参数 MB_DB,如图 8-119 所示。

● 必须先执行 Modbus_Comm_Load 指令组态端口,然后 Modbus_Slave 指令才能通过该端口通信。

● 如果将某个端口用于 Modbus RTU 从站,则该端口不能再用于 Modbus RTU 主站。

● 对于给定端口,只能使用一个 Modbus_Slave 指令。

● Modbus_Slave 指令必须以一定的速率定期执行,以便能够及时响应来自 Modbus_Master 的请求。建议在主程序循环 OB 中调用 Modbus_Slave 指令。

● Modbus_Slave 指令支持来自 Modbus 主站的广播写请求,只要该请求是用于访问有效地址的请求即可。对于广播不支持的功能代码,Modbus_Slave 指令的 STATUS 将输出错误代码 16#8188。

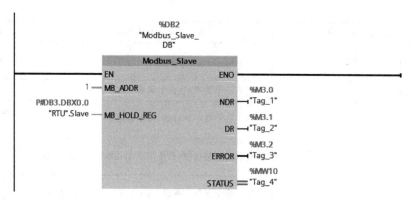

图 8-119　Modbus Slave 指令

2）Modbus_Slave 指令引脚说明见表 8-19。

表 8-19　"Modbus_Slave" 指令引脚说明

参数和类型		数据类型	说明
MB_ADDR	IN	V1.0:USInt V2.0:UInt	Modbus 从站的站地址： 标准寻址范围（1~247） 扩展寻址范围（0~65535）
MB_HOLD_REG	IN	Variant	指向 Modbus 保持寄存器 DB 的指针：Modbus 保持寄存器可以是 M 存储器或数据块
NDR	OUT	Bool	新数据就绪： 0 表示无新数据 1 表示 Modbus 主站已写入新数据
DR	OUT	Bool	数据读取： 0 表示无数据读取 1 表示 Modbus 主站已读取数据
ERROR	OUT	Bool	上一请求因错误而终止后，ERROR 位将保持为 TRUE 一个扫描周期时间。如果执行因错误而终止，则 STATUS 参数的错误代码值仅在 ERROR = TRUE 的一个扫描周期内有效
STATUS	OUT	Word	执行错误供码

　　Modbus 通信功能代码（1、2、4、5 和 15）可以在 CPU 的输入过程映像及输出过程映像中直接读写位和字。对于这些功能代码，参数 "MB_HOLD_REG" 必须定义为大于一个字节的数据类型。表 8-20 给出了 Modbus 地址与 CPU 过程映像的映射关系。

表 8-20　Modbus 地址与 CPU 过程映像的映射关系

Modbus 功能				S7-1200	
代码	功能	数据区	地址范围	数据区	CPU 地址
01	读位	输出	1~8192	输出过程映像	Q0.0~Q1023.7
02	读位	输入	10001~18192	输入过程映像	I0.0~I1023.7
04	读字	输入	30001~30512	输入过程映像	IW0~IW1022
05	写位	输出	1~8192	输出过程映像	Q0.0~Q1023.7
15	写位	输出	1~8192	输出过程映像	Q0.0~Q1023.7

3．Modbus RTU 通信示例

下面以 CM 1241 RS422/485 通信模块与台达 VFD-M 系列变频器 Modbus RTU 通信为例进行讲解。通信任务要求 S7-1200 PLC 控制台达变频器实现以下功能：①通信控制电动机正转/反转和停止；②通过通信编程控制变频器加频率、减频率；③通过编程读取变频器的当前频率。

扫一扫　看视频

（1）台达变频器参数

台达变频器参数设置见表 8-21。

表 8-21　台达变频器参数设置

参数码	参数功能	设定范围	出厂值	客户	
P00	主频率输入来源设定	00：主频率输入由数字操作器控制 01：主频率输入由模拟信号 0~10V 输入（AVI） 02：主频率输入由模拟信号 4~20mA 输入（ACI） 03：主频率输入通信输入（RS-485） 04：主频率输入由数字操作器上的旋钮设定	00	03	本例中变频器参数设置
P01	运转信号来源设定	00：运转指令由数字操作器控制 01：运转指令由外部端子控制，键盘 STOP 键有效 02：运转指令由外部端子控制，键盘 STOP 键无效 03：运转指令由通信输入控制，键盘 STOP 键有效 04：运转指令由通信输入控制，键盘 STOP 键无效	00	03	将 P00 设置为 03； 将 P01 设置为 03； 将 P02 设置为 00； 将 P03 设置为 50； 将 P88 设置为 1； 将 P89 设置为 01； 将 P92 设置为 04.
P02	电动机停车方式设定	00：以减速制动方式停止 01：以自由运转方式停止	00	00	
P03	最高操作频率选择	50.00~400.0Hz	60.00	50	
P88	RS-485 通信地址	01~254	01	1	
P89	数据传输速度	00：数据传输速度，4800bit/s 01：数据传输速度，9600bit/s 02：数据传输速度，19200bit/s 03：数据传输速度，38400bit/s	01	01	
P92	通信数据格式	00：Modbus ASCII 模式，数据格式<7，N，2> 01：Modbus ASCII 模式，数据格式<7，E，1> 02：Modbus ASCII 模式，数据格式<7，O，1> 03：Modbus RTU 模式，数据格式<8，N，2> 04：Modbus RTU 模式，数据格式<8，E，1> 05：Modbus RTU 模式，数据格式<8，O，1>	00	04	

VFD 系列交流电动机驱动器具内建 RS-485 串联通信界面，通信接口（RJ-11）位于控制回路端子，端子定义如下：

1：15V
2：GND
3：SG−
4：SG+
5：+EV
6：通信使用

6~1

使用 RS-485 串联通信界面时，每一台 VFD-M 必须预先在 P88 指定其通信地址，计算

机根据其地址实施控制。

（2）台达变频器通信协议的参数地址

通信协议的参数地址定义见表 8-22。

表 8-22   通信协议的参数地址定义

定义	参数地址	功能说明	
驱动器内部设定参数	00nnH	nn 表示参数号码。例如：P100 由 0064H 来表示	
对驱动器的命令	2000H	bit0 ~ 1	00B：无功能
			01B：停止
			10B：起动
			11B：JOG 起动
		bit2 ~ 3	保留
		bit4 ~ 5	00B：无功能
			01B：正方向指令
			10B：反方向指令
			11B：改变方向指令
		bit615	保留
	2001H	频率命令	
	2103H	输出频率（H）（小数二位）	

（3）编写 Modbus RTU 实例

梯形图程序如图 8-120 所示。

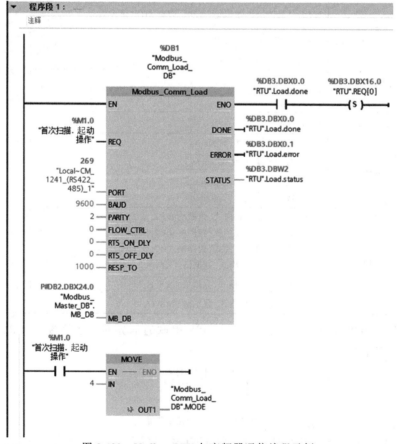

图 8-120   Modbus RTU 与变频器通信编程示例

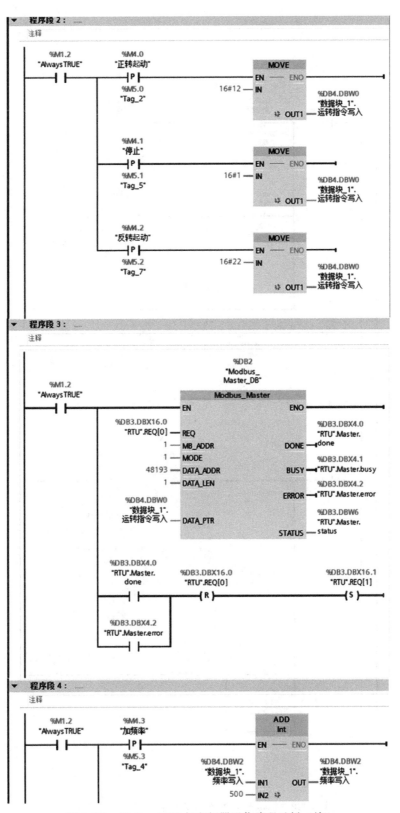

图 8-120   Modbus RTU 与变频器通信编程示例（续）

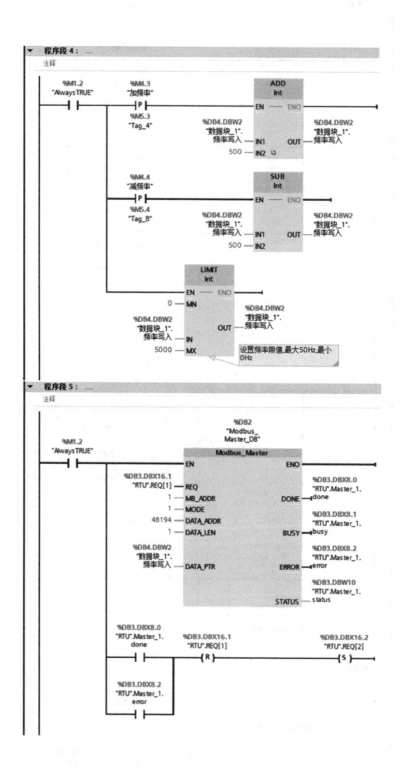

图 8-120 Modbus RTU 与变频器通信编程示例（续）

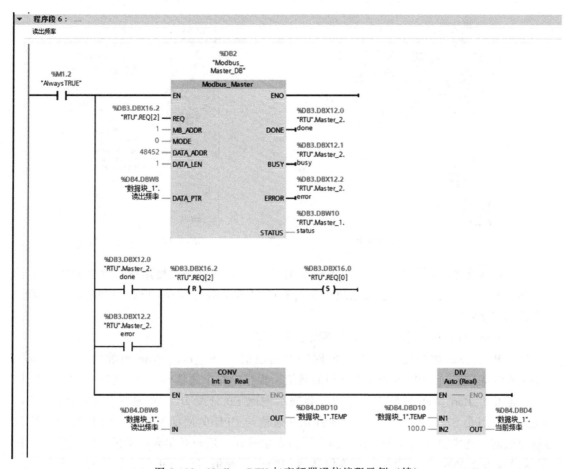

图 8-120   Modbus RTU 与变频器通信编程示例（续）

8.9.9 USS 通信

1. USS 通信简介

USS 指令可控制支持通用串行接口（USS）的电动机驱动器的运行。可以使用 USS 指令通过与 CM1241 RS-485 通信模块或 CB1241 RS-485 通信板的 RS-485 连接，从而与多个驱动器通信。一个 S7-1200 PLC CPU 中最多可安装 3 个 CM 1241 RS-422/RS-485 模块和一个 CB1241 RS-485 板。每个 RS-485 端口最多操作 16 台驱动器。USS 协议使用主从网络通过串行总线进行通信。主站使用地址参数向所选从站发送消息。如果未收到传送请求，从站本身不会执行传送操作。各从站之间无法进行直接消息传送。USS 通信以半双工模式执行。图 8-121 所示为一个驱动器应用示例的网络图。

需要注意的是，USS 通信是西门子驱动器的专用通信协议，不适用于第三方设备。

2. USS 通信指令

在指令选项卡"通信"→"通信处理器"下，调用"USS 通信"指令用于 USS 通信编程，如图 8-122 所示。该指令处理适用于 S7-1200 PLC 中央机架，还可以用于分布式 I/O PROFINET 或 PROFIBUS 的 ET200SP/ET200MP 串口通信模块，但要求 CM1241 V2.1 以上及 S7-1200 PLC CPU V4.1 以上版本。

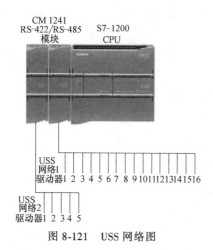

图 8-121　USS 网络图

图 8-122　USS 通信指令

USS 通信指令使用两个 FB 和两个 FC。对于一个 USS 网络，使用一个背景数据块用于 USS_Port_Scan 指令，一个背景数据块用于所有的 USS_Drive_Conrol 指令的调用。USS 通信指令说明如下：

（1）USS_Port_Scan 指令通过 USS 网络进行通信

USS_Port_Scan 指令用于处理 USS 网络上的通信。USS_Port_Scan 函数块（FB）通过 RS485 通信端口控制 CPU 与变频器之间的通信。程序中每个通信端口只对应一个 USS_Port_Scan，将 USS_Port_Scan 拖放入程序中，会提示为此 FB 分配 DB。可从任何 OB 调用 USS_Port_Scan，但是 S7-1200 PLC 与驱动器的 USS 通信与 CPU 的周期不同步，CPU 与驱动器的通信完成前，通常会运行几个周期，如果通信发生错误，用户必须允许重试来完成这一事务（默认设置为 2 次重试）。因此，为确保通信的响应时间恒定，防止驱动器超时，通常从循环中断 OB 调用 USS_Port_Scan 指令。USS_Port_Scan 指令如图 8-123 所示，参数说明见表 8-23。

表 8-23　USS_Port_Scan 参数说明

参数和类型		数据类型	说明
PORT	IN	Port	安装并组态 CM 或 CB 通信设备之后，端口标注符将出现在 PORT 功能框连接的参数助手下拉列表中。分配的 CM 或 CB 端口值为设备配置属性"硬件标识符"。端口符号名称在 PLC 变量表的"系统常量"（System constants）选项卡中分配
BAUD	IN	DInt	用于设置 USS 通信的波特率
USS_DB	INOUT	USS_BASE	将 USS_Drive_Control 指令放入程序时创建并初始化的背景数据块的名称
ERROR	OUT	Bool	该输出为真时，表示发生错误，且 STATUS 输出有效
STATUS	OUT	Word	请求的状态值指示扫描或初始化的结果。对于有些状态代码，还在"USS_Extended_Error"变量中提供了更多信息

（2）USS_Drive_Control（动器交换数据）指令

USS_Drive_Control 指令通过创建请求消息和解释驱动器响应消息与驱动器交换数据。每个驱动器应使用一个单独的函数块，但与一个 USS 网络和 PtP 通信端口相关的所有 USS 函数必须使用同一个背景数据块。必须在放置第一个 USS_Drive_Control 指令时创建 DB 名称,然后引用初次指令使用时创建的 DB。STEP 7 会在插入指令时自动创建该 DB。只能从主程序的循环 OB 调用 USS_Drive_Control 指令,首次执行 USS_Drive_Control 指令时,将在背景数据块中初始化由 USS 地址参数 DRIVE 指示的驱动器。完成初始化后,随后执行 USS_Port_Scan 指令即可开始与驱动器通信。其指令如图 8-124 所示,参数说明见表 8-24。

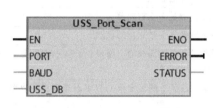

图 8-123　USS_Port_Scan 指令

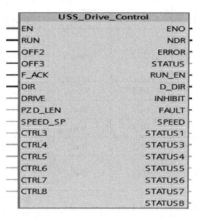

图 8-124　USS_Drive_Control 指令

表 8-24　USS_Drive_Control 参数说明

参数和类型		数据类型	说　　明
RUN	IN	Bool	驱动器起始位:该输入为真时,将使驱动器以预设速度运行。如果在驱动器运行时 RUN 变为假,电动机将减速直至停止。这种行为不同于切断电源(OFF2)或对电动机进行制动(OFF3)
OFF2	IN	Bool	电气停止位:该位为假时,将使驱动器在不经过制动的情况下逐渐自然停止
OFF3	IN	Bool	快速停止位:该位为假时,将通过制动的方式使驱动器快速停止,而不只是使驱动器逐渐自然停止
F_ACK	IN	Bool	故障确认位:设置该位以复位驱动器上的故障位。清除故障后会设置该位,以告知驱动器不再需要指示前一个故障
DIR	IN	Bool	驱动器方向控制:设置该位以指示方向为向前(对于正 SPEED_SP)
DRIVE	IN	USInt	驱动器地址:该输入是 USS 驱动器的地址。有效范围是驱动器 1 到驱动器 16
PZD_LEN	IN	USInt	字长度:这是 PZD 数据的字数。有效值为 2、4、6 或 8 个字,默认值为 2
SPEED_SP	IN	Real	速度设定值:这是以组态频率的百分比表示的驱动器速度。正值表示方向向前(DIR 为真时)。有效范围是 200.00~-200.00
CTRL3	IN	Word	控制字 3:写入驱动器上用户可组态参数的值。必须在驱动器上组态该参数(可选参数)
CTRL4	IN	Word	控制字 4:写入驱动器上用户可组态参数的值。必须在驱动器上组态该参数(可选参数)
CTRL5	IN	Word	控制字 5:写入驱动器上用户可组态参数的值。必须在驱动器上组态该参数(可选参数)
CTRL6	IN	Word	控制字 6:写入驱动器上用户可组态参数的值。必须在驱动器上组态该参数(可选参数)

（续）

参数和类型		数据类型	说　明
CTRL7	IN	Word	控制字 7：写入驱动器上用户可组态参数的值。必须在驱动器上组态该参数（可选参数）
CTRL8	IN	Word	控制字 8：写入驱动器上用户可组态参数的值。必须在驱动器上组态该参数（可选参数）
NDR	OUT	Bool	新数据就绪：该位为真时，表示输出包含新通信请求数据
ERROR	OUT	Bool	出现错误：此参数为真时，表示发生错误，STATUS 输出有效。其他所有输出在出错时均设置为零。仅在 USS_Port_Scan 指令的 Error 和 STATUS 输出中报告通信错误
STATUS	OUT	Word	请求的状态值指示扫描的结果。这不是从驱动器返回的状态字
RUN_EN	OUT	Bool	运行已启用：该位指示驱动器是否在运行
D_DIR	OUT	Bool	驱动器方向：该位指示驱动器是否正在向前运行
INHIBIT	OUT	Bool	驱动器已禁止：该位指示驱动器上禁止位的状态
FAULT	OUT	Bool	驱动器故障：该位指示驱动器已注册故障。用户必须解决问题，并且在该位被置位时，设置 F_ACK 位以清除此位
SPEED	OUT	Real	驱动器当前速度（驱动器状态字 2 的标定值）：以组态速度百分数形式表示的驱动器速度值
STATUS1	OUT	Word	驱动器状态字 1：该值包含驱动器的固定状态位
STATUS3	OUT	Word	驱动器状态字 3：该值包含驱动器上用户可组态的状态字
STATUS4	OUT	Word	驱动器状态字 4：该值包含驱动器上用户可组态的状态字
STATUS5	OUT	Word	驱动器状态字 5：该值包含驱动器上用户可组态的状态字
STATUS6	OUT	Word	驱动器状态字 6：该值包含驱动器上用户可组态的状态字
STATUS7	OUT	Word	驱动器状态字 7：该值包含驱动器上用户可组态的状态字
STATUS8	OUT	Word	驱动器状态字 8：该值包含驱动器上用户可组态的状态字

3. USS 与 V20 变频器通信示例

下面以 CM1241 RS-422/485 与 SINAMICS V20 变频器 USS 通信为例进行说明。本例通信任务要求 S7-1200 PLC 控制变频器的起停、正反转和频率控制。

（1）SINAMICS V20 变频器设置

SINAMICS V20 的起停和频率控制通过 PZD 过程数据来实现，参数读取和修改通过 PKW 参数通道来实现。可以使用连接宏 Cn010 实现 SINAMICS V20 的 USS 通信，如图 8-125 所示。也可直接修改变频器参数，变频器参数设置步骤如下：

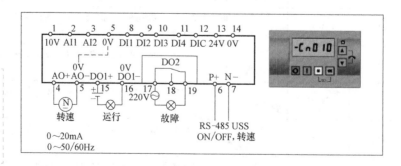

图 8-125　连接宏 Cn010-USS 控制

1）恢复工厂设置。当调试变频器时，连接宏设置为一次性设置。在更改上次的连接宏设置前，务必执行以下操作：

① 对变频器进行工厂复位（P0010=30，P0970=1）。

② 重新进行快速调试操作并更改连接宏。

如未执行上述操作，变频器可能会同时接受更改前后所选宏对应的参数设置，从而可能导致变频器非正常运行。请注意，连接宏 Cn010 和 Cn011 中所涉及的通信参数 P2010、P2011、P2021 及 P2023 无法通过工厂复位来自动复位。如有必要，可手动复位这些参数。在更改连接宏 Cn010 和 Cn011 中的参数 P2023 后，须对变频器重新上电。在此过程中，请在变频器断电后等待数秒，确保 LED 灯熄灭或显示屏空白后方可再次接通电源。

2）设置用户访问级别，见表 8-25。设置参数 P0003（用户访问级别）=3（专家访问级别）。

表 8-25　用户访问级别

访问级别	说明	备注
0	用户自定义参数列表	定义最终用户有权访问的参数。更多详情参见 P0013
1	标准	允许访问常用参数
2	扩展	允许扩展访问更多参数
3	专家	仅供专家使用
4	维修	仅供经授权的维修人员使用，有密码保护

3）设置变频器参数值。S7-1200 PLC 与 SINAMICS V20 变频器 USS 通信需要对变频器设置命令源、协议、波特率、地址等参数。选择连接宏 Cn010 后，需要将 P2013 的值由 127（PKW 长度可变）修改为 4（PKW 长度为 4）；还需要将参数 P2010（波特率）的值修改与程序一致。SINAMICS V20 参数 P2010 USS 所支持的波特率见表 8-26，变频器参数设置见表 8-27。

表 8-26　参数 P2010 USS 所支持的波特率

参数值	6	7	8	9	10	11	12
波特率/（bit/s）	9600	19200	38400	57600	76800	93750	115200

表 8-27　SINAMICS V20 设置变频器的参数

参数	说明	工厂默认值	Cn010 默认值	备注
P0700[0]	选择命令源	1	5	RS-485 为命令源
P1000[0]	选择频率	1	5	RS-485 为速度设定值
P2023[0]	RS-485 协议选择	1	1	USS 协议
P2010[0]	USS/Modbus 波特率	8	8	波特率为 38400bit/s
P2011[0]	USS 地址	0	1	变频器的 USS 地址
P2012[0]	USS PZD 长度	2	2	PZD 部分的字数
P2013[0]	USS PKW 长度	127	4	PKW 部分字数可变
P2014[0]	USS/Modbus 报文间断时间	2000	500	接收数据时间

（2）PLC 编程

1）硬件组态。新建一个项目，并添加通信模块，如图 8-126 所示。

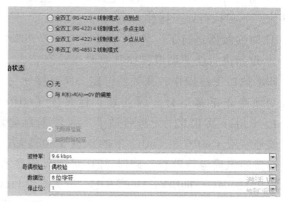

图 8-126　硬件组态和模块设置

2）添加循环 OB 如图 8-127 所示。

图 8-127　添加循环 OB

3）在循环 OB 中调用 USS_Port_Scan 指令并进行设置，如图 8-128 所示。

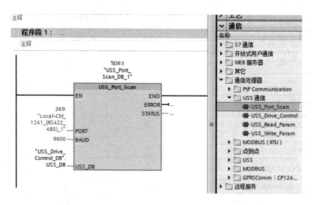

图 8-128　设置 USS 通信端口、波特率

4）在 OB1 中编写程序如图 8-129 所示。

程序段 1： —

注释

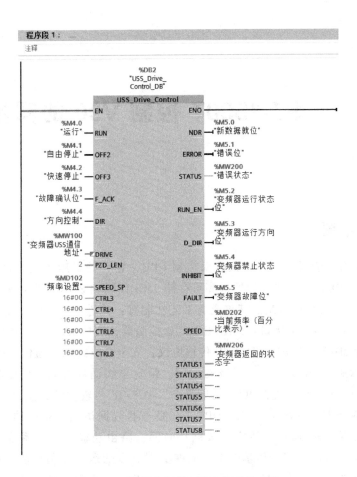

图 8-129　控制变频器起停和频率的程序

第 9 章

S7-1500T 控制 V90 的同步定位

9.1 设备介绍

S7-1500T 是西门子新推出的一款运动控制 CPU，它无缝扩展了中高级 PLC 的产品线，是带显示屏的 T-CPU。其工作存储器最高可存储 3MB 代码和 8MB 数据；最快位指令执行时间为 2ns，并具有 4 级防护机制。其集成的工艺功能有：先进运动控制、闭环控制、计数与测量、跟踪功能等、第 1 个接口：PROFINET IO 控制器，支持 RT/IRT，PROFINET 双端口，智能设备，支持 MRP、MRPD，TCP/IP 传输协议，安全开放式用户通信，S7 通信，Web 服务器，DNS 客户端，OPC UA 服务器数据访问，恒定总线循环时间，路由功能；第 2 个接口：PROFINET IO 控制器，支持 RT，智能设备，TCP/IP 传输协议，安全开放式用户通信，S7 通信，Web 服务器，DNS 客户端，OPC UA 服务器数据访问，路由功能；第 3 个接口：PROFIBUS DP 主站，S7 通信，恒定总线循环时间，路由功能；运行系统选件，固件版本 V2.0 到 V2.5，分标准型/安全型基础上，能够实现更多的运动控制功能。根据对工艺对象设计范围和性能的要求，可选择不同等级的 T 系类 CPU，适应简单也适应复杂的应用；使用 T 系类 CPU 可以使运动控制化繁为简，可将复杂的工艺简单化。

9.2 工艺功能介绍

S7-1500T 不仅可以像 S7-1200 PLC 通过总线 FB284 进行 EPOS 定位，还可以连接具有 PROFIdrive 功能的驱动装置或带模拟量设定值接口的驱动装置，通过标准运动控制指令实现运动控制功能，还可通过轴控制面板以及全面的在线和诊断功能轻松完成驱动装置的调试和优化工作。S7-1500T 通过工艺对象可以实现的基本功能如图 9-1 所示。

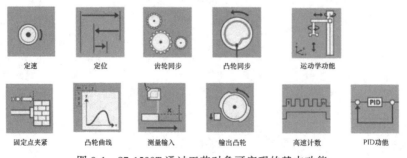

图 9-1 S7-1500T 通过工艺对象可实现的基本功能

344

9.3　通信条件

SINAMICS V90PN 目前支持的常用报文如下：

1）标准报文 1：速度控制。

2）标准报文 2：速度控制。

3）标准报文 3：速度/位置控制（S7-1200 PLC 配置 TO 时使用）。

4）标准报文 102：速度/位置控制。

5）标准报文 5/105（DSC）：速度/位置控制（S7-1500T 配置 TO 时使用）。

6）西门子报文 111（EPOS）：S7-1200/1500 PLC 通过 FB284 控制 V90 EPOS 定位。

9.4　设备条件

1）一台 S7-1511T 的 PLC。

2）两台 V90 驱动器以及配套伺服电动机。

3）安装 TIA 博途软件 V15 的计算机。

4）网络电缆线。

5）西门子触摸屏（选择）。

6）交换机（选择）。

9.5　编程操作

通过前面介绍，我们了解到通过 S7-1500T 控制 V90 并且实现同步，首先需要具备 PROFINET 接口，然后多设备需要连接拓扑网络视图，同步功能只能由 PLC 中 PROFIdrive 驱动控制实现，此功能为 TO 控制，与 FB284、FB285 类型都是通过 PROFINET，但是报文选择上只能是标准报文 3/标准报文 5/标准报文 105。根据前文所述，S7-1500T 需要选择 105 报文，而且需要组态高版本 V90 设备，之前 S7-1200 PLC 在设备工具箱选择的"其他现场总线设备"中选择 V90 为 V1.0 时不能选择 105 报文，所以需要安装 HSP（S7-1500 专用）。HSP 的安装步骤及编程步骤如下：

1）HSP 下载。

2）下载 HSP 并且解压缩到计算机中。

3）打开 TIA 博途软件，在项目视图下单击选项菜单（"选项"→"支持包"）来安装 V90 HSP 文件如图 9-2 所示。

4）单击"从文件系统添加"，在弹出如图 9-3 所示的画面中选择 V90PN 的 HSP 文件后，单击"打开"进行安装。需要注意的是，此处安装无须删注册表，但不排除个别计算机出现驱动冲突和系统插件丢失。

5）开始安装后，会提示关闭 TIA 博途软件（见图 9-4），这时需要用户手动关闭 TIA 博途软件，关闭以后，单击"继续"按钮进行安装，安装完成后单击"重新启动"，完成 HSP 的安装过程，如图 9-5 所示。

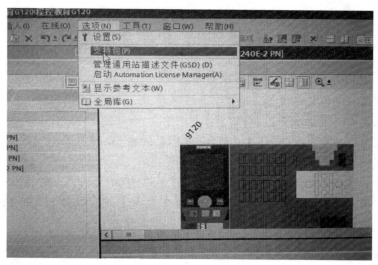

图 9-2　支持包

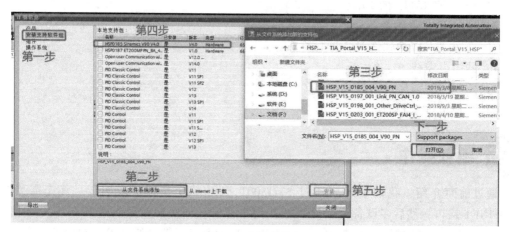

图 9-3　安装支持包

图 9-4　关闭博途软件

图 9-5　完成安装

9.5.1　项目硬件组态

在完成 HSP 文件的下载及安装以后，下一步需要进行组态，本节只讲述 S7-1500T 的组态及控制，对于 S7-1500 的 C 系列和 S7-1200 的 C 系列步骤相同，在学习的过程中应掌握举一反三的学习方法，因此我们需要熟练掌握 PLC 的硬件组态，V90 的组态以及报文的组态。

在组态 V90 时，其过程不同于 G120 所讲解的步骤，驱动器参数无法在 TIA 博途软件向导中组态，只能在独立的调试软件通过 USB 调节，且 V90 调试软件有中文版。下面介绍 S7-1500T 的组态步骤：

1）创建新项目：打开 TIA 博途并新建项目，应注意项目名称和文档的存放位置，以防止软件及系统的崩溃造成不必要的损失。创建项目如图 9-6 所示。

图 9-6　创建新项目

2）添加新设备：这里选择 CPU1511T-1 PN，但要注意核对设备铭牌号上的订货号，不然下载会报错。同时还要注意固件版本，这个版本一般未知，但是如果默认是 V2.5 版本下载，PLC 会报错则只需将版本改为低版本，例如 V2.0，如图 9-7 所示。

图 9-7　添加设备

3）在网络视图中添加驱动设备，按照 V90 驱动器铭牌号上的订货号，例如图 9-8 中所示的订货号为"6SL3210-5FB10-1UF2"，版本一般为 V1.3，因为同步需要两台驱动器才能实现，所以添加完成一个之后再次添加一个如图 9-9 所示。

创建 S7-1500T 与 V90PN 的网络连接并设置设备的 IP 地址及设备名称时，要注意 S7-1500T 的 IP 地址设置，不仅要做到组态与驱动器中地址和名称一样，并且不能给设备分配为中文名称，因为 V90 不能识别中文，并且 V90 调试软件也不支持中文设置。这里将两个驱动器名字作区分，设置为"V90-left"和"V90-right"，如图 9-10 所示。

4）当名称确定以后，下一步需要确定地址，单击鼠标右键进行属性更改，此时默认的地址不一定是最佳的地址，因为作为总线网络需要提前确定无误，一般地址冲突之后，连带的所有总线设备都有可能工作异常。本例中将地址更改为 192.168.0.8 和 192.168.0.9，如图 9-11 所示。

5）当 V90 设备的名称和 IP 设置好以后，就可以去 V90 调试软件中进行匹配了，此步骤先待命，在后面讲解。当前还需要进行拓扑视图连接，网络视图的连线只是将需要通信的所有设备连接起来，没有总线和普通连接的区分，而拓扑视图则是相同设备与不同设备之间进行总线通信需要经过设备与设备之间的内部 PORT 接口进行数据交换，如果不组态软件下载到 PLC 中会报错，并且 PORT 口上分 port_1 和 port_2，此连接口要与真实设备连接对应一致，如图 9-12 所示。

图 9-8 驱动器铭牌

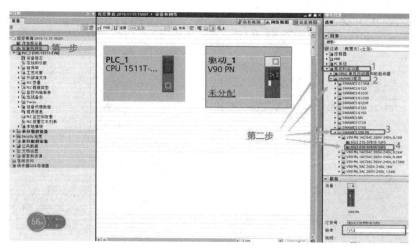

图 9-9 添加设备

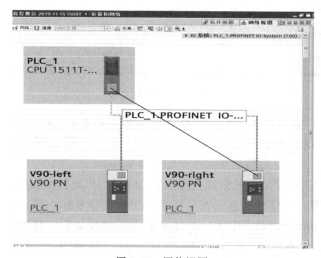

图 9-10 网络视图

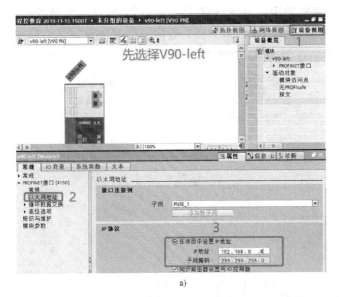

a)

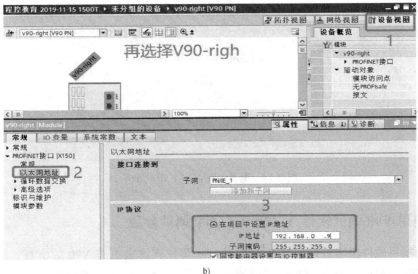

b)

图 9-11　设置 IP

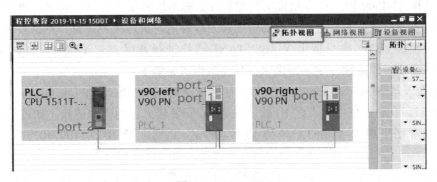

图 9-12　PORT 口

6）此时可发现每个驱动器中，报文已默认为 105，无须再去单独选择报文了，因此在这一步，需要在网络视图中配置 PROFINET IRT 通信。需要注意的是，当前 V90PN 的通信时间最短为 2ms，一般默认都为 2ms，如图 9-13 所示。

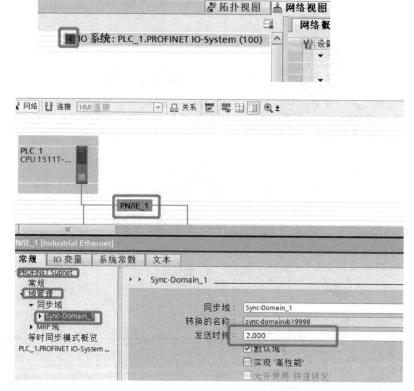

图 9-13　配置 PROFINET IRT 通信

9.5.2　使用 V90 调试软件 V-ASSISTANT 调试参数

上面的项目硬件组态好以后接下来要用 V90 调试软件去组态 V90 的信息。首先打开软件先进行调试，调试的项目是 JOG 点动测试电动机，这一步的目的就是提前进行设定设备名称和 IP，然后再选择控制模式为速度控制。因为 EPOS 定位模式不支持 105 报文，而速度模式可以选择 S7-1500 PLC 的专用报文，配置好名称地址和报文以后，再进行电子齿轮比斜坡等常用参数的设置，如果电动机出现精度误差或者电动机运行不正常，则需要进行电动机优化。此过程在 FB284 中只能由 V-ASSISTANT 软件进行调试，S7-1500 PLC 的 PROFIdrive 控制时，可在 TIA 博途软件中进行优化，具体操作步骤如下：

1）安装 V-ASSISTANT 软件，先去西门子官网下载 V-ASSISTANT Commissioning tool，ID 为 109738387，在输入框中输入此 ID 就可找到 zip 安装包文件的下载链接，如过 USB 连接异常，驱动异常则下载 V-ASSISTANT 的 USB Driver，驱动下载 ID 为 109740257，如图 9-14 所示。

2）安装好 V-ASSISTANT 调试软件以后，下一步双击桌面上的 V-ASSISTANT 上的图标，然后插入 USB 数据线连接至计算机，然后等待调试软件上提醒有订货号以后，即可进行在

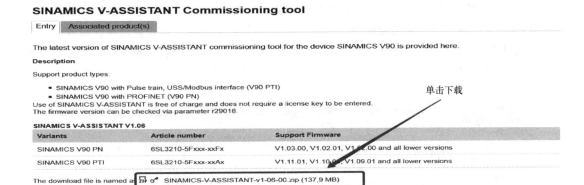

图 9-14　下载调试软件

线调试了。当 V90 驱动器被重启后也是如此，要耐心等待至有订货号出现，然后再单击"确定"按钮。V90 驱动器端口及调试软件显示如图 9-15 和图 9-16 所示。

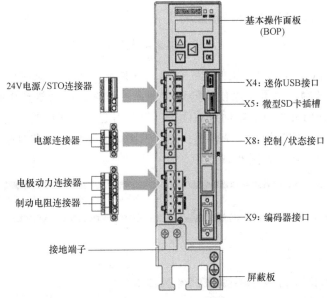

图 9-15　V90 驱动器端口

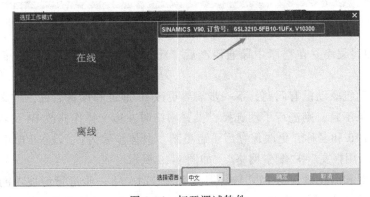

图 9-16　打开调试软件

3）打开调试软件以后，首先还是选择产品设备，因为 USB 插入后进入软件自动就进入了在线状态，自动识别了驱动器的型号，电动机与伺服驱动器配套不需要选择，模式为速度模式。具体步骤为："打开软件"→单击"选择电动机"→选择订货号→选择"速度控制（S）"，如图 9-17 所示。

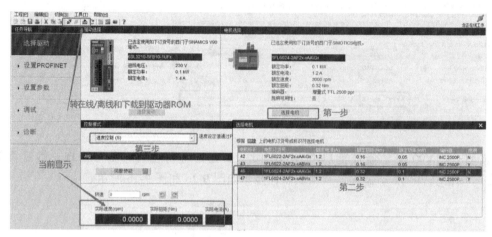

图 9-17　选择设备

4）进行 Jog 调试，启动"伺服使能"以后，软件会产生黄色条纹框，同时电动机会产生很大"嗞"的电流声，这是上电使能的正常现象，意味着电动机产生抱闸，手动无法拧动，因为使能后，任何外力改变电动机轴位置，都会引起编码器反馈，电动机会立刻做出反应，保持原位置不变，此时给定一个转速，逆时针图标表示反转，顺时针图标表示正转，并且按下后转动，松开停止，如图 9-18 所示。

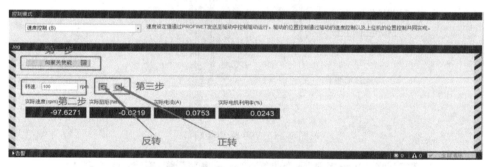

图 9-18　Jog 调试

注意：在编写程序并在程序中导通使能后，此过程就失效了，调试完毕以后记得关闭使能。

5）测试电动机驱动没有问题，下一步需要更改 IP 地址和设备名称，报文默认为"1500专用报文"，如果不是，则进行手动选择，设置网络时左边为操作修改 IP 及名称，右边为读取的驱动器中的 IP 和名称，更改保存后重启更新。具体步骤为："设置 PROFINET"→"选择报文"→"1500 专用报文"→"配置网络"，如图 9-19 所示。

6）地址设置和名称确定与 PLC 软件组态为一致时，下一步进行斜坡功能的设置，斜坡上升时间为从初始速度到预设速度的时间，也就是加速度，同理斜坡下降时间为减速时间。

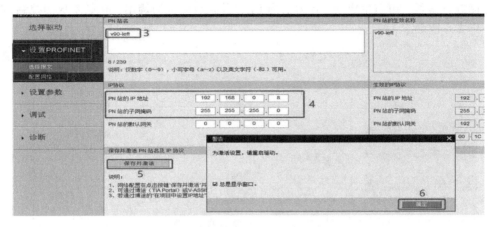

图 9-19　设置 IP 及设备名称

在设定斜坡功能时需要将功能选择"生效"，单击后驱动器重启，重启后等待驱动器启动后再重新将软件转在线状态，然后再进行设定斜坡，如图 9-20 所示。

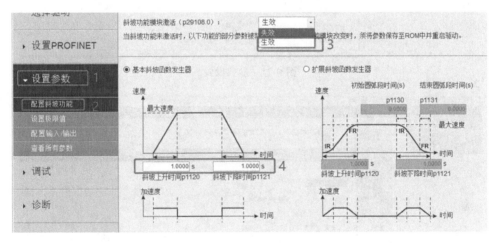

图 9-20　参数设置

7）下面设置极限值，极限值分为速度极限和扭矩极限，扭矩一般参数为默认，如果严格参考额定扭矩则设置为 100%。速度一般根据实际情况输入，最大限制只是一个概念值，一般的不会达到最大限制，默认 TLM 和 SLIM 都是为 0，需要控制则查阅相关功能手册，如图 9-21 所示。

8）完成上面设置以后将参数下载到驱动器 ROM 中，如图 9-22 所示。下载完成后，需要给驱动器重新上电，更改才能生效。

9）重复上面的全过程再次组态第二个 V90 驱动器。

9.5.3　TIA 博途软件 V15 工艺组态

本节将利用 S7-1511T 进行同步控制，需要组态两个轴，分别为主轴（定位轴）和同步轴（跟随轴），主轴作为主动运行，从轴作为响应同步。前面已进行了硬件和 V90 的内部参数组态，下面需要进行工艺组态，建立驱动器的工艺数据，关联报文等操作，只有完成工艺组态才能进行编程。组态生成的 DB 为全局 DB，并且可以全局调用，但是生成的控制 OB 不公开，组态步骤如下：

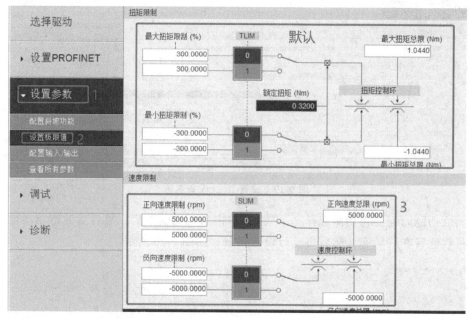

图 9-21　参数设置

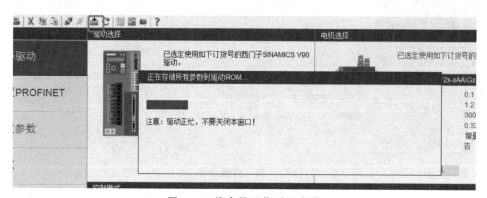

图 9-22　将参数下载到驱动器

1）新增工艺对象，先添加一个定位轴（TO_PositioningAxis）也就是所谓的主轴，注意有些低版本 PLC 工艺轴版本也要求较低，DB 编号为默认，名字更改为"主轴"为了方便组态时区分，如图 9-23 所示。

2）单击进入主轴组态，基本参数一般为默认，位置测量单位为 mm，根据实际电动机类型选择相关参数如图 9-24 所示。

3）组态主轴的驱动报文，选定之前组态的"V90-left"为主轴，然后确认报文，最后单击"确定"按钮如图 9-25 所示。

4）检查并选择编码器，默认选择编码器 1 并使用编码器的报文参数，如图 9-26 所示。

5）与驱动装置进行数据交换，就是通信控制驱动器，这个数据就是控制的内容，方式默认都是为 105 报文，参数自动传输，如图 9-27 所示。

图 9-23　新增对象

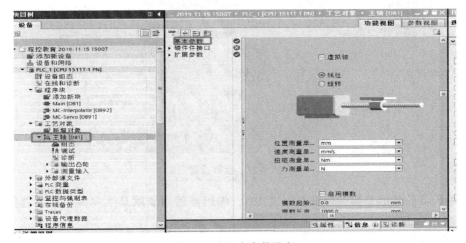

图 9-24　基本参数设定

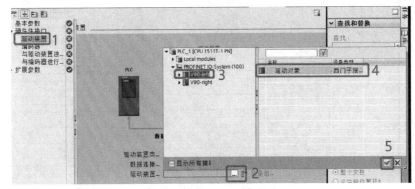

图 9-25　组态主轴的驱动报文

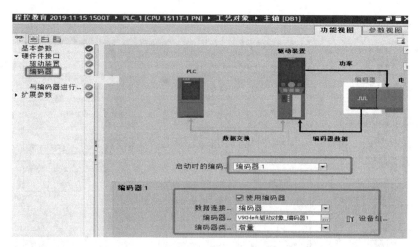

图 9-26　编码器设置

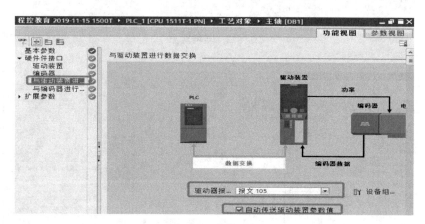

图 9-27　参数设置

6）编码器的数据交换一样都是报文 105，编码器的对象就是上一步中默认选择的编码器 1，如图 9-28 所示。

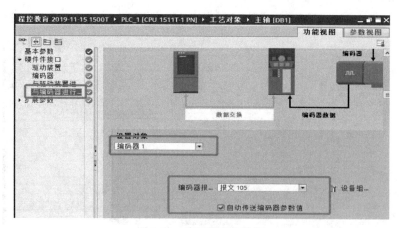

图 9-28　编码器交换数据

7）在扩展参数中，默认编码器 1，伺服电动机编码器一般都是安装在电动机内部的轴上，此编码器无须再进行编程运算，由伺服驱动器内部自动处理，负载齿轮也就是电子齿轮比，如果是直线丝杠或者 1：1 齿轮，都选择 1，位置参数就是丝杆旋转一圈的位移大小，丝杆截距由实际决定，一般标准丝杠为螺纹截距，如图 9-29 所示。

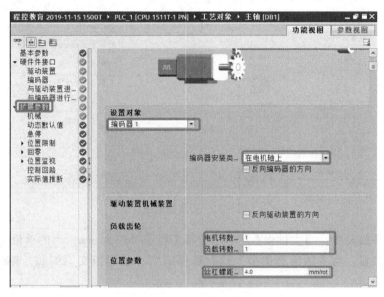

图 9-29　机械参数

8）图 9-30 就是设置斜坡功能，根据实际需求，一般速度限制只是一个概念值或者最大安全值，如果只是做练习或者测试，则全部默认即可。

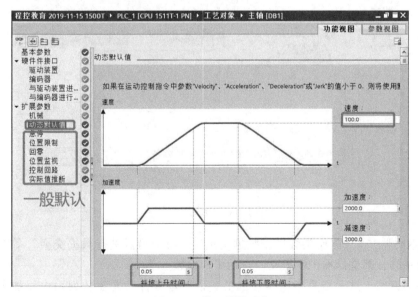

图 9-30　设置斜坡功能

9）进行跟随轴组态，第一步还是进行新增对象组态，这一步则选择 "TO_SynchronousAxis" 如图 9-31 所示。

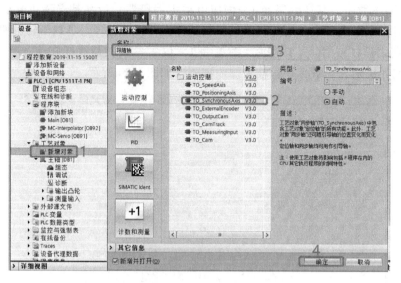

图 9-31　跟随轴组态

10) 基本参数设置：与主轴参数一样，选择工程量单位为 mm，力的单位为 N。

11) 驱动装置：与主轴组态类似，此时选择第二个轴的报文，例如，V90-right 然后确定，如图 9-32 所示。

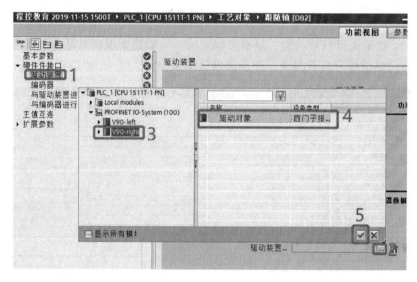

图 9-32　驱动装置

12) "编码器""与驱动装置进行数据交换""与编码器进行数据交换"等与前面主轴的配置过程一样，都是标准 105 报文，自动传输参数。

13) 主值互联：这一步是做同步控制的通信基本条件，需要从列表中添加主轴才能进行同步跟随，因此在这一步把之前工艺建立的"主轴"添加进去，如图 9-33 所示。

14) 扩展参数：同步轴的扩展参数与主轴一样；但是跟随轴的动态默认值速度应根据实际可能达到的速度来设置，一般建议为 200 左右。

15）将 PLC 下载硬件配置，然后再下载"软件（全部下载）"，如图 9-34 所示。

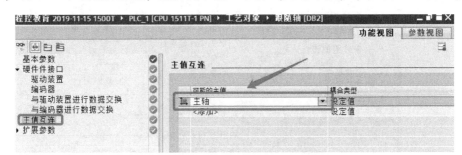

图 9-33　主值互连

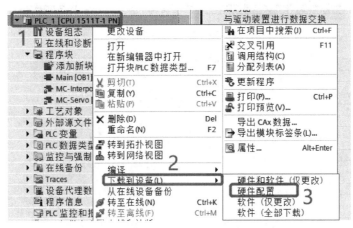

图 9-34　下载硬件配置

9.5.4　V90PN 的在线调试及优化

通过如上步骤建立通信并且下载到 PLC 后，可以进行驱动和 PLC 的在线调试和优化，其不同于 V-ASSISTANT 调试软件的在线调试，V-ASSISTANT 不仅能在线查看电动机及驱动器的好坏，而且当驱动器上提示报错代码时还能在此软件上查出错误并给出解决问题的方案，但是 V-ASSISTANT 必须保持在线状态。在 TIA 博途软件上的在线调试也能查看电动机及驱动器好坏，还能诊断通信故障，所以这一步也是必不可少。

1）打开 PLC 目录下找到"分布式 I/O"的根目录，打开以后找到需要测试的相应的驱动器，然后单击鼠标右键选择"属性"，将此轴转至在线，也可工艺对象中从右键属性菜单中将其转至在线，如图 9-35 所示。

2）优化电动机，如果是新电动机或者运行状态不良，则需要进行电动机优化，优化过程中，听到"呼呼呼"很大的声音是正常现象，一般设置 720°优化，优化后单击"保存"按钮下载，如图 9-36 所示。

3）找到工艺对象中需要测试的轴，单击"调试"，然后依次设置"捕捉"→"启用"→"转速设定"→"反向（或者正向）"。注意速度设定就是测试给定速度后的状态，如果出现报警，信息会反馈在"轴状态中"，有红色则提示报警，显示在"当前错误"图示框中，"确认"键为复位错误，如图 9-37 所示。

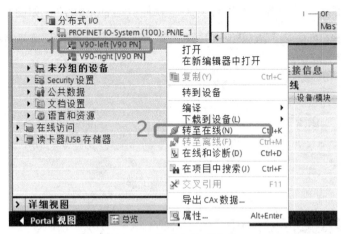

图 9-35　将设备转至在线

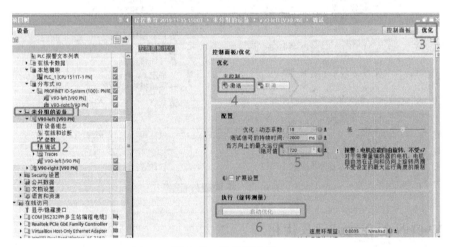

图 9-36　优化电动机

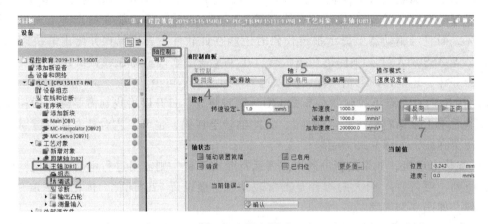

图 9-37　设备测试

4）当前只介绍了主轴的步骤，需要进行从轴调试则只需要单击跟随轴重复上步的操作。

9.5.5　同步控制的程序编写

在 TIA 博途软件编程环境中组态 S7-1200/1500 PLC，通过创建轴的工艺对象，可实现一些轴工艺功能，对于两个轴或者多个轴的关系，可以以 PLC 为运动控制器，在 PLC 内部实施同步算法，实现两个轴的速度位置关系。对于两个同步的两个轴，称为引导轴（主轴）和跟随轴（从轴）；两个轴具有普通定位的一切功能，如点动、定位、回原点等，引导轴的位置设定值（或实际值）作为从轴的位置设定值（理解层面上），对从轴的速度进行影响，实现从轴跟随主轴。下面介绍同步指令。

1. 齿轮同步（相对同步）

未指定位置的同步，可使用 GEARLN 指令。齿轮同步后，传动过程中跟随轴的位置等于引导轴位置乘以传动比齿轮同步后，从轴位置=从轴同步时位置+齿轮比 * （主轴位置−主轴同步时位置），并且此同步分为动态同步和无控制同步，在做同步时以单个轴为基础，均启动相应轴使能，因此应先建立主轴和从轴使能，如图 9-38 所示。

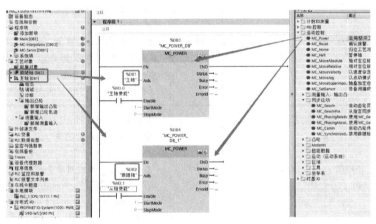

图 9-38　建立主轴和从轴使能

写入 MC_GEARIN 同步指令。在主程序 Main 中，打开右侧工艺目录中，展开同步运动目录，将 MC_GEARIN 指令拖入程序段中如图 9-39 所示，参数说明见表 9-1。当使能打开则

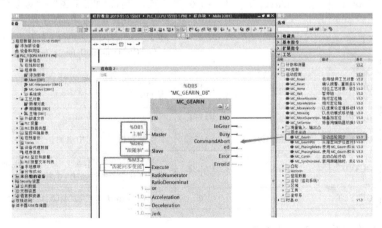

图 9-39　调用 MC_GEARIN 指令

齿轮同步就开启了同步模式，齿轮比直线丝杠均为 1：1。注意 Acceleration、Deceleratiom、Jerk 等小于 0 时，例如选择"−1"时相应值的参数都是在"工艺对象"→"组态"→"扩展参数"→"动态默认设置"（Technology object→Configuration→Extended parameters→Dynamic defaults）中组态查看。

表 9-1 MC_GEARIN 参数说明

参数	声明	数据类型	默认值	说明
Master	INPUT	TO_Axis	—	引导轴工艺对象，添加主轴的 DB 块
Slave	INPUT	TO_SynchronousAxis	—	跟随轴工艺对象，添加从轴（跟随轴）的 DB 块
Execute	INPUT	Bool	FALSE	上升沿时启动作业
RatioNumerator	INPUT	DInt	1	传动比分子{允许的整数值：− 2147483648 ~ 2147483648（值不允许为 0）}
RatioDenominator	INPUT	DInt	1	传动比分母{允许的整数值：1~2147483648}
Acceleration	INPUT	Lreal	−1.0	加速度 值>0.0：使用指定的值 值=0.0：不允许 值<0.0：在"工艺对象"→"组态"→"扩展参数"→"动态默认设置"（Technology object→Configuration→Extended parameters→Dynamic defaults）中组态的加速度（<TO>. DynamicDefaults. Acceleration）
Deceleration	INPUT	Lreal	−1.0	减速度 值>0.0：使用指定的值 值=0.0：不允许 值<0.0：在"工艺对象"→"组态"→"扩展参数"→"动态默认设置"（Technology object→Configuration→Extended parameters→Dynamic defaults）中组态的减速度（<TO>. DynamicDefaults. Deceleration）
Jerk	INPUT	LReal	−1.0	加加速度 值>0.0：恒定加速度曲线；使用指定的加加速度 值=0.0：梯形速度曲线 值<0.0：在"工艺对象"→"组态"→"扩展参数"→"动态默认设置"（Technology object→Configuration→Extended parameters→Dynamic defaults）中设定的加加速度（<TO>. DynamicDefaults. Jerk）
InGear	OUTPUT	Bool	FALSE	达到同步操作跟随轴已同步，并与引导轴同步运为 TURE
Busy	OUTPUT	Bool	FALSE	作业正在运行为 ture
CommandAborted	OUTPUT	Bool	FALSE	作业在执行过程中被另一作业中止为 TURE
Error	OUTPUT	Bool	FALSE	为 TURE 处理作业时出错。作业被拒绝。错误的原因可以从参数"ErrorID"中找出
ErrorID	OUTPUT	Word	0	参数"ErrorID"的错误 ID，详细见 F1 帮助

下面介绍齿轮同步的两种情况：

第一种：无控制的同步，也就是没有任何控制，但是主轴位置受外力而发生了改变，此时齿轮同步就起到了作用，跟随轴也跟着发生位置改变，但是通电以后无法依靠外力改变位置，因此在测试时可先将主轴得使能断开，然后用手拧动主轴电动机，实际工程中的同步应用亦是如此。其编程示例如图 9-40 所示。

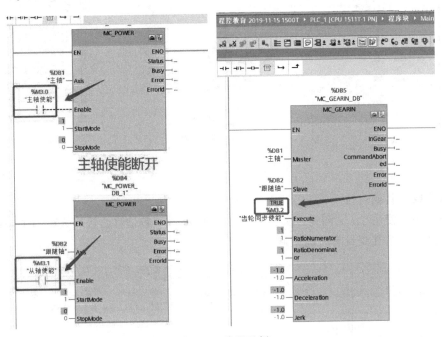

图 9-40　编程示例

然用手转动主轴测试，就会发现从轴跟着主轴一起在运动，一起改变同样的位置，这也就意味着同步开启成功。运用方面以主要工艺开发的情况为主，需要时导通，MC_GEARIN 指令中的 Execute 触发条件一定要在上升沿刷新。其实物演示如图 9-41 所示。

图 9-41　实物演示

第二种：有控制的同步。所谓的有控制就是通过程序来控制轴转动，不论如何控制，只要主轴改变，从轴就能相应地做出改变，此时主轴和从轴都必须开启使能，控制程序可以控制速度、点动、定位、回原点等。这里举例定以点动控制主轴运动，先添加 MC_MOVEJOG 指令然后写入触点，最后下载程序到 PLC，如图 9-42 所示。

按下 "JogForward" 主轴正转，从轴也跟着正转，按下 "JogBackward" 主轴反转，从轴也跟着反转，例如这里写入的程序中以 M3.3 和 M3.4 来控制，实际中也可写入 I0.0、I0.1

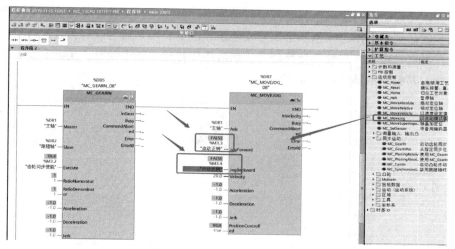

图 9-42　MC_MOVEJOG 指令

等外部点位或者其他点位。

此外，还可使用 Trace 测量工具，如图 9-43 所示。一般是将曲线写入西门子触摸屏中进行测量调试，但是其测量有时间限制。

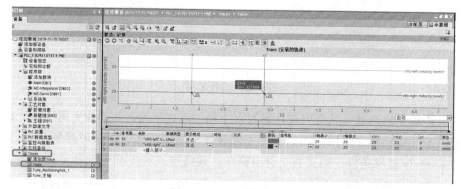

图 9-43　Trace 测量工具

2. 定位同步

同步方式：GEARINPOS 指令与 GEARIN 指令相比，可以预先指定同步的位置。共有两种同步模式：使用动态参数同步和使用主值距离同步。从轴根据设定的动态参数去计算同步长度，并根据预先设置好的同步长度执行位置同步。一般应用在同步检测、追溅、涂胶、上料等场合，具体工艺可参考实际设备和相关技术手册。下面介绍 GEARINPOS 指令。

GEARINPOS 指令的引脚及功能见表 9-2。

表 9-2　GEARINPOS 指令引脚及功能

参数	声明	数据类型	默认值	说明
Master	INPUT	TO_Axis	—	引导轴工艺对象
Slave	INPUT	TO_SynchronousAxis	—	跟随轴工艺对象
Execute	INPUT	Bool	FALSE	上升沿时启动作业
RatioNumerator	INPUT	DInt	0	传动比分子

（续）

参数	声明	数据类型	默认值	说明
RatioDenominator	INPUT	DInt	0	传动比分母（允许的整数值：1～2147483648）
MasterSyncPosition	INPUT	LReal	0.0	引导轴的同步位置（引导轴和跟随轴同时移动的位置即为引导轴的起始位置）
SlaveSyncPosition	INPUT	LReal	0.0	跟随轴的同步位置（引导轴和跟随轴同时移动的位置即为跟随轴的起始位置）
SyncProfileReference	INPUT	DInt	1	0 为使用动态参数进行同步，1 为使用主值距离进行同步
MasterStartDistance	INPUT	LReal	1.0	主值距离（"SyncProfileReference" = 1）
Velocity	INPUT	LReal	−1.0	速度（"SyncProfileReference" = 0）当值大于 0.0：使用指定的值；当值等于 0.0：不允许；当值小于 0.0：使用在"工艺对象"中组态的速度
Acceleration	INPUT	LReal	−1.0	加速度（"SyncProfileReference" = 0）当值大于 0.0：使用指定的值；当值等于 0.0：不允许；当值小于 0.0：使用在"工艺对象"中组态的速度
Deceleration	INPUT	LReal	−1.0	减速度（"SyncProfileReference" = 0）当值大于 0.0：使用指定的值；当值等于 0.0：不允许；当值小于 0.0：使用在"工艺对象"中组态的速度
Jerk	INPUT	LReal	−1.0	加加速度（"SyncProfileReference" = 0）当值大于 0.0：使用指定的值；当值等于 0.0：不允许；当值小于 0.0：使用在"工艺对象"中组态的速度
SyncDirection	INPUT	DInt	3	1 表示正方向；2 表示负方向；3 表示最短距离
StartSync	OUTPUT	Bool	FALSE	为 TURE 时跟随轴将与引导轴同步
InSync	OUTPUT	Bool	FALSE	为 TURE 时达到同步操作，跟随轴已同步，并与引导轴同步运动
Busy	OUTPUT	Bool	FALSE	为 TURE 时作业正在运行
CommandAborted	OUTPUT	Bool	FALSE	为 TURE 时作业在执行过程中被另一作业中止
Error	OUTPUT	Bool	FALSE	为 TURE 时处理作业时出错。作业被拒绝。错误的原因可以从参数"ErrorID"中找出
ErrorID	OUTPUT	Word	0	参数"ErrorID"的错误 ID

同步步骤如下：

1）将指令加入程序中，如图 9-44 所示，先做主值距离同步。选定主轴和从轴后，当启动定位使能时，轴处于定位同步状态。此指令也同样支持 MC 运动控制指令，仅选择绝对定位控制，其中的 MasterSyncPosition 的距离为主轴同步起始计算位移，SlaveSyncPosition 的值为从轴同步起始的计算位移，MasterStartDistance 为起始同步主轴参考距离，此处分别填写为 200、500、100。

2）添加主轴绝对定位指令，如图 9-45 所示，先触发 GEARINPOS 同步使能。主轴与同步轴设定绝对原点再触发绝对定位电动机开始运行；当主轴运动到 MasterStartDistance 设定

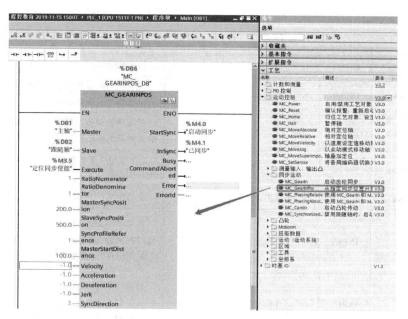

图 9-44　拖入指令

距离时，从轴开始转动，形成了同一时间段内：主轴 100→200，从轴 100→500，当主轴到达 200，从轴到达 500，主从轴以同一速度运行，最后主轴到达预设定位距离时都同时停止。

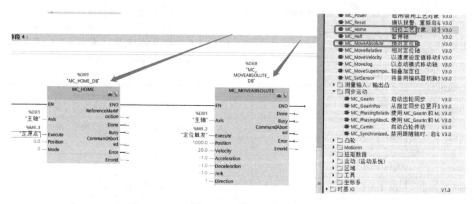

图 9-45　编程示例

3）添加测量曲线，以观察变化情况，或者写入触摸屏工艺 DB 距离和运动参数，打开 Trace 工具然后单击"添加新 Trace"（选择性使用），也可跳过此步骤，因为曲线观察还是触摸屏比较贴切，而且调试更方便，如图 9-46 所示。

4）编写复位程序，同时从站定原点程序也要填写，如果出现跟随误差太大或者定位太大，则会出现轴报错。此类错误可在工艺对象调试中查看（转在线模式），此时复位指令就起到作用。其编程如图 9-47 所示。

5）打开观察曲线，如图 9-48 所示，监控仅作参考。从此功能中能看出同步定位的状态变化，以及参考曲线，从而方便进行工程运算，切记不要长时间监控，否则会导致超出最大循环时间，从而使 PLC 被强制于 STOP 模式，如果触发使能没反应或者不同步，则选择复位，然后重启所有相关使能。

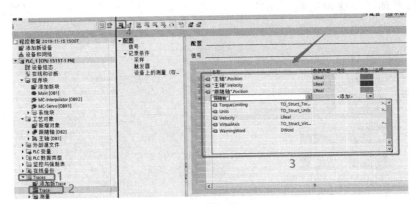

图 9-46 添加新 Trace

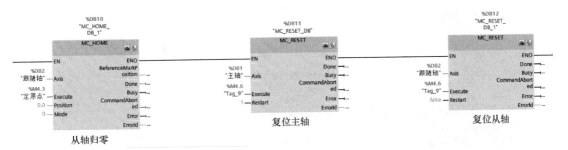

图 9-47 复位程序

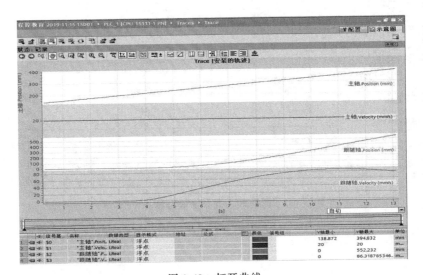

图 9-48 打开曲线

6）除了 Trace 曲线观察，所有工艺组态完成后，可以将"主轴".Position，"主轴".Velocity，"跟随轴".Position，"跟随轴".Velocity，关联到触摸屏的曲线显示框中，追赶、复位、归位、状态显示等也可体现在触摸屏输入控制面板中如图 9-49 所示。

7）动态参数同步：根据组态的动态的参数进行追赶定位同步，操作步骤与上面一致，只需将 SyncProfileReference 改为"0"即可。

8）最后有选择性地勾选报警功能，即可在 TIA 博途软件上获取工艺报警，如图 9-50 所示。

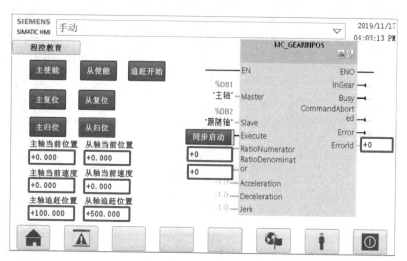

图 9-49　显示画面

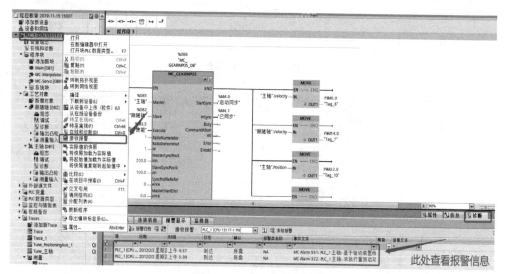

图 9-50　查看报警信息